KB212553

한미일 안보 협력 메커니즘 중층적 구조의 기원

-한미·미일동맹(군사) + KEDO(경제) + TCOG(정치)의 중층성-

동아시아 안보의 린치핀(Linchpin)

신 치 범 지음

(주)광문각출판미디어
www.kwangmoonkag.co.kr

Contents

프롤로그

ChatGPT에 캠프 데이비드 선언 1주년을 맞아 탈냉전 이후 1차 북핵 위기를 효율적으로 대응하기 위해 탄생한 한미일 안보 협력 메커니즘의 중층적 구조에 관한 책을 쓰고 있다며 이 책의 프롤로그를 부탁하였다. 놀랍게도 다음과 같은 국제정치 석학다운 답변을 보내 주었다.

"지난해 캠프 데이비드 선언을 통해 한미일 안보 협력 메커니즘은 더욱 고도화되고 제도화되었습니다. 이 선언은 북한의 지속적인 위협과 동북아시아에서의 불안정 속에서 대한민국의 안보를 강화하는 데 중대한 기여를 하고 있습니다. 한미일 협력은 한국의 안보뿐만 아니라 동북아, 동아시아, 그리고 세계 평화에 필수적인 역할을 하고 있습니다. 이러한 협력은 군사적 대응을 넘어 정치적, 경제적 스펙트럼을 아우르며, 다양한 도전에 대응할 수 있는 포괄적인 접근을 제공합니다.

특히, 이 협력은 미중 간의 전략적 경쟁이라는 글로벌 안보 환경 속에서, 지역과 세계 질서를 유지하는 데 중요한 역할을 하고 있습니다. 한미일 협력은 이러한 도전 속에서 대한민국의 안보와 한반도의 평화를 위한 초석으로 자리 잡고 있습니다. 이 책은 탈냉전 시대 제1차 북핵 위기 당시부터 시작된 협력의 중층적 구조의 기원을 탐구하며, 그 발전 과정을 통해 더 나은 미래를 위한 방향성을 제시하고자 합니다."

생성형 AI의 답변처럼, 대한민국의 안전보장 더 나아가 동아시아의 안전보장에도 핵심축 역할을 하는 게 바로 한미일 안보 협력 메커니즘[1]이다. 북한의 핵과 미사일이 고도화되고 미·중 간 전략적 경쟁이 격화되면 될수록 그 중요성과 필요성은 높아지고 있다.

한편, 우리 대한민국 안보의 핵심축인 한미일 안보 협력 메커니즘은 1990년대

---

1) 한미일 안보 협력 메커니즘의 기본 구조는 한미동맹에 따라 한반도 유사시 미국이 주한미군을 증원하고 한국군을 지원하게 되어 있으며, 이때 미일동맹에 따라 평시부터 미군의 전개를 지원하는 일본 자위대의 UN사 후방 기지(7개소)가 주일미군을 비롯한 증원하는 미군과 UN사 전력 제공국들의 한반도 전개를 '후방에서 지원하는 기본적인 메커니즘을 말한다.
이때, 한일 간에는 동맹 관계가 맺어져 있지 않기 때문에 한미일 동맹 또는 한미일 3각 동맹이라고 표현하는 것은 잘못된 표현이다. 우리 국민들의 특수한 국민 정서를 고려할 때, 한일 동맹의 실현 가능성은 매우 낮은 것으로 판단된다.

초 북핵 1차 위기를 해결하면서 중층적 구조가 탄생하게 되었다. 이러한 중층적 구조는 북한의 핵과 미사일로 점증하는 위협을 억제하면서 한반도, 더 나아가 동아시아 안전보장의 핵심축이 되어 왔고, 캠프 데이비드 선언까지 이어지게 되었다.

이 책에서는 필자가 일본 방위대학교 대학원에서 석사학위 시절(2008~2010년) 연구한 석사학위 일본어 논문[2]을 번역 후 일부 보완하여, 탈냉전 이후 북한의 점증하는 위협에 효과적으로 대응하기 위해 탄생한 한미일 안보 협력 메커니즘의 중층적 구조를 분석한다. 이를 통해 한미일 3국 간 안보 협력 메커니즘 중층적 구조의 역학을 규명하여 한미일 안보 협력의 제도화에 이바지하고자 한다.

우선 탈냉전 이후 북한의 핵무기 개발과 탄도미사일 위협 등 다변화되고 있는 북한의 위협에 대해 한미일 3국은 위협 인식 및 이해관계를 공유하고 이에 상응하는 새로운 제도인 한반도에너지개발기구(Korean Peninsula Energy Development Organization, KEDO[3]), 한미일 대북정책조정그룹(Trilateral Coordination and Oversight Group, TCOG[4]) 등을 잇달아 만드는 과정을 살핀다. 이러한 새로운 제도는 기존의 한미·미일 동맹과 함께 북한을 외부에서 억제 및 봉쇄하면서 관여(engagement) 정책을 통해 내부에서 위협을 감소하는 한미일 안보 협력 메커니즘의 중층적 구조를 탄생시켰다는 것을 검증한다. 즉 이것이 한미일 안보 협력 메커니즘 중층적 구조의 기원이라고 할 수 있다. 북핵 1차 위기를 해결하면서 탄생한 게 바로 한미일 안보 협력 메커니즘의 중층적 구조이며, 2023년 캠프 데이비드 선언까지 발전되어 온 것이다.

1993년 북한의 NPT 탈퇴 선언으로 촉발된 북핵 1차 위기 당시 북한의 핵무기 문제가 표면화되자 한미일 3국은 제네바 합의서 및 이에 바탕을 둔 KEDO를 만들어 냈다. 한미일 3국 공동으로 만들어진 KEDO는 한미일 3국의 안보 협력의 기능을 갖는 동시에 경수로와 중유 지원으로 핵무기 개발을 멈추게 하여 북한의 위협

2) 독자들의 이해를 돕기 위해 이책의 후반부에 2010년 당시의 일본어 원문을 실었다.

3) 1차 북핵 위기를 해결하기 위해 미북 간 체결된 미북 제네바 합의서에 따라, 북한이 핵 개발을 동결하는 대신 북한에 경수로를 지원하기 위해서 1995년 대한민국과 미국, 일본 3국이 설립한 국제 컨소시엄이다. 국내외 학자들은 KEDO를 "동북아 안보와 깊은 관련이 있는 국제기구로서 경제뿐 아니라 일부 정치 및 안보의 기능을 가진 레짐"으로 간주하고 있다. KEDO의 복합적 의미에 관한 세부 내용은 제3장에서 다룬다. https://namu.wiki/w/KEDO (검색일: 2024년 8월 18일)

4) 북한의 대포동 1호 미사일 발사 이후 북한의 핵 문제뿐만 아니라 탄도미사일 등 제반 북한 문제를 다루기 위해 한미일이 1999년에 설립한 회의체이다. 국내외 전문가들은 기존의 미북 제네바 합의서와 KEDO가 핵 문제 해결에만 집중되어 탄도미사일 등 제반 대북정책을 조율하기 위해 결정된 한미일 고위급 조정그룹으로 국제레짐의 일종으로 간주한다.
https://www.yna.co.kr/view/AKR20230818132500504 (검색일: 2024년 8월 18일)

을 감소하는 기능도 동시에 가지고 있었다. 따라서 KEDO의 발족을 계기로 군사적 관점에서 한미·미일 동맹으로 북한을 억제 및 봉쇄(외부화)하면서 KEDO의 역할로 경제적 관점에서 북한의 위협을 감소하는 내부화 기능까지 작동하는 한미일 안보 협력 메커니즘의 중층적 구조가 탄생하게 된 것이다. 이로써 3국 간의 안보 협력 관계는 이전보다 더욱 강화되었다. 이후 1998년 북한의 대포동 1호 탄도미사일 발사로 북한의 탄도미사일 위협이 새롭게 대두되자, 한미일 3국은 정치적 관점에서 탄도미사일 문제까지 포괄적으로 다루는 페리 프로세스에 기초한 TCOG를 만들어 한미일 안보 협력 메커니즘의 중층적 구조를 더욱 심화시켰다. 군사적, 경제적, 정치적 관점에서 포괄적으로 북한 문제를 다루는 한미일 안보 협력 메커니즘의 중층적 구조를 가지게 된 것이다.

한편, 이런 과정에도 한미일 3국 간의 안보 협력에 다양한 갈등이 존재했다는 점은 한미일 안보 협력 관계 발전을 위해 중요한 시사점을 제공한다. 북한의 위협 다변화에 대해 한미일 3국 간 위협 인식 및 이해관계의 불일치가 드러나면 자국의 이익에만 부합하는 돌출 행동을 취하는 국가가 등장하여 중층적 메커니즘 내에서 3국 간 갈등을 초래하는 사례도 발생했던 것이다. 1996년 북한 잠수함 침투 도발 때는 한국이, 1998년 대포동 1호 탄도미사일 도발 때는 일본이, 2002년 북한의 HEU 프로그램 개발 계획이 발각되었을 때는 미국이 각각 KEDO에 대한 협력을 중단하고 동맹을 기반으로 한 북한 외부화로 경사(傾斜)된 것이다. 다만, 전자의 두 사례에서는 동맹으로 구성된 3국 간 협력이 잘 이루어진데다가, 미북 협상이 조정자 역할을 수행했기 때문에 틀 밖에 있던 한일 양국은 틀 안으로 회귀하여 기존의 중층적 메커니즘이 재가동될 수 있었다. 그러나 북한의 HEU 계획 발각 시에는 선제공격까지 염두에 둔 미국의 정책이 KEDO에서의 3국 간 갈등뿐만 아니라 한미동맹의 갈등까지 초래했고, KEDO·동맹과 연동된 TCOG의 약화도 불가피하게 되었다. 더욱이 미북 협상까지 지지부진하게 되자, 일시적이지만 탈냉전 이후 탄생한 한미일 안보 협력 메커니즘의 중층적 구조는 심폐 소생이 필요한 기능 부전에 빠지게 되었다.

이러한 한미일 안보 협력 중층적 구조의 탄생과 발전, 그리고 일시적으로 약화하는 과정에서 작동했던 한미일 3국 사이의 다양한 역학 관계는 앞으로 한미일 안보 협력 메커니즘의 제도화를 발전시켜 나갈 때 반드시 고려되어야 할 것이다.

2024년 8월 18일

캠프 데이비드 선언 1주년을 맞아 한미일 안보협력의 제도화를 소망하며
건양대학교 교수 연구실에서

한미일 캠프 데이비드 정상회의 주요 결과

8월 18일(현지시간) 미국 워싱턴DC 인근 캠프 데이비드에서 한미일 정상회의 개최

합의 내용 문서 3건 채택
- **캠프 데이비드 정신**(The Spirit of Camp David)
- **캠프 데이비드 원칙**(Camp David Principles)
- **3자 협의에 대한 공약**(Commitment to Consult)

분야	주요 결과
3국 협력 제도화	3국 정상회의 연 1회 이상 개최
	외교장관, 국방장관, 상무·산업장관, 국가안보실장 간 협의 연 1회 이상 개최
	재무장관 회의 신설 (연례화 여부 논의)
	차관보·국장급 '인도태평양 대화' 출범, 정례 회의 개최 (인도·태평양 지역 접근법 조율 및 새로운 협력 분야 발굴)
안보 협력	북한 미사일 경보정보 실시간 공유체계 연내 가동
	북한 핵·미사일 위협에 대응해 증강된 탄도미사일 방어 협력 추진
	3국 훈련 연 단위 실시
역내 평화	인도-태평양 수역에서 중국의 일방적 현상변경 시도 반대
	해외 정보조작·감시기술 오용에 따른 위협 대응 노력
대북 공조	북한의 완전한 비핵화와 자유롭고 평화로운 통일 한반도 지지
	북한 불법 사이버 활동 대응 '사이버 협력 실무그룹' 신설
	납북자·억류자·국군포로 문제 즉각 해결 의지 재확인
경제안보·첨단기술 협력	3국 공급망 조기경보시스템 시범사업 출범
	인도태평양경제프레임워크(IPEF) 협상 타결 위한 3국간 공조 지속
	3국 연구기관 간 공동 연구·개발과 인력 교류 확대
	인공지능(AI) 거버넌스 강화
	금융 및 핵심 광물 관련 협력
지역·글로벌협력	3국 '해양안보협력 프레임워크' 통한 아세안·태평양 도서국 지원
	공급망 강화 파트너십 추진

윤석열 대통령 · 조 바이든 미국 대통령 · 기시다 후미오 일본 총리

사진: AFP

연합뉴스

* 출처 : 연합뉴스(2023.8.19.)

추천사

신치범 교수의 저서 《한미일 안보 협력 메커니즘 중층적 구조의 기원》 발간을 반가운 마음으로 축하한다. 본서는 저자가 육군 장교로서 일본 방위대학교 대학원 과정에 유학 중이던 2010년도에 작성한 석사학위 논문을 바탕으로 하고 있다. 저자의 지도교수인 구라타 히데야(倉田秀也) 교수가 방위대학교 대학원 창설 이래 외국인 유학생이 최우수 논문상을 수상한 최초의 사례라고 추천자에게 극찬하던 논문이기도 하다.

신 교수의 이 저서는 일본 학계에서 작성된 학위 논문이나, 한국 학계나 안보 정책 종사자들을 위해서도 중요한 공헌을 하고 있다고 본다. 이 저서는 최근 한국 안보 정책 및 연구의 중요한 화두가 되고 있는 한미일 안보 협력 체제의 기원과 그 제도화에 관한 새로운 시각을 제시하고 있다고 평가된다. 저자는 1990년대에 북핵 문제가 표면화되면서 이를 해결하기 위해 미국과 북한 간에 1994년 제네바 합의가 맺어진 이후, 북한에 대한 경수로 건설 지원을 추진하기 위해 한미일 3국이 참가하는 한반도에너지개발기구(KEDO)가 1995년에 결성되고, 이어 1999년에 3국 대북정책조정감독그룹(TCOG)이 제도화된 사실에 주목하고 있다. 그리고 이를 계기로 냉전기 이후 한국, 미국, 일본이 개별적인 허브 앤 스포크 구조의 양자 동맹을 맺어오던 체제가 '한미일 중층적 안보 협력 메커니즘', 혹은 '웹(Web)형 안보 시스템'의 양상을 보이기 시작했다고 파악한다. KEDO나 TCOG에 대해서 기존에 한미일의 연구자들에 의해 개별적인 연구들이 수행된 바 있지만, 이를 종합적으로 '한미일 중층적 안보 협력 메커니즘'의 형성으로 파악한 점에서, 본서는 탈냉전기 한미일 안보 협력 관계, 나아가 동북아 국제 관계에 대한 새로운 시각을 제시해 주고 있다.

본 연구는 이렇게 형성된 '한미일 중층적 안보 협력 메커니즘'이 1996년 북한의 잠수함 침투 사건, 1998년 북한의 대포동 미사일 발사, 그리고 2002년 북한의 고농축 우라늄 계획 발각 등의 국면에 임해 어떻게 북한을 '외부화'하거나 '내부화'하면서 공동의 대응을 추진하는 프레임웍으로 작동하고 있었는가를 관련 당사자들의 직접 인터뷰를 포함한 다양한 외교사 자료를 동원하여 추적하고 있다. 한국 학계에 비해 일본 국제정치학계가 특히 정치외교사의 방법론에 강점이 있다고 추천자는 평소 생각해 왔는데, 신 교수의 저서에서도 그같은 강점이 잘 나타나 있다.

이같은 외교사에 바탕한 분석을 통해, 신 교수는 '한미일 중층적 안보 협력 메커니즘'이 북한 핵 문제와 같은 난제에 대응하는데 있어, 각국의 개별적인 이해관계를 넘어 지속적 공동 협력을 유지시키는 유효한 제도가 될 수 있음을 설득력 있게 보여 주고 있다.

한편, 2000년대 이후 발발한 9.11 테러를 계기로 부시 정부의 글로벌 안보 정책이 변화되고, 북한의 고농축 우라늄 계획도 발각되면서 미국은 기존 대북 정책을 변화시켰다. 이 과정에서 2003년과 2005년에 걸쳐 TCOG 과 KEDO가 해체되었다. 이같은 현상을 서술하면서 본서는 '중층적 안보 협력 메커니즘'에 참가하는 국가들 간의 안보 위협 인식 및 대응 방식 차이 여하에 의해 애써 구축된 웹형 안보 시스템이 붕괴될 수 있음을 보여 주고 있다.

신치범 교수의 이같은 문제의식과 관찰은 20여 년을 뛰어넘어 캠프 데이비드 3국 정상회담 이후 현재 구축되고 있는 한미일 안보 협력 체제의 향후 과제를 검토하는데 중요한 정책적 시사점들을 던져 주고 있다. 잘 알려져 있듯이 2023년 8월 18일, 한미일 3국 정상은 캠프 데이비드 회담을 통해 한미동맹과 미일동맹 간의 전략적 연계를 인식하면서, '한미일 3국 안보 협력 체제'의 구축에 합의하는 역사적인 공동성명을 발표한 바 있다. 이같은 한미일 안보 협력 체제의 구축은 고도화되는 북한 핵 능력과 글로벌 차원에서 전개되는 강대국 간 전략 경쟁 심화에 대응하는 불가결한 안보 정책적 결단이라고 평가된다. 애써 재구축된 '캠프 데이비드 한미일 안보 협력 체제'가 한반도 평화와 역내 질서의 안정이라는 공동의 목표를 달성하기 위해서도, 20여 년 전의 탈냉전기에 KEDO와 TCOG이라는 공동의 제도를 통해 추진된 한미일 3국간 '중층적 안보 협력 메커니즘'이 어떤 성과와 한계를 보였는가를 되새겨 보는 검토가 필요할 것 같다. 그런 점에서 신 교수의 이 저서는 매우 적절한 시기에 한미일 안보 협력의 기원과 전개, 향후 과제들에 대해 포괄적인 정보와 통찰을 제공해 주고 있다고 생각된다. 한미일 안보 협력의 역사적 전개 과정이나 동아시아 국제관계 일반에 관심 가진 독자들의 일독을 권하는 바이다.

박영준

국방대학교 안보대학원 교수, 부설 국가안보문제연구소장

『한미일 안보 협력 메커니즘 중층적 구조의 기원』발간을 진심으로 축하한다. 본서는 저자인 신치범 교수가 일본 방위대 석사학위 논문으로 작성했던 내용이며, 북한의 핵 위협이 본격화되면서 한미일 안보 협력의 유용성이 시험대에 오르기 시작했던 시기이기도 하다. 저자는 "미국을 공통분모로 하는 두 동맹의 연관성으로 인해 '한미일 안보 협력 메커니즘'이 작동하고 있다. 한미동맹에 따라 한반도 유사시 미국이 주한미군을 증원하고 한국군을 지원하게 되어 있으며, 이때 미일동맹에 따라 평시부터 미군의 전개를 지원하는 자위대와 일본의 UN사 후방기지가 주일미군을 비롯한 미군의 한반도 전개를 '후방에서 지원하는 메커니즘'이 작동되고 있다"며, 그 연장선상에서 탈냉전 이후 탄생한 KEDO와 TCOG는 북한 문제를 둘러싼 새로운 한미일 안보 협력 메커니즘의 중층적 구조라는 점을 분석하였다.

최근 국제 안보 정세의 급격한 변화와 한반도를 둘러싼 지정학적 리스크는 우리로 하여금 본서를 주목하게 한다. 첫째, 우크라이나전쟁이 장기화되고 있으며, 중동 지역은 이스라엘-하마스전쟁에 이어 최근 헤즈볼라로 전선이 확장되면서 중동 확전 위기감이 고조되고 있다. 이로 인해 미국 군사력의 전략적 분산이 불가피하며, 한반도는 지정학적 리스크와 함께 불안정이 증대되고 있다. 둘째, 북한은 핵사용 위협, 탄도미사일 발사는 물론 불법적인 쓰레기 풍선 도발 등 상시적 도발 태세로 전선을 확대해 나가고 있다. 최근 북러의 군사적 접근은 위협의 속도와 방향에 있어 돌발적 변수가 되고 있다. 셋째, 인도·태평양을 둘러싼 미중 전략적 경쟁이 첨예화하면서 남중국해-대만해협-동중국해-한반도를 연하는 역내 불안정이 점증하고 있다. 그리고 캠프 데이비드 선언에 이어 지난 7월 28일 '한미일 안보 협력 프레임워크'와 '한미일 연합훈련 정례화'가 합의되기에 이르렀다. 저자의 시각에서 보면 '한미일 안보 협력 메커니즘의 중층화'가 진화되는 새로운 국면일 것이다.

이러한 시점에서 우리는 저자의 시각과 문제의식으로 현 상황을 재조명해 볼 필요가 있다. 저자는 북한의 핵 위협을 계기로 KEDO와 TCOG가 한미일 안보 협력의 중층적 구조로 제도화되어, 한미 및 미일동맹 강화는 물론 위기 해결의 새로운 메커니즘으로 자리 잡게 되었다고 본다. 구체적 사례로 북한 잠수함 침투 사건

(1996년 9월), 북한의 대포동 미사일 발사(1998년 8월) 등을 분석하면서, 북한에 대한 위협 인식과 이해관계의 공유와 불일치 여부는 한미일의 중층적 구조로의 진화 또는 약화로 이어진다는 점을 결론으로 제시하고 있다. 이러한 관점에서 최근 제기되는 북핵 위협, 동아시아 역내 불안정의 상호관계, 미국의 전략적 분산 등은 우리에게 새로운 한미일 안보 협력의 중층적 구조를 요구하고 있기 때문이다.

본서에서 제기하는 중요한 시사점은 새로운 한미일 안보 협력의 증층적 메커니즘으로 탄생한 KEDO와 TCOG의 성과와 한계를 돌아보는 것이다. 미북 협상이 중요한 변수로 대두되면서 한미일 안보 협력의 중층적 구조의 균형이 어떻게 변화되는지를 사례를 통해 제시하고 있다. 이제는 북한 핵뿐 아니라 중국, 러시아, 그리고 미중 관계의 변화 등 새로운 변수를 어떠한 상호작용으로 분석의 틀을 제시할 것인가는 향후 중요한 연구 과제이자 한반도 안정을 담보하는 정책적 대안이 될 수 있으리라 본다. 즉 새로운 한미일 안보 협력의 메커니즘이 절실히 요구되는 시점이기 때문이다.

신치범 교수의 저서가 매우 적절한 시기에 출판되었음을 다시 한 번 축하한다. 아울러 한일 및 한미일 안보 협력에 대한 연구자의 한 사람으로서 인도·태평양 전략과 미중 전략적 경쟁, 러북의 군사적 밀착 현상 등에 대한 진단이나 구체적 대안으로 한미일 안보 협력의 중층적 구조를 연구하고자 하는 독자들에게 유익한 책으로 권하고 싶다. 한반도 문제는 더 이상 한반도에 국한되지 않으며, 지구상 어떤 나라도 자국 스스로 안보를 담보할 수 있는 나라는 없다고 한다. 본서를 계기로 한반도를 둘러싼 다양한 지정학적 리스크와 불특정 위협에 대처해 나가기 위해 '통합 억제 전략(Integrated deterrence strategy)' 차원의 새로운 한미일 안보 협력의 중층적 메커니즘이 공론화될 수 있기를 기대해 본다.

권태환

한국국방외교협회장, 전 주일본한국대사관 국방무관

러시아-우크라이나전쟁과 이스라엘-하마스 간의 가자 전쟁이 장기화되면서 세계는 중국-러시아 등 권위주의 세력과 미국-서방의 자유민주주의 세력 간에 진영 대결의 양상이 심화되고 있다. 탈냉전기에 강대국들 간에 조성되어 왔던 협력적 국제 체제는 미-중의 대결적 경쟁의 지속과 UN 상임이사국인 러시아의 우크라이나 침공, 그리고 이스라엘과 중동국가들과의 전쟁양상 확산으로 구조적 변화를 겪고 있다. 일부 전문가들은 이를 세계 질서가 '신냉전기', 또는 '국제 체제의 불안정기'로 접어들었다는 징후라고 주장하기도 한다. 더불어서 한반도를 포함한 동아시아의 안보 질서는 중국-러시아-북한-이란으로 연결되는 분노의 축(Axis of Anger)이 형성되고 있으며, 북한이 핵 능력을 더욱 고도화시키고 최근 남북한 관계를 '교전 상태하의 적대적 관계'로 규정하면서 점차 대결적 체제로 전환되고 있다.

이러한 국제 정세의 급변에 대응하기 위하여 우리는 동아시아 국제 질서 유지를 위해 전후 수십년간 유지되어 왔던 한미동맹과 미일동맹의 중층적 안보 협력의 틀을 활용하여 한미일 안보 협력을 강화할 필요가 있다. 지난 2023년 8월 18일 캠프 데이비드에서 한미일 3국 정상회담의 공동성명은 한미일 안보 협력의 틀을 제도화함으로써 동아시아 지역의 안정을 유지하고 북한 핵문제 등 역내 위협에 적극적으로 대응하겠다는 확고한 의지를 보인 것이다.

신치범 교수의 『한미일 안보 협력 메커니즘 중층적 구조의 기원』은 한미일 안보 협력의 틀이 구축된 역학 관계에 대한 새로운 시각을 우리에게 제공함으로써 한미일 안보 협력의 제도화를 위한 시사점을 던져 주고 있다. 본 저자는 1993년 북핵 1차 위기가 발생하자 한미동맹과 미일동맹이라는 군사적 기반 위에서 탄생한 한반도에너지개발기구(KEDO)로 군사·경제적 측면에서 북한의 위협을 감소하는 한미일 안보 협력 메커니즘의 중층적 구조가 탄생되었다고 보고 있다.

1998년 북한의 탄도미사일 위협이 현실화되자 페리 프로세스에 의해 정치적 측면까지 포함하여 북한의 위협을 포괄적으로 다루기 위한 한미일 3국 조정그룹(TCOG)이 창설되면서 한미동맹과 미일동맹, KEDO, TCOG로 이루어진 북한 문제를 군사적, 경제적, 정치적 관점에서 다루는 안보 협력 메커니즘의 중층적 구조가 더욱 강화되었다고 주장하고 있다.

신치범 교수는 한미일 안보 협력 메커니즘의 중층적 구조는 북한의 위협이 다양화하면서 3국 간 위협 인식과 이해관계의 공유와 불일치에 따라 역학적으로 변화해 왔으며, 북핵 2차 위기가 발생하면서 약화되고 기능 부전에 빠졌지만 이러한 중층적 구조는 2023년 캠프 데이비드 선언으로까지 이어졌다고 보고 있다. 한미일 안보 협력의 중층적 구조의 형성과 그 과정을 역학적으로 상세히 분석한 본 저자의 주장들은 향후 북한 문제에 대응하기 위한 제도적 틀을 구축하는 데 필요한 정책적 착상을 던져 주고 있다.

한미일 안보 협력의 제도화에 대해서는 우리 사회에서 두 가지의 반대되는 목소리가 나오고 있다. 먼저 이전 정부의 안보 정책에 대하여 비판적인 전문가 및 언론에서는 긍정적인 평가를 내리고 있다. 즉 가치를 공유하고 있는 한미일 간에 협력을 확대하는 것은 우리의 정체성에도 맞기 때문에 북한 핵문제에 대한 대응뿐만 아니라 양안 문제, 러-우전쟁에 대한 입장도 명확히 해야 한다고 주장하고 있다.

반대로 야권을 중심으로 한 일부에서는 이러한 대일 정책에 대하여 대단히 비판적인 입장을 보이고 있다. 변화하는 대일 정책을 굴욕 외교라는 프레임으로 여론을 몰아가고 있으며, 한미일 안보 협력이 북중러의 결속을 더욱 강화시켜서 결국에는 동아시아에서 진영 대결을 심화시킬 것이라고 우려하기도 한다. 한미일 안보 협력의 제도화는 국내에서 보수 진영과 진보 진영의 대결적 정치 구조를 심화시키는 기제로 작동되는 아이러니를 지켜봐야 하는 현실이다.

최근에 우리 정치 지도자들 중에는 국제 정치의 냉혹한 실체를 인식하지 못하고 자신의 정치 권력 추구와 시대착오적 이념, 어설픈 평화 독트린에 매몰되어 국민들을 현혹시키고 있어서 국제체제가 급변하고 있는 현 상황에서 두려운 생각이 들기도 한다.

국가 지도자는 어떤 경우, 용기 있는 결단을 통해 국가를 위기에서 구하기도 한다. 그러한 상황에서도 독선적인 의지만 내세워서는 안 되고, 합목적적인 비전과 현실적으로 가능한 전략을 기반으로 정책적 선택을 해야 한다. 결국 국제 정치의 오랜 전통과 원칙, 그리고 역사적 사실에 대한 깊은 통찰력을 갖추는 것이 무엇보다 중요하다고 할 수 있다.

그러한 측면에서 신치범 교수의 『한미일 안보 협력 메커니즘 중층적 구조의 기원』은 우리에게 실타래처럼 얽혀 있는 한반도 안보 문제를 조금씩 해결해 나가는 단초를 제공해 주고 있으며, 북한 핵 위협에 대한 대응책을 찾아가는 통찰력을 발휘하게 해 준다.

신치범 교수의 논리 구조는 단순하지 않다. 문제를 통섭적인 시각으로 바라보고, 신중히 사유하는 자세로 논리를 체계적으로 전개하고 있다. 간단 명료한 답을 찾기보다는 복합적인 구조와 진화되는 상황 속에서 실체적 진실을 찾아가는 학자의 모습에서 큰 기대를 하게 된다.

이종호

국방산업연구원장, 전 건양대학교 교수

오늘날 동북아시아의 안보 환경은 복잡해지고 있으며, 특히 북한의 지속적인 핵 위협과 미·중 전략 경쟁의 심화 속에서 한미일 안보 협력의 중요성은 더욱 커지고 있다. 이러한 시대적 과제 속에서 『한미일 안보 협력 메커니즘 중층적 구조의 기원』은 한미일 3국의 안보 협력 구조가 어떻게 탄생하고 발전해왔는지를 명확하고도 깊이 있게 분석한 중요한 연구이다.

이 책의 저자인 신치범 교수는 저와 같은 육군사관학교 동기로, 항상 문제 해결을 위해 최선을 다하는 친구다. 일본 방위대학교에서 국제정치학 석사 학위를 취득한 신 교수는 군사 및 안보 전문가로서 군 정책 분야에서 활동해 왔으며, 한미일 안보 협력 연구에 독보적인 시각을 제공해 왔다.

이 책은 1차 북핵 위기로부터 최근의 안보 도전에 이르기까지 한미동맹과 미일동맹, 그리고 KEDO와 TCOG 같은 경제적, 정치적 제도들이 상호 어떻게 작용하며 어떻게 기능했는지를 설명한다. 특히 '외부화'와 '내부화'라는 개념을 통해 북한 위협의 억제와 관여를 동시에 수행한 협력 메커니즘의 중층적 구조를 명쾌하게 분석한 부분이 이 책의 핵심이다. 이러한 분석은 단순한 군사적 대응을 넘어선 정치적, 경제적 접근까지 포괄하는 한미일 안보 협력의 발전 과정을 깊이 있게 조명한다. 더 나아가, 이 책은 첨단 기술과 AI의 발전에 맞추어 한미일 안보 협력이 미래에도 어떻게 지속 가능하게 발전할 수 있을지에 대한 중요한 시사점을 제시하고 있다. 특히 최근 국방 혁신 4.0과 같은 전략적 변화가 한미일 3국 협력에 어떻게 영향을 미칠 수 있는지에 대한 통찰도 함께 제공한다. 이러한 점에서 이 책은 학문적 가치뿐만 아니라 정책적 실용성까지 겸비한 중요한 연구라 할 수 있다.

신 교수의 철저한 분석력과 문제에 대한 집요한 탐구 정신이 『한미일 안보 협력 메커니즘 중층적 구조의 기원』에 고스란히 녹아 있다고 평가할 수 있다. 한미일 3국의 협력을 강화하기 위한 미래 지향적인 비전도 제시하고 있는 본서가 동북아시아와 한반도 안보를 연구하는 학자나 실무자뿐만 아니라, 국제 정치와 안보에 관심 있는 독자들에게도 깊은 영감을 줄 것으로 확신한다.

방준영

육군사관학교 일본지역학 교수

2010년 5월 6일 국방일보

日 방위대 석사과정 수석 졸업

육군보병학교 신치범 소령, 종합안전보장학과

육군보병학교에 근무하고 있는 신치범(육사55기·사진) 소령이 일본 방위대학교 종합안전보장학과를 수석으로 졸업했다.

이 학과에서 외국인 위탁 교육생이 수석을 차지한 것은 이번이 처음이다.

일본 방위대학교의 종합안정보장학과는 국제관계와 군사전략 등 안전보장 관련 제반 학문을 연구하는 학과. 신 소령은 2008년부터 2년간 이 학과에서 석사 과정을 밟으며 전 과목 A학점을 취득했다.

또 냉전 후 복잡 다양해져 가는 북한의 위협에 대한 한미일 안보협력의 변천 과정을 연구, '냉전 후 한미일 안보협력 메커니즘의 중층성'이라는 논문을 발표해 최우수 논문상을 수상해 수석 졸업이라는 영예를 안게 됐다.

한편 신 소령은 2009년 일본 국제안전보장학회 '한미동맹 및 미일동맹 비교 연구' 분과에 한국대표로 초빙돼 주제발표로 국제 정치학자와 전문가들로부터 호평을 받은 바 있다.

신 소령은 "대한민국 장교의 우수성을 저명한 방위대 교수들에게 인정받았다는 것이 무엇보다 의미가 깊었다"며 "앞으로 군 생활 동안 한반도 평화통일의 초석이 될 한미일 3국간의 안보협력 증진에 기여하고 싶다"는 소감을 밝혔다.

김철환 기자

* 출처 : 국방일보(2010.5.6.)

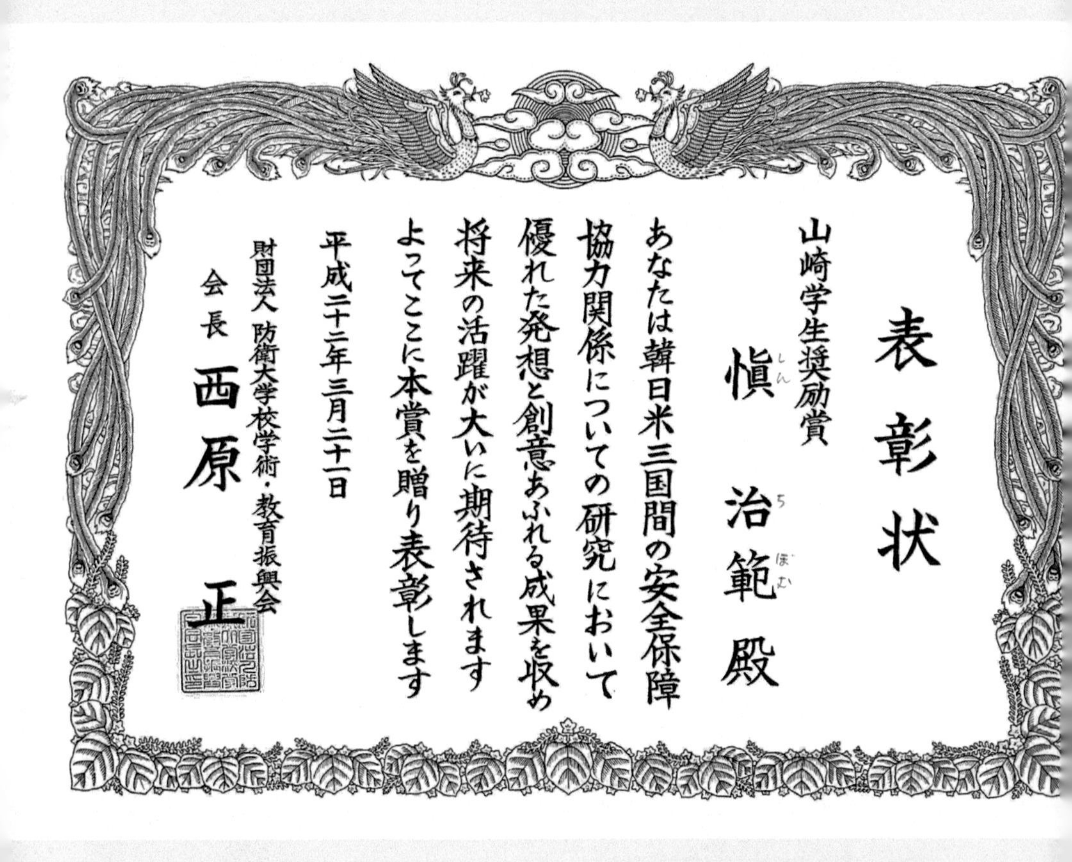

表彰状

山崎学生奨励賞

愼 治範 殿

あなたは韓日米三国間の安全保障
協力関係についての研究において
優れた発想と創意あふれる成果を収め
将来の活躍が大いに期待されます
よってここに本賞を贈り表彰します

平成二十二年三月二十一日

財団法人 防衛大学校学術・教育振興会
会長 西原 正

* 일본방위대 석사과정 최우수논문상 상장

제1장

연구 목적 및 분석의 관점

제1절 문제의 소재 및 연구의 목적

동아시아는 냉전 이후에도 중국의 부상과 북한의 핵무기 및 탄도미사일 개발로 인한 위협이 가시화되면서 냉전 시대보다 더 복잡하고 불안정한 국제 체제를 형성하고 있다. 따라서 냉전 시기부터 견고하게 유지되어 온 미일동맹 및 한미동맹을 중심으로 한 '허브 앤 스포크(hub and spokes)'의 양국 간 동맹 체제는 여전히 유지되고 있다.[1)]

여기서 주목할 점은 한미일 안보 협력이 삼각동맹(trilateral alliance)까지는 아니지만, 미국을 공통 분모로 하는 두 동맹의 연관성으로 인해 3국 간에는 '한미일 안보 협력 메커니즘'이 작동하

1) Christopher Griffin and Michael Auslin, "Time for Trilateralism?," American Enterprise Institute for Public Policy Research, No. 2, March 2008 <http://www.aei.org/docLib/20080306_22803AO02Griffin_146696.pdf> (검색일: 2009년 9월 10일)

고 있다는 것이다.[2] 한미동맹에 따라 한반도 유사시 미국이 주한 미군을 증원하고 한국군을 지원하게 되어 있으며, 이때 미일동맹에 따라 평시부터 미군의 전개를 지원하는 일본 자위대의 UN사 후방 기지가 주일미군을 비롯한 미군과 UN사 전력 제공국들의 한반도 전개를 '후방에서 지원하는 메커니즘'[3]이 작동되고 있는 것이 바로 그것이다. 따라서 한미일 3국은 공식적으로 3각 동맹을 맺지는 않았지만, 한미동맹과 미일동맹으로 구성된 '한미일 안보 협력 메커니즘'[4]을 공유하고 있다고 할 수 있다.[5]

---

2) 한미·미일 동맹의 관련성에 대해서는, 倉田秀也「北朝鮮の弾道ミサイル脅威と 日米韓関係－新たな地域安保の文脈」『国際問題』(第468号, 1999年3月), pp.52~54 참조. 또한 한미일 안보 협력의 기원에 대해서는, 倉田秀也「日米韓安保提携の起源－『韓国条項』前史の解釈的再検討」『日韓歴史共同研究報告書　第3分科編下巻』(2005年 11月), pp.201~231 참조.

3) 미일 방위협력을 위한 지침(日米防衛協力のための指針) 제5조에 따르면, "주변 사태에 대응할 때 미일 양국 정부는 사태의 확대를 억제하기 위한 조치를 포함한 적절한 조치를 취한다"라고 명시하고, 미군 활동에 대한 일본의 지원 항목으로 ① 시설의 사용, ② 후방지역 지원, ③ 운용면에서의 미일 협력 등을 제시하고 있다. 또한, 여기서 후방지역 지원에 대해서는 "일본은 미일 안보조약의 목적 달성을 위해 활동하는 미군에 대해 후방지역 지원을 한다. 이 후방지역 지원은 미군이 시설의 사용 및 각종 활동을 효과적으로 수행할 수 있도록 하는 것을 주된 내용으로 한다. 이러한 성격상 후방지역 지원은 주로 일본 영역에서 이루어지지만, 전투 행동이 이루어지는 지역과 구분되는 일본 주변 공해 및 그 상공에서 이루어질 수도 있다"라고 명시되어 있다. 「日米防衛協力のための指針」防衛省『日本の防衛-防衛白書-(平成21年版)』(ぎょうせい、2009年 7月), pp.357~361.

4) 북한의 행동을 위협과 불안 요소로 인식하고 있는 한미일 3국은 북한의 위협을 억제하고 억제 실패 시 전쟁에서 승리하기 위해 '군사력'에 기반한 협력 메커니즘을 유지·강화하기 위해 노력하고 있다. 동시에 그 위협을 축소 내지 관리하기 위한 '외교력'에 기반한 협력 메커니즘의 유지 및 강화를 목표로 하고 있다. 본 연구에서는 이러한 '군사력' 및 '외교력'에 기반한 메커니즘을 한미일 '안보 협력 메커니즘'이라 칭한다. 또한 이 메커니즘이 한반도, 나아가 동아시아의 지역 안정 유지라는 공동의 이익에 기반하고 있으며, 한미·미일 동맹, KEDO, TCOG 등에 의한 중층적 구조로 되어 있다.

5) 한미일 삼각동맹에 대해서는 Ralph A. Cossa, ed, U.S-Korea-Japan Relations - Building Toward a Virtual Alliance (Washington D.C.: The CSIS Press, 1999); 신우용, 『韓美日三角同盟-한일 안보 협력을 중심으로』(양서각, 2007년); 이대우, 『한미일 안보 협력 증진에 관한 연구)』(세종연구소, 2001년) 참조. 또한 제임스 아우어(James E. Auer)는 "한미일 간의 실질적 동맹(virtual Korea-Japan-US alliance)은 북한을 억제하고 나아가 중국 및 아세안 국가들의 책임

1993년 3월 12일 북한이 핵확산금지조약(Nuclear Non-proliferation Treaty : NPT) 탈퇴를 선언하여 1차 북핵 위기가 발생했다. 이때 동맹국인 한국과 일본의 이익을 대변하는 동시에 NPT 및 국제원자력기구(International Atomic Energy Agency : IAEA)를 중심으로 핵 비확산 체제를 대표하는 미국은 북한과 미북 협상에 착수하여 미북 기본 합의서, 즉 제네바 합의서에 미북이 합의함으로써 이 위기는 일단락되었다. 여기서 흥미로운 점은 이 위기가 한창이던 1993년 7월에 방한(訪韓)한 빌 클린턴(Bill J. Clinton) 미국 대통령의 언급이다. 한국 국회 연설에서 '겹겹이 쌓인 갑옷(overlapping plates of armor)'이라는 은유를 통해 새로운 충층적 안보 체제를 제안했다는 점이다.[6] 이는 새로운 안보 체제가 단순히 미국과의 양국 간 동맹 관계만이 아니라 여러 제도를 중첩한 중층적 구조를 가질 것임을 시사했다.[7]

이러한 맥락에서 1995년의 제네바 합의서에 따라 한반도에너지개발기구(Korean Peninsula Energy Development Organization : KEDO)[8]가 탄생한 것과 1999년 대북 정책 조정을 위해 한미일 3국 조정그

있는 행동을 촉구하기 위해 효과적인 지역동맹의 모델이 되어야 한다"라고 말했다. 인터뷰(이메일), 2009년 3월 7일.

6) President Clinton,"Fundamentals of Security for a New Pacific Community: Address before the National Assembly of the Republic of Korea, Seoul, South Korea, July 10, 1993,"U.S. Department of State Dispatch, vol. 4, no. 29, July 19 1993, pp.509-12.

7) 倉田秀也「朝鮮問題多国間協議の『重層的』構造と動揺－『局地化』『国際レジーム』『地域秩序』」岡部達味編『ポスト冷戦のアジア太平洋』(日本国際問題研究所、1995年), pp.271~272.

8) KEDO에 대해서는 KEDO 홈페이지 <http://www.kedo.org/> 참조.

룹(Trilateral Coordination and Oversight Group: TCOG)이 탄생한 것은 강조할 만하다. 이들 모두 한미일 3국 간 안보 협력을 바탕으로 평상시부터 북한이라는 위협 또는 불안정 요소를 평화적으로 관리하면서 한반도, 나아가 동아시아의 안정을 가져왔기 때문이다.[9] 따라서 KEDO와 TCOG는 일종의 한미일 안보 협력 메커니즘의 일종으로 볼 수 있으며, 한미·미일 동맹에 이어 탈냉전 이후 새롭게 탄생한 KEDO와 TCOG는 북한 문제를 둘러싼 새로운 안보 체제, 즉 한미일 안보 협력 메커니즘의 중층적 구조를 탄생시켰다고 말할 수 있다.[10]

이 중층적 구조는 북한을 억제하면서 북한의 대량살상 무기(Weapons of Mass Destruction: WMD)와 미사일 문제를 평화적으로 해결할 수 있는 가장 효과적인 기본 구조로 여겨져 왔다. 이것은 1999년 10월 발표된 미국의 『대북정책 검토보고서(Review of United States Policy Towards North Korea)(Review of United States Policy Toward North Korea)』(이하 페리 보고서)가 제시한 '포괄적이고 통합적인 접근(a comprehensive and integrated approach)'(이하 '페리 프로세스')이 이를 뒷받침하고 있다.

---

9) Joel Wit,"Viewpoint: The Korean Peninsula Energy Development Organization: Achievement and Challenges,"The Nonproliferation Review, Winter 1999.; James L. Schoff, Tools for Trilateralism: Improving U.S.-Japan-Korea Cooperation to Manage Complex Contingencies (Massachusetts: Potomac Books, 2005).

10) 다층적 안보 구조에 관해서는 神谷万丈「アジア太平洋における重層的安全保障構造に向かって一多国間協調体制の限界と日米安保体制の役割」『国際政治』115号(1997年5月);東京財団政策研究部「新しい日本の安全保障戦略ー多層協調的安全保障戦略ー」(2008年10月) 참조.

그러나 2002년 10월 북한의 고농축우라늄(HEU, Highly Enriched Uranium) 개발 계획이 발각되었다는 미국의 발표 이후, KEDO는 같은 해 12월부터 중유 제공을 중단했다. 북한은 이 중유 제공 중단을 제네바 합의 위반이라고 반발하며 2003년 1월 10일 NPT 탈퇴를 선언하면서 북한을 둘러싼 핵 위기가 다시 찾아왔다. 이후 같은 해 12월부터는 KEDO의 경수로 건설도 중단되었다. 이러한 흐름에 따라 같은 해 6월 회의를 마지막으로 TCOG도 공식적인 막을 내렸다.[11] 이렇게 제2차 북핵 위기 속에서 한미일 안보 협력 메커니즘의 중층적 구조는 점차 약화되어 기능 부전에 빠졌다.

그런데 앞서 언급한 대로 1차 북핵 위기 이후 북한의 위협을 평화적으로 해결하면서 한반도의 안정을 유지하는 기본 구조가 되었던 한미일 안보 협력 메커니즘의 중층적 구조가 왜 2차 북핵 위기 과정에서 이렇게 작동 불능 상태가 되었는지에 대한 의문이 생기게 된다. 따라서 이 책에서는 한미일 안보 협력 메커니즘의 중층적 구조를 구성하고 있던 한미·미일 동맹, KEDO, TCOG 등을 하나의 제도로 간주하고, 그 제도들 간의 상호작용[12]에 주목하면서 앞서 언급했던 의문을 구조적으로 풀어 보고자 한다. 이를 통해 냉전 이후 한미일 안보 협력 메커니즘 중층적 구조의 탄생 과정(기원)과 그 상호작용에 관한 역학을 밝히는 것이 이 연구의 목적이다.

---

11) James L. Schoff, First Interim Report: The Evolution of the TCOG as a Diplomatic Tool (The Institutional for Foreign Policy Analysis, November 2004), p.1.

12) 여기서는 interplay와 interaction을 모두 '상호작용'으로 번역하여 사용한다.

제2절 선행연구

이 책이 다루는 연구 분야는 한미일 3국 간 안보 협력에 관한 연구인 동시에 한미일 안보 협력 메커니즘으로서의 KEDO와 TCOG에 관한 연구이다.

먼저, 한미일 3국 간 안보 협력에 관한 주요 선행연구는 역학에 관한 연구와 정책적 제언을 하는 연구로 구분할 수 있다. 그중 역학에 관한 주요 연구로는 빅터 차(Victor D. Cha) 교수의 연구가 있는데, 그는 냉전기의 한미일 안보 협력을 조망하면서 특히 한미일 협력의 역학을 밝히고 있다.[13] 차 교수는 미국의 안보 공약이 약화됨에 따라 한일 양국의 '방기(abandonment)'에 대한 우려가 양국의 협력을 촉진한다고 지적하고 있다. 그러나 한일 간 국방 교류가 1994년 4월 이병대 국방부 장관의 방일로부터 본격적으로 시작된 점,[14] 1998년 10월 김대중 대통령과 오부치 게이조 총리가 '21세기를 향한 한일 파트너십 공동 선언' 및 '행동 계획'을 발표하여 지금까지의 국방 교류를 공식적으로 문서화하면서 양국의 안보 협력 관계를 폭넓게 강화한 점, 그 안보 협력 강화의 일환으로 이듬해 9월 한국 해군과 해상자위대가 처음으로 재난 구조 수색 훈련을 합동으로 실시한 점 등은 차 교수가 제시하는 역학 관

13) Victor D. Cha, Alignment Despite Antagonism: the United States-Korea-Japan Security Triangle(California: Stanford University Press, 1999); ビクター·D·チャ『米日韓 反目を超えた提携』船橋洋一監訳·倉田秀也訳 (有斐閣、2003年).

14) 東清彦「日韓安全保障関係の変遷－国交正常化から冷戦後まで」『国際安全保障』(2006年3月), p.103.

계로는 설명할 수 없는 부분이다. 두 시기 모두 미국의 의지가 확고했기 때문이다. 즉 한일 양국이 '방기'에 대한 우려가 거의 없음에도 불구하고 양국 간 협력은 증진되었다는 점이다.[15] 따라서 차 교수의 논리는 냉전 시기에는 적용될 수 있지만, 냉전 이후에는 그렇지 않다는 점을 지적할 수 있다.

한편, 정책 제언을 하는 연구로는 랄프 코사(Ralph A. Cossa), 마이클 그린(Michael J. Green), 김태효, 야마구치 노보루(山口昇) 등의 연구가 있다. 코사는 한미일 3국 간 안보 협력은 지역 안정 유지에 장기적인 효과가 있다며 그 중요성을 역설하고 있다.[16] 그린은 한미일 3국 간 안보 협력은 미국을 중심으로 한 동맹 네트워크를 강화하는 동시에 한반도의 평화적 남북 통일을 위해 필수적이라며 그 중요성을 강조하고 있다.[17] 김태효는 냉전 이후 한미일 3국의 안보 협력의 필요성이 더욱 커지고 있다고 지적하며, 한미일 3국이 북한 및 중국과의 경쟁에 어떻게 대응해 나가야 하는지에 대해 언급한다.[18] 야마구치도 한미일 3국 간 안보 협력은 중국의 부

15) 미국은 'EASR95' 및 'EASR98'이라는 보고서를 통해 "아시아 태평양 지역에 10만 명의 미군을 계속 주둔시킬 것"을 명시하고 있다. U.S. DoD, The United States Security Strategy for the East-Asia Pacific Region(Washington D.C., 1995); U.S. DoD, The United States Security Strategy for the East-Asia Pacific Region(Washington D.C., 1998)

16) Ralph A. Cossa,"US-ROK-Japan:Why a 'Virtual Alliance' Makes Sense," The Korean Journal of Defense Analysis, Vol.XII, No.1, Summer 2000, p.68.

17) Michael J. Green, Japan-ROK Security Relations: An American Perspective (FSI Stanford Publications, March 1999); マイケル·ジョナサン·グリーン (Michael Jonathan Green)「米、日、韓三か国の安全保障協力」『Human Security No.2』(1997年), pp.89~99.

18) 김태효「韓美日 安保協力의 가능성과 한계」『정책연구시리즈2002-3』(외교안

상을 견제하는 동시에 중국과의 협력도 촉진할 수 있다고 그 필요성을 역설하고 있다.[19] 그러나 여기서 지적해야 할 점은 위의 연구들 모두 한미일 3국 간 안보 협력의 중요성과 필요성, 혹은 정책적 제언까지는 언급하고 있지만, 그 안보 협력에 관한 역학관계까지는 밝히지 않았다는 점이다.

한편, KEDO와 TCOG에 관한 주요 선행연구는 이들을 개별적으로 대상으로 한 연구와 양자를 모두 대상으로 한 연구로 나눌 수 있다. 먼저 KEDO 관련 주요 연구로는 스콧 스나이더(Scott Snyder), 조엘 위트(Joel S. Wit), 미첼 리스(Mitchell B. Reiss), 코사(Ralph A. Cossa), 딘 우엘레트(Dean Ouellette), 이수훈, 신동익, 정옥임, 홍소일 등의 연구가 있다. 위의 연구들은 KEDO에 대해 신뢰 구축 조치,[20]

보연구원, 2002년 3월); Tae-hyo Kim,"Limits and Possibilities of ROK-U.S.-Japan Security Cooperation: Balancing Strategic Interests and Perceptions," Tae-hyo Kim and Brad Glosserman(ed.), The Future of U.S.-Korea-Japan relations: Balancing values and interests(Washington, D.C.: Center for Strategic and International Studies), 2006, pp.1~16.

19) Noboru Yamaguchi,"Trilateral Security Cooperation: Opportunities, Challenges, and Tasks,"in Ralph A. Cossa, ed., U.S-Korea-Japan Relations, op. cit., p.15.

20) hin Dong-Ik,"Multilateral CBMs on the Korean Peninsula : Making a Virtue out of Necessity,"The Pacific Review 10, No.4, 1997, pp.504~522.

에너지 분야 다자기구,[21] 국제기구,[22] 안보체제[23] 등의 관점을 제시하면서 KEDO의 중요성 및 필요성을 강조하고 있다.

다음으로 TCOG에 관한 주요 연구로는 제임스 쇼프(James L. Schoff),[24] 김용호[25] 등의 연구가 있다. 위의 연구들은 모두 TCOG가 한미일 3국의 대북 정책을 조정하는 기능을 수행하면서 한미일 3국 간 안보 협력을 증진한 역할을 높이 평가하고 있다. 그러

21) Su-Hoon Lee and Dean Ouellette,"Tackling DPRK's Nuclear Issue through Multi-lateral Cooperation in the Energy Sector,"Policy Forum Online(PFO 03-33: May 27, 2003) <http://www.nautilus.org/fora/security/0333LeeandOuellette.html#sect2> (검색일: 2009년 2월 17일).

22) 정옥임과 전진호는 KEDO를 "동북아 안보와 깊은 관련이 있는 국제 컨소시엄에서 발전한 유사 국제기구"로 간주하고 있다. 정옥임, "국제기구로서의 KEDO-각국의 이해 관계와 한국의 정책,"『한국국제정치』(제28호, 1998년), pp.237~272.; 전진호, "동북아 다자주의의 모색:KEDO와TCOG를 넘어서," 『일본연구논총』 (제17호, 2003년), pp.41~74. 또한 스나이더와 리스는 "경제뿐만 아니라 정치 및 안보의 기능을 가진 국제기구"로 간주하고 있다. Scott Snyder,"Towards a Northeast Asia Security Community: Implications for Korea's Growth and Economy Development-Prospects for a Northeast Asia Security Framework,"Paper prepared for conference"Towards a Northeast Asia Security Community: Implications for Korea's Growth and Economy Development"Held 15 October 2008 in Washington D.C, and sponsored by the Korea Economic Institute(KEI),the University Duisburg-Essen, and the Hanns Seidal Stiftung;See, Scott Snyder,"The Korean Peninsula Energy Development Organization : Implications for Northeast Asian Regional Security Cooperation?,"North Pacific Policy Paper 3, Program on Canada-Asia Policy Studies, Institute of Asia Research, Vancouver: University of British Columbia, 2000;Mitchell B. Reiss,"KEDO: Which Way From Here?,"Asian Perspective, Vol.26, No1, 2002, pp.41-55.

23) 小野正昭「安全保障機関としてのKEDOの重要性－北朝鮮原子炉発電所建設の現状と課題」『世界』(岩波書店、1995年5月), pp.92~103.

24) James L. Schoff, Tools for Trilateralism,op. cit.;James L. Schoff, First Interim Report,op. cit.;James L. Schoff, Second Interim Report: Security Policy Reforms in East Asia and a Trilateral Crisis Response Planning Opportunity (The Institutional for Foreign Policy Analysis, March 2005).

25) Youngho Kim,"The Great Powers in Peaceful Korean Reunification," International Journal on World Peace, September 2003.

나 KEDO 관련 연구나 TCOG 관련 연구에서도 각각의 분야와 관련된 사건만을 분석하고 있다. 더욱이 KEDO에서 한미일 3국 간 안보 협력의 기능에 주목한 연구는 드물다.

마지막으로 KEDO와 TCOG를 동시에 대상으로 한 주요 연구 범주에는 기쿠치 츠토무(菊池努), 전진호 등의 연구가 있다. 기쿠치 츠토무의 연구는 KEDO 및 TCOG를 북핵 위기와 관련된 제도의 일부로 파악하면서, 양측 모두 한미일 안보 협력에 관련된 제도로서 중요한 역할을 수행했다고 주장한다. 그러나 기쿠치 츠토무의 연구는 6자회담에 초점을 맞추고 있으며, 한미일 3국 간 안보 협력 관계까지는 밝히지 않았다.[26)]

반면 전진호는 KEDO와 TCOG를 모두 한미일 3국 간 안보 협력의 기능을 수행한 것으로 보지만, 지역적 협력을 촉진하는 레짐으로 발전시켜야 한다는 정책적 제언을 목적으로 하고 있어 한미일 3국 간 안보 협력 관계에 관한 체계적인 분석적 연구라고 평가하기는 어렵다.

결론적으로 지금까지의 선행연구들은 한미일 안보 협력과 관련된 사건들을 분석하고 그 중요성 및 개선 방안 등을 제시하고는 있지만, 냉전 이후 한미일 3국 간 안보 협력의 역학 관계에 관한 분석적 연구는 제로에 가깝다. 또한, 한미·미일 동맹, KEDO,

26) 菊池努「北朝鮮の核危機と制度設計: 地域制度と制度の連携」『青山国際政経論集』(75号、2008年5月).

TCOG로 구성된 한미일 안보 협력 메커니즘의 중층적 구조에 주목하면서 그 상호작용을 밝힌 연구는 찾지 못했다. 따라서 본 연구는 선행연구의 부족한 관점을 보완하면서 한미일 3국 간 안보 협력 메커니즘 중층적 구조의 역학 관계에 대한 새로운 시각을 제공한다는 점에서 독창적 가치를 지닌다는 점을 강조하고 싶다.

제3절 분석의 관점

이 책에서는 '제도(institutions)'[27]라는 단어를 사용할 때 그 대상을 다소 넓게 파악하기로 한다. 즉 조직이 존재하지 않더라도 관련 국가 간 행동을 규제하는 일정한 규칙이나 규범이 확인되면 이를 제도로 간주한다. 관련 국가들 사이에 특정 문제 영역에 대해 규칙이나 규범에 의해 규제된 일정한 행동 패턴이 보일 때 거기에 '제도'가 존재하는 것으로 간주한다.[28] 따라서 한미·미일 동맹, 제네

27) 주요 정의는 다음과 같다. 코헤인(Keohane)은 "행위자의 행동 규칙을 규정하고, 활동을 구속하며, 기대를 형성하는 (공식적, 비공식적) 일련의 규칙"이라고 하였다. Robert O. Keohane, International Institutions and State Power : Essays in international Relations Theory(Boulder: Westview Press, 1989), pp.3~4.; Young은 "사회적 관행을 정의하고, 그 관행에 참여하는 관계자들에게 역할을 부여하며, 그 역할을 가진 사람들 간의 상호작용을 안내하는 게임의 규칙 또는 행동규범의 집합"이라고 정의한다. Oran R. Young, International Governance: Protecting the Environment in Stateless Society (Ithaca: Cornell University Press, 1994), p.3.; 마틴은 "규범, 룰, 국제조직의 통합된 구조"라고 말한다. Lisa L. Martin, ed., International Institutions in the New Global Economy (Cheltenham, U.K.: Edward Elgar, 2005) ; 드필드는 "국제 시스템, 그 시스템의 행위자(국가 및 비국가), 그리고 그들의 활동에 관련된 구성적, 규제적, 절차적 규범과 규칙의 비교적 안정된 집합"이라고 말한다. John S. Duffield, "What Are International Institutions?,"International Studies Review Vol.9, No.1(Spring 2007), pp.7~8.

28) 기쿠치(菊池), 앞의 논문 「北朝鮮の核危機と制度設計」, p. 8 .

바 합의서, KEDO, TCOG, '페리 프로세스' 등을 모두 '제도'로 본다.[29] 또한, 오란 영(Oran R. Young), 로버트 코헤인(Robert O. Keohane), 리사 마틴(Lisa L. Martin) 등의 논의와 야마모토 요시노부(山本吉宣)의 견해를 바탕으로 '제도'와 '레짐(regime)'을 혼용하여 사용한다.[30]

여기서 지적해야 할 점은 지금까지의 제도 관련 연구의 주류가 특정 제도에 초점을 맞추어 왔기 때문에 여러 제도 간의 관계를 의미하는 '제도 간 연계(institutional linkages)'에 관한 연구가 적었다는 점이다.[31] 앞서 살펴본 바와 같이 한미일 3국 간 안보 협력과 관련된 제도 간 관계를 체계적으로 분석한 선행연구도 드물다. 그

29) '레짐'라는 개념에 대해 '제도'와는 다른 정의를 내리는 학자들도 있다. 예를 들어, 러기(John G. Ruggie)는 "상호 기대, 일반적으로 합의된 규칙, 규정, 계획의 집합"이라고 정의한다. John G. Ruggie, "International Responses to Technology: Concepts and Trends," International Organization, Vol.29, No.3, Summer 1975, p.569.; Keohane과 Nye는 "규칙, 규범, 행동을 관리하고 그 영향을 통제하는 절차를 포함한 일련의 통치 장치"라고 말한다. Robert O. Keohane and Joseph S. Nye, Power and Interdependence (Boston: Little, Brown, 1977), p.17.; 크라스너(Kraussner)는 "국제관계 및 시스템에서 행위자들의 기대를 수렴하는 명시적, 또는 묵시적인 원칙, 규범, 룰, 의사결정 절차 세트"라고 말한다. Stephen D. Krasner,"Structural Causes and Regime Consequences: Regimes as Intervening Variables," in Stephen D. Krasner, ed., International Regimes (Ithaca: Cornell University Press, 1983), p.2.

30) 야마모토 요시노부(山本吉宣)는 "영과 코헤인 모두 '예컨대 레짐이라는 제도(institutions such as regimes)'라는 표현을 지적하고, 마틴은 국제제도를 '규범, 규칙, 국제기구의 통합된 구조'로 간주하면서 제도와 레짐을 구분하지 않고 사용한다"라고 말한다. 山本吉宣『国際レジームとガバナンス』(有斐閣、2008年), pp.33~42.

31) Oran R. Young, Governance in World Affairs (Ithaca: Cornell University Press, 1999), p.163; Kal Raustiala and David G. Victor, "The Regime Complex for Plant Genetic Resources,"International Organization 58, Spring 2004, p.278, p.295; 1990년 중반 이후 제도 간 연계에 관한 연구가 시작되었는데, 이를 "레짐 연구의 제3의 물결"이라고 부른다. Fariborz Zelli, "Regime Conflicts in Global Environmental Governance," Paper presented at 2005 Berlin Conference on the Human Dimensions of Global Environmental Change, 2-3 December 2005, p.2.

러나 영이 "일반적으로 특정 제도는 다른 제도와의 연계가 나타나며, 그 영향으로 제도 간 상호작용이 발생한다"라고 지적하고, "기능적 상호 의존 및 제도의 밀도가 높아질수록 제도 간 상호작용도 증가한다"라고 언급한다.[32] 이처럼 관련 제도가 늘어날수록 제도 간 상호작용에 관한 연구의 중요성 및 필요성도 증가한다.[33] 따라서 이 책은 KEDO, TCOG 등의 탄생이 중층적인 한미일 안보 협력 메커니즘을 가져왔다는 점에 주목하면서 이들의 상호작용을 분석하고자 한다.

이 책에서는 특정 제도들 사이에 '서로 영향을 주고받을 때' 이를 제도 간 상호작용으로 보고, 그 상호작용의 토대가 되는 제도 간 연결 상태를 '제도 간 연계'로 파악한다. 이에 대해 영(Oran R. Young)은 '제도 간 연계'를 ① 임베디드형(embedded), ② 중첩형(nested), ③ 중복형(overlapping), ④ 클러스터형(clustered)의 네 가지로 구분하여 개념화하고 있다.[34]

첫째, '임베디드형' 제도 간 연계는 국가 주권과 같이 명시적으로 제시하지 않더라도 일반적으로 합의된 원칙이나 관행에 영향

32) Oran R. Young, op. cit., 1999, pp.163-164; Oran R. Young, The Institutional Dimensions of Global Environmental Change: Fit Interplay and Scale (Massachusetts, Cambridge: MIT Press, 2002), p.111; Kal Raustiala, op. cit.

33) Kal Raustiala, op. cit., p. 278.

34) Oran R. Young, "Institutional Linkage in International Society: Polar Perspectives," Global Governance 2, January-April 1996, pp.1-24; Oran R. Young, op. cit., 1999, pp.165~188.; 菊池、前掲論文「北朝鮮の核危機と制度設計」, pp.32~50.

을 받아 특정 제도가 생겨나는 경우의 제도 간 관계를 말한다. 예를 들어, 주권 국가 체제라는 기본 규범이 있고, 이를 바탕으로 무역이나 안보 분야에 관한 제도가 형성된다는 것이다.[35] 또한, 국가 간 협상에서는 적어도 상대 국가의 존재를 사실상 인정하는 것이 전제되는데, 이 경우도 이 유형에 해당한다.[36] 따라서 이 책에서는 국가 간 협상의 기반이 되는 '임베디드형'은 분석 대상에서 제외한다.[37]

둘째, '중첩형' 제도 간 연계는 기능적, 지리적으로 제한된 특정 합의가 더 큰 제도적 틀에 통합되는 경우의 제도 간 관계이다. 예를 들어, 한미 상호방위조약, 미일 안보조약, IAEA의 규범이 국제연합(이하 유엔) 헌장에서 공급되는 경우가 이 범주에 속한다.[38] 또한, '중첩형' 제도 간 연계에서는 국제 제도가 지역 제도에 규범이나 규칙을 제공하는 것이 일반적이지만, '중첩형'을 넓게 해석

35) 야마모토(山本吉宣), 앞의 책, p.151.

36) 기쿠치(菊池), 앞의 논문「北朝鮮の核危機と制度設計」, p.34.

37) 야마모토는 '임베디드형'과 '중첩형'은 "구분하기 어렵다"라고 말하며, '구성적 규칙'의 집합으로서 제도와 수직적 관계가 있는 것을 '임베디드형'으로, 반대로 '규제적 규칙'의 집합으로서 제도와 수직적 관계가 있는 것을 '중첩형'으로 보고 있지만, 이 구분도 모호하다. 야마모토(山本), 앞의 책, pp.151~152.

38) 한미상호방위조약 제1조에 따르면 "당사국은 (중략) 무력에 의한 위협 또는 무력 행사를 국제연합의 목적 또는 당사국이 국제연합에 대하여 부담하는 의무와 양립할 수 없는 어떠한 방법에 의한 것도 삼갈 것을 약속한다"라고 명시하고 있다. 大沼保昭, "米韓相互防衛条約,"『国際条約集(2006年版)』(有斐閣、2006年), p.611.; 미일 상호협력 및 일미안전보장조약의 전문에 "(중략)국제연합헌장의 목적과 원칙에 대한 신념 및 모든 국민과 모든 정부와 함께 평화롭게 살아가려는 열망을 재확인한다. 확인한다(중략)"고 명시한 후, 제1조에서 "유엔헌장에 규정된 바에 따라 각각이 관련될 수 있는 국제 분쟁을 평화적 수단에 의해 국제 평화 및 안전과 정의를 해치지 않도록 해결한다(중략)"라고 규정하고 있다.
大沼保昭, "日米相互協力及び安全保障条約," 앞의 책, p.593.

하면 '중첩형'의 관계를 통해 지역 제도가 국제 제도의 유지 및 강화를 위해 새로운 규범이나 규칙, 프로그램을 제공하는 경우도 있다.[39] 예를 들어, 제네바 합의서와 KEDO(지역제도)가 비확산의 대가를 상정하고 있는 않는 NPT와 IAEA(국제체제)를 보완한 것을 들 수 있다.

셋째, '중복형' 제도 간 연계는 서로 다른 목적으로 개별적으로 탄생한 여러 제도가 서로 상당한 영향력을 행사하면서 사실상 교차하는 경우의 제도 간 관계이다.[40] 또한, 이는 기능적으로 교차하는 현상에서 도출된 관계이기 때문에 수평적 관계뿐만 아니라 수직적 관계에서도 성립한다. 예를 들어, 이 책의 주요 분석 대상인 한미·미일 동맹, KEDO, TCOG는 모두 한미일 3국 간 안보 협력의 기능을 하고 있어 이 범주에 해당한다. 또한, NPT 및 IAEA와 '한반도 비핵화에 관한 공동선언(이하 남북비핵화공동선언)'도 한반도에서의 핵 비확산 체제의 기능을 담당하고 있으므로 이 유형에 해당한다.

마지막으로 '클러스터형' 제도 간 연계는 특정 문제를 해결하기 위해 패키지로 활용되는 여러 제도 간의 관계를 말한다. 즉 각기 다른 기능 분야별로 개별적인 제도가 형성되어 있지만, 그것이 보다 포괄적인 패키지로 전체를 형성하는 경우의 제도 간 관계이

39) 기쿠치(菊池), 앞의 논문「北朝鮮の核危機と制度設計」, p.36.

40) 야마모토는 이것(overlapping)을 '교차적 관계'라고 부른다. 야마모토(山本), 앞의 책, p.148.

다.[41] 따라서 수직적 관계에서도, 수평적 관계에서도 볼 수 있는 구조이다. 예를 들어, NPT 및 IAEA(핵 비확산 체제), 한미·미일 동맹(군사력 억지), KEDO(핵 문제 해결), TCOG(핵 및 미사일 문제 해결) 등은 각각 다른 기능을 가지고 있으면서도 상호 연관되어 북한 문제에 관여하는 전체상을 형성하고 있는 것이 이 유형에 해당한다.

여기서 지적해야 할 것은 북한 문제와 같은 특정 문제와 관련된 제도 간 연계를 주제로 삼을 때, 관련 제도들은 기본적으로 '클러스터형'의 범주에 속한다는 점이다. 따라서 이 책은 북한 문제와 관련된 '클러스터형' 연구라고 할 수 있다.

이 책에서는 북한 문제를 둘러싼 '클러스터형' 제도 간 연계라는 틀 안에서 '중첩형'과 '중복형'의 제도 간 연계에 관한 분석에 국한한다. 특히 한미일 3국 간 안보 협력의 기능을 가진 제도 간 상호작용에 초점을 맞추어 분석한다. 이때 '중층적 구조'와 '중복형' 제도 간 연계는 모두 기능이 교차하는 제도 간 관계를 의미하므로 여기서는 상호 교환적으로 사용한다.

제도 간 '상호작용'에 대해서는 두 가지 관점에서 분석한다. 첫째, 제도 간 상호작용은 '상호 보완적'인 것과 '상호 모순적'인 것이 있다는 일반적인 가설에 주목한다.[42] 예를 들어, '중복형'은 기

41) 기쿠치(菊池), 앞의 논문「北朝鮮の核危機と制度設計」, p.34.

42) 여기서 말하는 '상호보완'과 '상호모순'이라는 용어는 야마모토의 견해에 따른 것이다. 야마모토(山本), 앞의 책, p.142.; Young은 '유익한 것(beneficial)'과 '상

능적으로 교차하기 때문에 기본적으로 '상호 보완적'인 효과를 낳는다. 그러나 쟁점을 둘러싼 관련국 간 '인식의 불일치'[43]가 나타나고, 관련국들이 각각 '포럼 쇼핑(forum shopping)'[44]을 하게 되면, 제도 간 상호작용이 '상호 모순'되는 방향으로 나아간다.

둘째, 이 연구는 북한 문제를 둘러싼 제도를 다루고 있기 때문에 제도 간의 상호작용을 보다 구체적으로 분석하기 위해서는 관련 제도와 북한과의 관계를 명확히 할 필요가 있다. 따라서 관련 제도가 북한이라는 위협 혹은 불안정 요소를 '외부화'하는가 아니면 '내부화'하는가라는 또 다른 분석의 관점을 적용하여 사례를 분석하고자 한다.

충되는 것(mutual interference)'으로 구분한다. Young, op. cit., 1999, p.12; Stokke은 '긍적적인 영향'과 '부정적인 영향'으로 구분한다. Olav Schram Stokke,"The Interplay of International Regimes: Putting Effectiveness Theory to Work,"The Fridtjof Nansen Institute Report 14(2001), p.3; Kristin은 '시너지 효과(synergetic effects)'와 '대립 효과(conflicting effects)'로 구분한다. osendal G. Kristin,"Impacts of Overlapping International Regimes: The Case of Biodiversity,"Global Governance 7(January-March 2001), p.97.

43) 예를 들어, 레이먼드 코헨(Raymond Cohen)은 위협 인식을 "정책결정자의 입장에서 특정 요인이 국가에 피해를 줄 수 있다고 예상되는 기대"라고 정의하며 국가마다 위협 인식이 다를 수 있음을 보여준다. Raymond Cohen, Threat Perception in International Crisis (Madison: The University of Wisconsin Press, 1979), p.4.

44) 로스티아는 "포럼 쇼핑은 행위자가 자기 이익을 극대화하기 위해 가장 유리한 포럼을 선택하려는 것"이라고 말한다. 또한 그는 포럼 쇼핑이 이루어지는 토대가 되는 것을 '제도 복합체(regime complex)'라고 부른다. 여기서 말하는 '제도 복합체'는 다수의 제도가 중첩되어 구성된 집합체를 의미하며, 이 책의 한미일 안보협력 메커니즘의 중층적 구조가 이에 해당한다. Kal Raustial, op. cit., p.277, p.280, p.299.

* ● : 위협

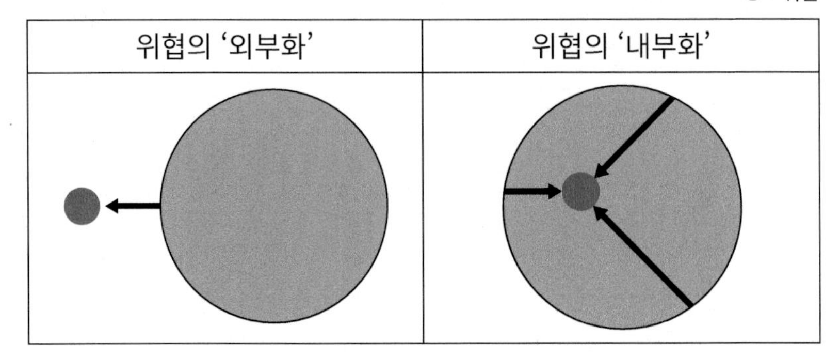

[그림 1-1] **위협의 '외부화'와 '내부화' 개념도**

위협의 '외부화'는 위협을 제도의 테두리 밖에 두면서 압력을 가하여 강제로 위협을 억제하려는 것이다. 반면 위협의 '내부화'는 위협을 제도적 틀 안에서 그 원칙과 규범, 규칙의 공유를 요구하면서 위협을 완화하려는 것을 말한다.[45] 이 관점에 따르면, 북한을 '내부화'할 것인지 '외부화'할 것인지는 관련 제도에 북한이 포함되어 있느냐 없느냐에 따라 달라진다고 할 수 있다. 예를 들어, 한미 및 한미·미일 동맹은 북한을 그 테두리 밖에 두면서 무력 행위를 억제하는 구조로, 북한을 '외부화'하는 제도이다. 또한, 제네바 합의서는 북한을 그 틀 안에서 북한이 핵 시설 동결-해체 및 NPT 복귀 대신 미국이 중유 제공 및 경수로 지원 등을 통해 북한 문제에 관여(engagement)하는 구조로, 북한을 '내부화'하는 제도라고 볼 수 있다.

그러나 북한을 둘러싼 다른 제도들을 살펴보면, 북한을 제도의 틀 안에 넣느냐 마느냐 만으로 그 제도를 북한의 '외부화'와 '내부

---

45) 山本吉宣「協調的安全保障の可能性－基礎的な考察」『国際問題』(1995年8月),pp.3~4.

화'로 구분하는 것은 쉽지 않다.[46] 예를 들어, KEDO는 북한을 제도권 밖에 두고 있지만, 북한에 중유 제공 및 경수로 지원을 하면서 관여하는 기능을 가지고 있는 것으로 판단할 때, 북한을 '외부화'하고 있다고 보기 어렵다. 즉 KEDO는 북한을 '외부화'하는 구조를 가지면서도 '내부화'하는 기능을 가진 제도라고 볼 수 있다.

또한 TCOG 역시 북한을 제도의 틀 밖에 두고 있지만, KEDO 및 제네바 합의서를 지지하고 있으며 이 연계를 통해 북한 문제에 관여하는 기능을 하고 있다. 따라서 TCOG는 KEDO와 마찬가지로 북한을 '외부화'하는 구조를 가지면서도 '내부화'하는 기능도 가지고 있는 제도라고 할 수 있다. 따라서 이 책에서는 북한을 둘러싼 제도를 분석할 때 기능적 측면과 구조적 측면을 모두 고려하면서 북한의 '외부화'와 '내부화'를 논하고자 한다.

이를 바탕으로 이 책의 분석은 다음과 같은 순서로 진행된다. 먼저, 북한 문제를 둘러싼 제도 간 관계를 '중첩형' 및 '중복형' 제도 간 연계로 규정한다. 특히 한미·미일 동맹, KEDO, TCOG, '페리 프로세스'를 중심으로 그 관계를 밝힌다.

이어서 제도 간 상호작용이 '상호 보완적'으로 움직이는지 '상

46) 구라타(倉田) 교수에 따르면 "한반도 문제에 관한 다자간 협의(제도)에 대해 북한을 '내부화'할 것인지 '외부화'할 것인지는 그 협의(제도)에 북한이 포함되는지 여부뿐만 아니라 그 협의(제도)가 가진 기능과 북한과의 관계에서 판단할 수밖에 없다(괄호: 인용자)"라고 주장한다. 倉田秀也「北朝鮮の『核問題』と盧武鉉政権－先制行動論· 体制保障·多国間協議」『国際問題』(2003年5月), p.22.

호 모순적'으로 움직이는지 각각 분석하면서 그 이유를 밝힌다. 이때 관련 제도가 북한을 '외부화'하는가 '내부화'하는가의 관점을 도입하여 분석을 보완한다. 이를 통해 2차 북핵 위기 발생 과정에서 한미일 안보 협력 메커니즘의 중층적 구조가 일시적으로 기능을 발휘하지 못했던 이유와 그 역학 관계까지 밝힐 것이다.

제4절 책의 구성

이 책은 총 5장으로 구성되어 있다. 제2장부터 제5장까지는 제1장에서 제시한 분석 틀을 이용하여 사례를 분석한다.

제2장에서는 제1차 북핵 위기를 중심으로 핵 비확산 체제의 제도 간 연계를 살펴보면서 이를 둘러싼 한미일 3국 간 안보 협력 관계를 분석한다.

제3장에서는 KEDO의 탄생이 북한을 '외부화'하면서 동시에 '내부화'하는 한미일 안보 협력 메커니즘의 중층적 구조의 기원이라는 것을 밝힌다. 그리고 1996년 9월에 발생한 북한의 잠수함 침투 사건을 둘러싼 한미일 3국 간 대응의 차이를 살펴보면서, 북한의 재래식 무기에 의한 행동에 대한 3국 간 이해관계의 불일치가, 앞서 언급한 중층적 구조의 갈등을 가져왔다는 것을 밝힌다.

제4장에서는 1998년 8월에 발생한 북한의 대포동 1호 미사일 발사 실험을 둘러싼 한미일 3국의 대응 차이를 분석하면서, 북한의 탄도미사일에 대한 3국 간 이해관계의 불일치가 앞서 언급한 중층적 구조의 갈등을 불러일으켰음을 밝힌다. 또한, 제네바 합의서 및 KEDO를 유지하는 동시에 북한의 탄도미사일 문제라는 새로운 문제 영역을 다루기 위해 탄생한 '페리 프로세스' 기반의 TCOG가 한미일 안보 협력 메커니즘의 중층적 구조를 더욱 활성화·심화시켰음을 분명히 한다.

제5장에서는 9·11 테러 이후 미국의 대북 정책 변화에 따라 제네바 합의서, KEDO, TCOG가 기능을 제대로 발휘하지 못하게 되어 중층적 구조가 일시적으로 붕괴되는 과정을 중심으로 서술한다. 이때 한미·미일 동맹, KEDO, TCOG 간의 상호작용을 밝힌다. 제6장에서는 제5장까지의 논의를 바탕으로 한미일 안보 협력 메커니즘의 역학 관계를 분명히 한다.

제2장

제1차 북핵 위기와 한미일 관계

본 장에서는 제1차 북핵 위기를 핵 비확산 체제의 위기이면서 군사적 위기라는 양면성을 지닌 위기로 간주하고, 한미·미일 동맹에 의한 억지력 강화를 기반으로 동맹국인 한일 양국의 이익을 대변하는 동시에 NPT 및 IAEA를 중심으로 한 핵 비확산 체제를 대표하는 입장인 미국이 미·북 협상에 착수하여 제네바 합의서에 도달함으로써 이번 위기를 수습했음을 밝힌다. 또한, 이를 바탕으로 북한을 '외부화'하는 구조·기능을 유지하면서 '내부화'하는 기능을 가진 한미일 안보 협력 메커니즘의 중층적 구조가 탄생하게 되는 과정을 밝힌다.

제1절 북한의 NPT 탈퇴 선언과 1차 미북 고위급 회담

제1항 한반도를 둘러싼 핵 비확산 제도 간 협력의 기원과 좌절

북한은 1985년 12월 12일 NPT에 가입하고, 1992년 1월 30일 IAEA와의 안전조치협정(Safeguard Agreement)에 서명했다.[1] 이러한 북한의 움직임은 당시 국제적 관심사였던 북한의 핵무기 개발 의혹 문제[2]에 대해 국제적인 틀(국제제도)에 편입시켜 해결하려는 노력에 호응하는 것이었다. 동시에 그 대가로 미국과 일본으로부터 경제적 지원 및 국교 정상화를 얻어 내려는 것이었다.[3]

그리고 1991년 12월 30일 대한민국과 북한이 합의한 남북 비핵화 공동선언[4]이 한반도에 한정된 핵무기 확산 방지를 위한 레짐으로 본다면, 한반도 비핵화 공동선언을 핵 비확산 체제와 관련된 지역적 합의라고 볼 수 있다. 그렇다면 NPT 및 IAEA와 남북비핵

---

1) INFCIRC/403, May 1992.

2) 북한 핵무기 의혹 문제의 경위에 대한 자세한 내용은, ドン·オーバードーファー『二つのコリアー国際政治の中の朝鮮半島ー』(共同通信社、1998年),pp.294~329.; イ·ヨンジュン(이영준)『北朝鮮が核を発射する日ーKEDO政策部長による真相レポート』辺真一訳(PHP研究所、2004年), pp.90~99.; 武貞秀士「米朝合意と今後の北朝鮮の核疑惑問題」『新防衛論集(第23巻第3号)』(1996年1月), p.81.; 전현준 편『10·9한반도와 핵』(이름, 2006년), pp.13~26을 참조. 또한, 북한의 핵무기 개발 논리에 대해서는, 福原裕二「北朝鮮の核兵器開発の背景と論理」吉村慎太郎·飯塚央子『核拡散問題とアジアー核抑制論を越えてー』(国際書院、2009年), pp.63~82을 참조.

3) 오버도퍼(ドン·オーバードーファー), 앞의 책, p.309.

4) 핵무기의 시험, 제조, 생산, 접수, 보유, 저장, 배치, 사용을 하지 않는다(제1조), 남북핵통제위원회가 규정하는 절차와 방법으로 상호 사찰을 실시한다(제4조)

화공동선언의 관계는 한반도의 핵 비확산 통제 기능을 공통적으로 담당하는 '중복형' 제도 간 연계로 볼 수 있다. 이것이 한반도를 둘러싼 핵 비확산 제도 간 협력의 시작이었다. 이 협력이 상호 보완적으로 작용한다면 '이중 사찰 구조'[5]의 회로를 가동시키는 효과를 가져올 수 있었을 것이다.

그러나 남북 핵통제공동위원회의 상호 사찰 협의는 사찰의 범위, 빈도, 방법 등 다양한 쟁점을 둘러싸고 남북 간 의견 대립이 지속되었다.[6] 결국 한국의 1993년 한미합동군사훈련 '팀스피릿' 실시 발표에 북한이 반발하면서,[7] 22차례에 걸친 협의를 거쳐 1993년 1월 핵통제공동위원회는 막을 내렸다.[8] 이렇게 남북 비핵화 공동선언은 실행 단계에 이르지 못하고 기능 부전에 빠졌다.

5) '이중 사찰 구조'란 국제기구(IAEA)에 의한 사찰뿐만 아니라 당사국 간의 국지적인 상호 사찰도 가미된 구조를 말한다. 倉田秀也「北朝鮮の『核問題』と南北朝鮮関係－『局地化』と『国際レジーム』の間」『国際問題』(1993年10月), pp.50~52.

6) 이영준, 앞의 책, p.108.; '상호 사찰'에 대한 남북한의 견해 차이에 대해서는, 구라타(倉田), 앞의 논문「北朝鮮の『核問題』と南北朝鮮関係」, pp.52~53을 참조.

7) 북한은 "남조선 당국이 팀스피리트 합동 군사연습을 강행한다고 공식 발표한 사실은 7천만 민족의 평화통일 지향에 대한 참을 수 없는 도전이며 공화국 북부에 대한 악랄한 도발"이라며 팀스피리트 훈련 실시에 대한 한국 정부의 공식 발표를 강하게 비판하고 있다.『노동신문』, 1993년 1월 27일.

8) 이영준, 앞의 책, p.110.

[그림 2-1] **1차 북핵 위기 당시 '북한, NPT 탈퇴 선언' MBC 뉴스데스크 뉴스 보도**[9]

한편, IAEA의 특별 사찰(special inspection)[10]을 요구하는 결의에 대해 1993년 3월 12일 북한은 정부 성명을 통해 "이것은 우리 공화국의 자주권에 대한 침해이며 내정에 대한 간섭이며 우리의 사회주의를 압살하려는 적대 행위"라고 강력히 비난한 데 이어 "국가의 최고 이익을 수호하기 위한 조치로 부득이하게 핵무기확산방지조약에서 탈퇴할 것을 선포한다"라고 선언했다.[11] 북한의 NPT 탈퇴 선언으로 한반도의 핵무기 비확산과 관련된 양대 축이 모두 기능 부전 상태에 빠질 위험이 임박했다. 따라서 NPT 탈퇴 선언으로 촉발된 1차 북핵 위기는 북한의 핵무기 보유 및 그 확산으로 인한 '군사적 위기'인 동시에 '제도의 위기'였다고 할 수 있다.

---

9) "[북 NPT 탈퇴] 북한 NPT 핵확산금지조약 탈퇴 선언,"『MBC뉴스』 https://imnews.imbc.com/replay/2003/nwdesk/article/1899516_30767.html (검색일: 2024년 8월 22일)

10) '특정 사찰(ad hoc inspection)'은 안전조치협정 체결 후 신고된 원자력 활동 관련 정보에 대해 그것이 정확하고 완전한지 점검하기 위해 실시하는 일련의 사찰이며, 이 특정 사찰이 완료된 시설별로 원자력 활동이 군사적으로 전용되지 않았음을 점검하기 위해 정기적으로 실시하는 사찰을 '통상 사찰(routine inspection)'이라고 한다. 또한, 해당 국가로부터 신고된 정보나 사찰을 통해 얻은 정보로는 원자력 활동의 군사적 불용을 검증할 수 없는 경우 등에 해당 국가의 동의를 얻어 추가적인 정보 입수 및 장소 접근을 실시하는 사찰을 '특별 사찰(special inspection)'이라고 한다.

11) "민족의 자주권과 나라의 최고 리익을 수호하기 위하여 자위적 조치를 선포한다 - 조선민주주의인민공화국 정부 성명,"『노동신문』, 1993년 3월 13일.

이 위기를 타개하기 위해 IAEA는 북한의 안전조치협정 위반을 인정하는 결의안을 채택하고,[12] IAEA 헌장 제12조 C항[13]에 따라 북한이 준수하지 않은(non-compliance) 행위를 유엔 안전보장이사회(이하 유엔 안보리)에 보고했다.

이에 따라 유엔 안보리는 1993년 4월 IAEA에 북한과의 대화를 재차 촉구하는 의장성명[14]을 발표했고, 이어 같은 해 5월에는 북한에 NPT 탈퇴를 재고할 것을 촉구하는 유엔 안보리 결의 825호[15]를 채택했다. 그러나 15개 안보리 이사국 중 중국과 파키스탄이 기권하고 러시아도 제재에 소극적이었기 때문에 유엔이 북핵 문제를 효과적으로 다룰 수 없게 되었다.

이로써 북핵 문제를 둘러싸고 남북 비핵화 공동선언과 NPT 연계로 시작된 일련의 '제도 간 연계' 움직임에 한계가 나타났다. 이러한 상황에서 1993년 5월 말 북한의 노동 미사일 발사 실험[16]도 있었지만, 같은 해 6월 2일 핵 비확산 체제의 유지 및 강화를 원했

---

12) GOV/2645, 1 April, 1993.

13) IAEA 헌장 제12조(기관의 안전조치) C항에 따라 IAEA 이사회는 안전조치협정의 위반행위에 대해 유엔 안전보장이사회 및 총회에 보고할 권한을 가진다.
IAEA 홈페이지 http://www.iaea.org/About/statute_text.html (검색일: 2009년 5월 16일)

14) S/25562, 8 April 1993.

15) S/825, 11 May 1993.

16) 道下徳成「北朝鮮のミサイル外交と各国の対応ー核外交との比較の視点から」小此木政夫編『危機の朝鮮半島』(慶應義塾大学出版会、2006年), pp.73~74.

던 미국[17]이 북한과의 협상에 착수하여 미북 고위급 1차 회담이 열렸다. 그 결과 북한의 NPT 탈퇴 선언 발효 전날인 같은 달 11일 '미북 공동성명'이 발표되어 탈퇴 선언이 유보되었다. 여기서 미북 양측은 ① 핵무기를 포함한 무력 위협 및 무력행사 금지 보장, ② 비핵화된 한반도의 평화와 안전보장, ③ 한반도 평화통일 지지 등 '3대 원칙'에 합의하고 그 대가로 북한이 "NPT 탈퇴 효력(effectuation)을 필요하다고 인정하는 한 일방적으로 임시 정지(suspend)시킨다"라고 했다.[18] 이로써 북한의 NPT 탈퇴 선언으로 촉발된 1차 북핵 위기는 일단 소강상태에 접어들었다.

제2항 새로운 '미북 관계'의 시작과 한미일 안보 협력

여기서 주목할 점은 두 가지다. 첫째, 제1차 북핵 위기로 인해

---

17) 클린턴 미국 대통령은 선거 캠페인부터 '비확산 체제'를 강화하는 것이 '최대 국가안보 의제'라고 주장해 왔다. Joel S. Wit, Daniel B. Poneman, Robert L. Gallucci, Going Critical-The First North Korean Nuclear Crisis (Washington, D.C. Washington, D.C.: Brookings Institution Press, 2004), p.18. 또한 클린턴은 1993년 9월 27일 유엔총회 연설에서 "나는 비확산을 가장 중요한 정책 중 하나로 추진하고 있다"라고 언급했다. White House,"Adress by the President to the 48th Session of the United Nations General Assembly,"The United Nations, New York, September 27, 1993.<http://clinton6.nara.gov/1993/09/1993-09-27-presidents- address-to-the-un.html> (검색일 : 2009년 10월 5일). 그리고 1993년 10월에 발표된 Report on the BOTTOM-UP REVIEW에서 "핵무기, 화학무기, 생물무기 등 WMD의 확산을 냉전 이후 새로운 가장 큰 위협"으로 다루면서 비확산의 중요성을 강조하고 있다. Les Aspin, Report on the BOTTOM-UP REVIEW, October 1993 http://www.fas.org/man/docs/bur/part01.htm (검색일 : 2009년 7월 18일)

18) "U.S.—North Korean Joint Statement, Geneva, June 11, 1993,"Joel S. Wit, ed., op. cit., pp.419—420. "조선민주주의인민공화국 - 미합중국 공동성명발표,"『노동신문』 1993년 6월 13일.

새로운 미·북 관계가 형성되었다는 점이다. 1988년 12월부터 미국과 북한은 베이징 채널을 통해 대사관 정치 담당 공사의 접촉을 시작했지만, 미국은 정부 고위급 접촉을 피했다.[19] 1992년 1월의 아놀드 칸 국무차관(정치담당)과 김용순 조선노동당 서기(국제문제담당)와의 회담은 예외적이었다.[20] 즉 이 회담은 북한을 IAEA와의 안전조치협정 체결로 유도하기 위한 미국의 극히 제한적인 회담에 불과했다.[21] 따라서 1차 북핵 위기를 통해 미국은 북한과의 직접 협상으로의 궤도 수정을 분명히 하고, 이를 더욱 명문화했다고 할 수 있다. 이런 맥락에서 볼 때, 앞서 언급한 '미북 공동성명'은 새로운 미·북 관계의 첫 번째 산물이라는 의미를 가진다. 다만 이 시점에서 미국이 북한과의 협상에 착수한 것은 어디까지나 NPT 및 IAEA를 대표하는 입장에서 핵무기 비확산 체제를 유지하기 위한 것이었다. 이 때문에 클린턴 대통령은 미북 협상 대표로 동아시아-태평양 담당자가 아닌 로버트 갈루치(Robert L. Gallucci) 정치-군사 문제 담당 국무부 차관보를 임명한 것으로 보인다. 따라서 '미북 공동성명'은 NPT라는 핵 비확산 체제의 위기, 즉 NPT 회원국 중에서 첫 번째 탈퇴국이 나오는 것을 방지한 것이라는 일차적 의미를 갖는다.

19) 김영호, 「한국의 대북정책 변화: 1998년-1994년」, 『아시아연구(Vol.48, No.4)』(2002년 10월), p.8.

20) 케네스 키노네스 전 미 국무부 담당관의 증언에 따르면, 1차 미북 고위급 회담 이전의 미북 접촉은 1982년 '미소 외교'와 1988년 '온건한 이니셔티브'에 따른 제한적인 접촉에 그쳤다고 한다. ケネス·キノネス『北朝鮮－米国務省担当者の外交秘録』山岡邦彦·山口瑞彦訳·伊豆見元監修(中央公論新社、2000年), pp.32~64.

21) Joel S. Wit, ed., op. cit., p.10.

또한, '미북 공동성명'에서 흥미로운 점은 미국이 비핵무기 국에 대해 핵무기 국이 핵 위협을 가하지 않고 핵을 사용하지 않는다는 의미의 '소극적 안전보장(Negative Security Assurance : NSA)[22]'이라는 일반 원칙을 북한과의 양자 관계에 예외적으로 적용했다는 점이다.[23] 이는 북한이 NPT 탈퇴 선언 당시 "미국은 핵무기 보유국으로서 (중략) 우리(북한)에 대한 핵 위협을 계속하고 있다(괄호: 인용자)"라고 밝힌 데 이어 '미국이 우리에 대한 핵 위협을 중지'하는 것을 NPT 복귀 조건 중 하나로 내세운 데서 기인한다. 따라서 앞서 언급한 '미북 공동성명'은 북한의 NPT 탈퇴 유보와 미국의 NSA 부여를 맞바꾼 것이라고 할 수 있다. 또한, 북한은 계속해서 미국에 NSA를 비롯한 안전보장 공약을 강력히 요구하고 있으며,[24] NSA 관련 조항이 후술할 제네바 합의서를 포함한 미북 회담 관련 문서에 포함되게 된다.

달리 말하면, 이 시점을 기점으로 북한 문제의 주축이 남북 관계에서 미북 관계로 바뀌었다고 해도 과언이 아니다. 이 변화는

22) Joseph F. Pilat"Reassessing Security Assurances in a Unipolar World,"The Washington Quarterly (Spring 2005), pp.159~170.; 浅田正彦「『非核兵器国の安全保障』論の再検討」『岡山大学法学会雑誌』(1993年10月)을 참조.

23) 구라타(倉田), 앞의 논문「北朝鮮の『核問題』と盧武鉉政権」, p.16.

24) 1992년 3월 8일자『뉴욕타임스』에 따르면, "조지 H.W. 부시(George H.W. Bush) 행정부 시절 미국은 북한과 이라크의 핵무기 및 기타 대량살상무기 확산을 방지하기 위해 필요하다면 시행할 수 있는 군사작전 계획까지 수립했다"라고 보도하였다. 이에 북한이 미국에 NSA를 계속 요구하고 있는 것은 앞서 언급한 미국의 군사작전 계획의 존재에 기인한다. Patrick E. Tyler,"U.S. Strategy Plan Calls for Insuring No Rivals Develop,"The New York Times, March 8, 1992.

'당사자 원칙'[25]에 따라 남북 관계를 주축으로 한반도 문제의 해결을 강력히 요구했던 노태우 전 정권과 달리, 북한 문제 해결에 도움이 된다면 한미 간의 긴밀한 협력에 기반한 미북 협상에 동의한 김영삼 정권의 판단에 따른 것이었다.[26] 그러나 이러한 변화는 한국이 한반도 문제 해결에서 소외되는 것이 아닌가 하는 소외감을 불러일으킨 것도 부인할 수 없다. '미북 공동성명' 직후 김영삼 대통령이 「뉴욕타임스」와의 인터뷰에서 "미국은 북한에 끌려가서는 안 된다"[27]라고 비판한 것이 이를 뒷받침한다. 또한, 북한의 대미 경사(傾斜)는 이러한 한국의 소외감을 부추겼다. 다만 여기서 말하는 소외감은 스나이더(Glenn H. Snyder)가 주장하는 '버림받을 우려(방기의 딜레마)', 즉 미국이 동맹 관계를 해소하거나 동맹상의 약속을 이행하지 않을지도 모른다는 우려[28]라고 보기는 어렵다. 왜냐하면 후술하겠지만 당시 한미동맹에 의한 한미 연합군은 여전히 굳건한 체제를 유지하고 있었기 때문이다. 따라서 당시 한국의 소외감을 굳이 말하자면, 북한과의 제반 문제 특히 남북통일 문제를 둘러싼 논의에서 한국이 배제되는 것이 아닌가 하는 '소외 우려'라고 해야 할 것이다.

---

25) 한반도 문제의 해결은 어디까지나 남북한 당사자에게 맡겨야 한다는 원칙이다. 노태우,「노태우 전 대통령 육성 회고록」『월간조선』(1999년 8월호), pp.386~389.

26) 인터뷰(국제정책연구원 사무실에서 필자 수행), 2009년 7월 29일.

27) "Seoul's Leader Says North Is Manipulating U.S. on Nuclear Issue,"The New York Times, July 2, 1993.

28) Glenn H. Snyder, Alliance Politics(Ithaca: Cornell University Press, 1977), pp.180-186: Glenn H. Snyder,"The Security Dilemma in Alliance Politics,"World Politics, Vol. 36, No. 4, July 1984, pp.461-495.

앞서 언급한 한국 국회 연설에서 클린턴 대통령은 비핵화된 한반도 실현을 위해 국제사회의 사찰뿐만 아니라 남북 비핵화 공동 선언에 근거한 상호 사찰의 필요성을 언급했다. 이는 한국도 북핵 문제의 당사자임을 강조하며 한국의 소외감을 완화시키려는 의도로 풀이된다. 미국이 한국과의 공조를 중시하면서도 이후 북한과의 합의에 항상 남북 대화에 착수할 것을 요구하는 항목을 포함시키려는 노력을 기울인 이유도 마찬가지였다.[29] 당시 외교부 장관을 지낸 한승수 국무총리는 "미국이 제네바 합의서에 남북 대화 조항을 포함시킬 것을 북한에 강력히 요구해 제네바 합의서 최종 서명이 2주 정도 늦어진 것에서도 알 수 있듯이 미·북 회담은 한미의 긴밀한 협력을 바탕으로 이루어졌다"라고 말했다.[30] 이러한 한미의 긴밀한 협력에 기반한 미·북 협상은 한국이 한반도 문제의 당사자로서의 지위를 유지하도록 보장해 주는 동시에 앞서 언급한 소외감을 완화시켜 주는 역할을 했다.

29) 道下徳成「北朝鮮の核外交: その背景と交渉戦術」『海外情報』(1995年10月), p.46.

30) 인터뷰(국제정책연구원 사무실에서 필자 수행), 2009년 7월 29일.

III 급 비 밀

2. 키노네스 담당관의 보충 설명

o 동 북측 입장은 키노네스 담당관의 평양출발 직전 김계관이 손으로 정리(hand writing)하며, 메모로 전달한 것임.

o 당초 북측은 PART - I 서두에 "IAEA 사찰 문제의 해결은 package 협상의 일부로써만 가능하다"는 기본 입장을 넣었는 바, 키노네스 담당관이 현실적으로 전혀 있을 수 없는 입장이라는 지적에 이를 삭제했슴.
- 또한, PART - II 중간 단계 접촉후 IAEA 사찰을 수락한다고 한 바, 북측은 동 사찰을 제한적 사찰(partial inspection)이라고 표현했으나, "키노네스" 담당관의 설명으로 partial도 삭제
(북측은 완전한 Ad hoc inspection은 아니고, 8월 수준 이상 정도의 사찰 활동을 고려하고 있는 것으로 관찰)

o 북측은 강석주의 입장이 점점 어려워지고 있다고 하면서 강석주와 갈루치간 중단 단계의 비밀 접촉을 통해 협상의 대강을 타결하자고 제안함.
- 군부에서는 T/S 중단 이전에는 미.북한 대화를 허용치 않는 입장인 바, 비밀 접촉을 갖자는 이유는 군부 모르게 대화를 갖고, 문제 해결에 필요한 진전을 만들 필요가 있기 때문이라고 설명

3. 관련 협의 (아측 문의 및 답변)

o 아측의 기본적 평가를 문의한 바,
- 점진적이고 단계적인 해결 방안이 상호 불신을 초래한 점이 있어 일괄 타결 반응은 충분한 검토의 가치가 있다는 의견 표시
- 최소한 문제 해결에 대한 북한측의 정치적 의지 시험 가능

o 북측 고위층이 뜻이 반영된 것으로 보느냐에 대해 최소한 김영남 등 외교부 최고위층의 의사인 것으로 안다고 답변

\- 3 -

III 급 비 밀

0139

III 급 비 밀

o 미국이 미.북한 관계 정상화 가능성을 상정하고 있거나 검토한 바 있는지 문의에 대해
- 실무적으로 검토한 바 있으며, 문제가 해결될 수 있다면 긍정적으로 검토할 수 있다고 답변
- 또한, 국무부, NSC 고위층에서도 실무 의견을 알고 있다고 답변

o 이에 대해 아측은 미국내 정치적으로 수용 가능한 방안인지, 행정적.법적으로 장애가 없는지 (제반 조건등과 관련) 문제점을 제기한 바, 과거보다는 훨씬 용이하게 받아들여질 수 있을 것이라는 의견 표시

o 경수로 문제와 관련, 북측이 재정적 소요를 충분히 알고 미측에 요구하고 있는 것으로 보는지 문의한 바, "키노네스" 담당관은 자신으로서는 동 문제와 미국 정부가 이러한 재정 부담을 할 능력이 없다는 것을 분명히 설명했다고 답변

o 아측은, 평화 협정, 균형 정책 등 북한측 요구 내용의 위험성을 상세히 지적

\- 끝 -

예 고 : 93.12.31. 일 반

\- 4 -

III 급 비 밀

0140

[그림 2-2] 공개된 1993년 당시 미·북 회담 자료[31]

또 하나 주목해야 할 것은 한미일 3국 간의 안보 협력 관계이다. 한미일 안보 협력은 북핵 문제가 대두된 이후 본격화되었는데, 1991년 11월 2일 한미일 3국은 처음으로 정책기획협의회를 개최하여 북한의 핵 개발에 대한 공동 대응에 합의하고, 김일성 사후 북한의 변화를 포함한 중장기적 공동의 외교 정책 방향을 논의하였다. 또한, 사후 필요한 사안이 발생할 경우 수시로 협의체

31) "1993년 외교문서 37만쪽 비밀 해제…1차 북핵 위기 막전막후,"『한국경제』, 2024년 3월 29일. https://www.hankyung.com/article/202403295082Y (검색일: 2024년 8월 20일)

를 가동하기로 합의했다.[32] 이 합의는 북핵 위기가 발생하자 곧바로 기능을 발휘했다. 1차 북핵 위기 직후인 1993년 3월 22일 한미일이 뉴욕에서 3국 간 협의를 통해 유엔 안보리에서 북한의 NPT 탈퇴 선언 문제를 다룰 수 있도록 준비했던 것이다.[33]

이후에도 후술하겠지만, 한미일 3국은 긴밀한 공조를 통해 북핵 문제 해결을 위해 노력했다. 갈루치 미 북한 문제 담당 대사는 하원 증언에서 "1차 북핵 위기 당시 동맹국인 한국, 일본과 긴밀히 협의하면서 미국의 정책을 실행했다"며 "20년 동안 정부에서 일한 경험 중 어떠한 협의와 비교할 수 없을 정도로 긴밀했다"라고 당시 한미일 3국의 긴밀한 협조를 강조했다.[34] 또한, 당시 일본 외무성 종합외교정책국장을 지낸 야나이 슌지(柳井俊二)도 "미국의 갈루치 국무부 차관보나 한국의 김삼훈 핵 문제 대사와 3자 협의를 자주 했다"라고 회고했다.[35]

---

32) "한미일, 북한 핵 공동 대응 합의" 『조선일보』, 1991년 11월 3일.

33) James L. Schoff, First Interim Report, op. cit., p.28.

34) Robert L. Gallucci,"The U.S.-DPRK Agreed Framework,"House International Relations Committee Subcommittee on Asia and the Pacific, February 23, 1995 <http://www.globalsecurity.org/wmd/library/congress/1995_h/950223gallucci.htm> (검색일: 2009년 5월 7일)

35) 五百旗頭真·伊藤元重·薬師寺克行 『外交激変－元外務省事務次官柳井俊二』(朝日新聞社、2007年), p.134.

제2절 2차 미북 고위급 회담과 경수로 지원 계획

제1항 북한의 경수로 지원 요구와 제도 간 연계 시도

1차 미북 고위급 회담에 이어 1993년 7월 14일 제네바에서 2차 회담이 재개되었다. 북한 측 대표인 강석주 외무성 제1부상은 "국제사회가 제공한다면 북한은 에너지 수요를 충족시키기 위해 현재의 원자력 개발 계획 전체를 보다 현대적이고 핵확산 우려가 적은 경수로로 전환할 의향이 있다"[36]라고 밝히고 경수로 지원 비용에 대해 "미국이 무이자 차관을 마련해 준다면 북한은 전액 상환하겠다"[37]라고 제안했다. 북한의 이 제안으로 경수로 관련 쟁점이 새로운 미북 간 회담 의제에 추가되었다. 이 북한의 경수로 제공 제안에서 후술할 KEDO가 싹을 틔웠다고 할 수 있다.

미북 양측의 6일간의 회담은 구체적인 합의에는 이르지 못했지만 "양측이 6월 11일 미북 공동성명의 원칙을 재확인"한 가운데 '북한에 경수로 도입'에 관한 논의 및 미북 간 '전반적인 관계 개선'을 위한 회담을 '2개월 이내'에 실시하기로 합의했다.[38] 또한, 북한은 남북 대화 및 IAEA와의 협상을 조기에 실시할 용의가 있

36) 오버도퍼(ドン·オーバードーファー), 앞의 책, p.339.

37) 키노네스, 앞의 책, p.214.

38) "Agreed Statement Between the U.S.A. and the D.P.R.K.,Geneva, July 19, 1993,"Leon V. Signal, Disarming Strangers : Nuclear Diplomacy with North Korea(Princeton University Press, Princeton, New Jersey), pp.260-261; "제네바조미회담에 관한 보도문 발표," 『노동신문』, 7월 21일. 이후 미북 합의문에 관한 인용은 이 자료에 따른다.

음을 밝혔다.

여기서 흥미로운 점은 미국과 북한이 남북 비핵화 공동선언의 중요성을 재확인했다는 점이다.[39] 이런 맥락에서 볼 때, 여기서 말하는 남북 대화는 남북비핵화공동선언의 이행을 위해 진행되어 온 남북핵통제위원회 협상의 재개도 포함될 수밖에 없다. 그렇다면 미국은 남북비핵화공동선언과 IAEA의 기능을 모두 가동시켜 '중복형' 제도 관련 체계의 상호 보완적 효과를 최대한 활용하려 했다고 볼 수 있다. 강석주가 "주권 옹호를 반복하며 정치적 이유로 IAEA를 배후에서 조종하는 미국을 비난하고, 남북 대화 재개를 위한 협력에서 한국을 믿을 수 없다"[40]고 계속 주장했음에도 불구하고, 갈루치가 마지막까지 이 항목을 합의문에 포함시킨 이유도 여기에 있다고 볼 수 있다.

제2항 제도 간 협력의 좌절과 전쟁의 위기

2라운드 이후 당사자들의 관계는 여러 가지 겹치는 조합으로 이루어져 있었다. 즉 미국과 북한 외에 한국과 북한, 북한과 IAEA가 추가되었다. 따라서 북한과의 회담의 성공은 이 모든 조합이 동시에 회복되어야 한다는 것을 의미했다.[41] 그러나 김일성

---

39) "제2차 미북 고위급 회담(1993년 7월 14~19일, 제네바) 종료 후 발표된 미국 측의 언론 성명," 키노네스, 앞의 책, p.485.

40) 키노네스, 앞의 책, p.216.

41) 오버도퍼(ドン·オーバードーファー), 앞의 책, p.348.

이 1994년 '신년사'에서 "조선반도(한반도)의 핵 문제는 오로지 조미(미북) 회담을 통해 해결해야 합니다(중략)(괄호: 인용자)"[42]라고 언급하며 대미 경향을 분명히 했다. 김일성의 '신년사'에서 밝힌 바와 같이 북한이 대미 관계에 기울어지면서 미북 회담 외의 다른 두 가지 조합의 진전을 기대할 수 없는 상황에 처했다. 따라서 미북 간, 남북 간, IAEA와 북한 간 협의를 거듭했지만 세 가지 조합의 모든 조건이 충족되기는 매우 어려웠다.[43]

이 때문에 3차 회담의 전망은 계속 미뤄졌고, 전쟁의 위기감까지 점차 고조되었다. 그러던 중 1994년 3월 19일 남북 실무자 회담에서 북한 대표 박영수는 "서울은 멀지 않다. 전쟁이 일어나면 서울은 불바다로 변할 것이다"[44]라고 발언하고, 같은 해 5월 초에는 IAEA의 감시 없이 사용 후 핵 연료봉 반출을 시작했다. 또한, 같은 해 6월 3일 미북 협상 북한 대표인 강석주 북한 외무성 부상은 "북한에 대한 경제 제재를 채택하는 순간 선전포고로 간주할 것"[45]이라고 발언했다. 이에 따라 같은 해 6월 3일 한미일 3국은 워싱턴에서 회담을 열고 유엔 안전보장이사회에 대북 경제 제재를 고려할 것을 요구하는 성명을 발표했고[46], 같은 달 10일 IAEA

42) "신년사,"『노동신문』, 1994년 1월 1일.

43) 북한이 남북 대화에 적극적이지 않은 이유에 대해 구라타(倉田)는 "이것(북한의 NPT 탈퇴 선언 철회 문제)이 당사국들 사이에서 논의되면 핵 문제를 미국과 협의한다는 북한의 주장이 설득력을 잃기 때문이다(괄호: 인용자)"라고 말한다. 구라타(倉田), 앞의 논문「朝鮮問題多国間協議の『重層的』構造と動揺」, p.273.

44) 오버도퍼(ドン·オーバードーファー), 앞의 책, p.356.

45) 이영준, 앞의 책, p.246.

46) James L. Schoff, Tools For Trilateralism, op. cit., A:2.

이사회가 대북 경제 제재 결의안을 채택하자 같은 달 13일 북한은 IAEA 탈퇴를 선언했다.

이처럼 북한은 핵무기 개발 의혹이 해소되지 않은 채 'NPT 탈퇴를 유보'하고 있는 특수한 처지를 밝히고 IAEA에서도 탈퇴했으며, 남북 비핵화 공동선언도 1993년 1월 이후 다시 기능하지 못하고 정체되어 있었기 때문에 한반도를 둘러싼 핵 비확산 관련 제도 간 연계는 기능 마비 상태에 빠졌다. 다시 말해 이는 2라운드 이후 미국의 제도 간 협력 시도가 실패로 끝났음을 의미한다. 또한, 핵 비확산 제도 간 협력뿐만 아니라 미북 간, 남북 간 정치 및 외교적 채널의 기능도 정지되어 북한 핵 문제를 둘러싼 한반도 정세는 단숨에 대북 제재론으로 기울어졌고, 전쟁 위기가 고조되었다. 미국이 이 난국을 타개하기 위해 북한 핵시설에 대한 공격이라는 남은 '옵션'[47]을 선택할 가능성이 짙어진 것이다. 1994년 6월 클린턴 대통령과의 전화 회담에서 김영삼 대통령이 "한반도를 전쟁터로 만드는 것은 절대 있을 수 없다. (중략) 나는 우리 역사와 국민에게 죄를 지을 수 없다"[48]고 한 말에서 당시의 긴박한 상황을 읽을 수 있다.

47) 다음 자료를 참조. Ashton B. Carter, William J. Perry, Preventive Defense: A New Security Strategy For America(Brookings Institution Press, 1999), pp. 123-130; Joel S. Wit, ed., op. cit., pp.208-214.

48) 김영삼『김영삼 대통령 회고록(상)』(조선일보사, 2001년), p.317.

제3절 3차 미북 고위급 회담과 제네바 합의서

이러한 긴박한 상황 속에서 지미 카터(James E. Carter) 전 미국 대통령이 전격 방북하여 김일성과 회담을 가졌다.[49] 이 회담에서 3차 미북 고위급 회담이 끝날 때까지 핵 개발 계획을 일시적으로 '동결'하고, IAEA 사찰관 두 명의 영변 잔류, 나아가 남북정상회담 개최에도 합의했다.[50]

이로써 1차 북핵 위기를 둘러싼 미북 및 남북 관계, IAEA와 북한과의 관계가 상호 협력하는 역학 관계가 회복되면서 한반도는 일단 전쟁의 긴박감에서 벗어날 수 있었다. 그러나 같은 해 7월 8일 김일성의 사망으로 25일로 예정되어 있던 사상 첫 남북정상회담은 취소되었다. 또한, 한국 정부가 김일성 사망에 대해 애도를 표하지 않고 부정적으로 평가하는 공식 입장을 발표하면서 이후 남북 관계는 다시 냉각되고, 북한 문제를 둘러싼 역학 관계에서 남북 관계는 다시 한번 배제되었다. 한편, 북한은 김일성-카터 회담에서 제시된 정책을 김일성의 '유언'으로 받아들여 3차 미북 고위급 회담에 임했고, 1994년 10월 21일 제네바 합의서가 체결되었다.[51]

---

49) "미합중국 전 대통령 지미 카터 일행이 15일 평양에 도착했다,"『노동신문』, 1994년 6월 16일.

50) Marion Creekmore, Jr., A Moment of Crisis: Jimmy Carter, the Power of a Peacemaker, and North Korea's Nuclear Ambitions(New York: Public Affairs), pp.153-176; Joel S. Wit, ed., op. cit., p.232.

51) 小針進「金泳三政権下·韓国の対北朝鮮姿勢」『海外事情』(1995年10月), p.27~28.

[그림 2-3] **제네바 합의서에 서명하는 갈루치와 강석주**[52]

이로써 1993년 3월 12일 북한의 NPT 탈퇴 선언 이후 16개월에 걸친 1차 북핵 위기는 소강상태에 접어들었다. 즉 제네바 합의서[53]에서 북한이 흑연 감속로에 의한 핵 개발을 '동결(freeze)'하고 궁극적으로 핵 관련 시설을 '해체(dismantle)'하는(제I-3항) 대신 미국은 '경수로(LWR)'와 '중유(HFO)'를 제공하고(제I항), NSA(소극적 안전보장)를 제공(제III-1항)[54]하기로 합의함으로써 1차 북핵 위기는 일단락되

52) "30여 년 전 외교문서 공개…북 '경수로' 제안에 미 "긍정,"『한겨레』, 2024년 3월 29일.
https://www.hani.co.kr/arti/politics/diplomacy/1134419.html (검색일: 2024년 8월 20일)

53) "Agreed Framework between the United States of America and the Democratic People's Republic of Korea,October 21, 1994, Geneva,"Joel S. Wit, ed., op. cit., pp.421~423.; "조선민주주의인민공화국과 미합중국 간의 기본합의문,"『노동신문』, 1994년 10월 23일. 이후 제네바 합의서에 관한 인용은 이 문헌에 따른다.

54) 제네바 합의서 III-1항에 따르면, "미국의 핵무기 위협과 핵무기 사용이 없도록 북한에 공식적인 보장을 제공한다"라고 명시하고 있다.

었다. 이 합의에 따라 같은 해 11월 18일 북한이 영변의 핵 관련 시설을 전면 동결한 후 같은 달 28일 IAEA가 이를 확인했다.

제네바 합의서를 둘러싼 찬반 양론 및 각국의 반응은 다양했다.[55] 특히 북한의 '과거 핵무기 개발 의혹에 대한 검증'[56]을 미룬 것에 대해서는 많은 비판이 있었다. 그러나 당시 관점에서 볼 때, 한반도의 전쟁 가능성 및 북한의 핵무기 개발로 인한 지역 불안정성을 줄이고 핵 비확산 체제 유지에 기여한 것[57]은 의미 있는 성과로 평가할 수 있다. 제네바 합의서 서명을 공개하는 기자회견에서 클린턴 미국 대통령이 "이 합의는 미국과 한반도, 나아가 세계를 더 안전하게 만들 것"이라고 강조하고, 갈루치 대변인도 "이 합의(제네바 합의서)는 북한이 우리의 비확산 이익에 기여하는 중요한 것을 제공하게 될 것"이라고 강조했다.[58]

여기서 주목할 점은 두 가지다. 첫째, 한반도를 둘러싼 핵 비확산의 '중복형' 제도 간 연계 재구축에 관한 시도가 포함되었다는

---

55) 찬반양론에 대해서는 W. Thomas Smith Jr, The Korean Conflict (A Member of Penguin Group (USA) Inc, 2004), pp.176-178을 참조; 각국의 반응에 대해서는 武貞, 앞의 논문「米朝合意と今後の北朝鮮の核疑惑問題」, pp.90~93.; 오버도퍼(ドン·オーバードーファー), 앞의 책, pp.417~419을 참조.

56) 제네바 합의서 Ⅳ-3항에 따르면, "북한은 중요한 원자로 장비가 제공되기 이전부터 IAEA와의 안전조치협정(INFCIRC/403)을 완전히 준수한다"라고 명시하고 있다.

57) 제네바 합의서 Ⅳ-1항에 따르면, "북한은 NPT 회원국으로 머무르고 동 조약의 안전조치협정의 이행을 인정한다"라고 명시하고 있다.

58) "North Korea Pact Contains U.S. Concessions; Agreement Would Allow Presence of Key Plutonium-Making Facilities for Years,"The Washington Post, October 19, 1994.

점이다. 이러한 시도는 제네바 합의서 3-2항에 "북한은 남북 비핵화 공동선언 이행을 위해 일관되게 노력한다"라고 규정되어 있는 동시에 4항에 "쌍방은 국제 핵 비확산 체제의 강화를 위해 공동 노력한다"라고 명시되어 있는 것에서 읽을 수 있다. 앞서 언급했듯, 남북 비핵화 공동선언과 NPT는 한반도를 둘러싼 핵 비확산의 '중복형' 제도 간 연계로 '이중 사찰'이라는 상호 보완적 효과를 기대할 수 있었다. 북한의 남북핵통제위원회 회담 거부, NPT 탈퇴 선언, IAEA 탈퇴 등 일련의 행동으로 인해 이러한 '중복형' 제도 간 연계의 상호 보완적 효과를 기대하기 어렵게 된 상황에서, 제네바 합의서를 통해 한미 양국은 이 '중복형' 제도 간 연계의 재구축을 원했다고 할 수 있다.

둘째, 미북 간 뿌리 깊은 불신을 완화한 합의라는 점이다. 클린턴 미국 대통령은 미북 간 뿌리 깊은 불신을 직시하고, 1994년 10월 20일 제네바 합의서의 공식 서명 전날인 10월 20일 김정일에게 '보장 서한(letter of assurances)'[59]을 보내 미국에 대한 신뢰를 북한에 촉구했다. 실제로 이 서한에서 "나는 대체에너지가 북한의 책임이 아닌 다른 여러 가지 이유로 제공되지 않을 경우, 미합중국 의회의 승인하에 미합중국이 직접 책임지고 제공하도록 할 것이다(중략)"라고 언급했다. 클린턴 대통령이 직접 나서서 미국의

59) Bill J. Clinton,"US President Bill Clinton's letter of Assurances in Connection with the Agreed Framework between the United States of America and the Democratic People's Republic of Korea,"Washington, October 20, 1994; "친애하는 지도자 김정일 동지께 미합중국 대통령이 담보서한을 보내여 왔다,"『노동신문』, 1994년 10월 23일.

제네바 합의서 이행 의지를 강하게 피력한 것은 북한의 미국에 대한 뿌리 깊은 불신을 해소하는 동시에 제네바 합의서의 성사에도 기여한 것이 틀림없다. 제네바 합의서 전문에 이 보장 서한이 언급된 것이 이를 뒷받침하고 있다.

제4절 한미·미일 동맹과 미북 협상의 상호작용-'외부화'+'내부화'의 중층적 구조

이미 언급했듯이 북한의 NPT 탈퇴 선언으로 촉발된 1차 북핵 위기는 북한의 핵무기 개발 의혹으로 인한 '군사적 위기'인 동시에 NPT 및 IAEA의 '제도적 위기'였다. 따라서 1차 북핵 위기를 둘러싼 한미일 3국의 대응은 이 두 가지 위협에 따라 평가할 수 있다.

첫째, 군사적 위기에 대한 대응이다. 북핵 문제가 점차 고조됨에 따라 미 국방부의 동아시아 전략 구상(East Asia Security Initiative: EASI)[60]에 명시된 주한미군 감축(2단계 이후) 및 한미연합사령부(ROK-U.S. Combined Forces Command: CFC)의 해체를 연기함으로써 여전히 굳건한 한미동맹의 결속력을 유지할 수 있었다.[61] 또한,

60) EASI에는 "1단계(91~93년)로 주한미군 약 7000명 감축, 2단계(94~95년)는 주한미군의 주력인 제2보병사단 재편 및 CFC 해체 검토, 3단계(96~2000년)는 작전통제권을 한국군으로 이관한다"라고 명시되어 있다. U.S. Department of Defense, A Strategic Framework for the Asian Pacific Rim: Looking toward the 21st century, DoDReport to the Congress, Washington, D.C., April 1990, pp.15-17.

61) 1991년 11월 제23차 한미 정례안보협의회(SCM)에서 한미 양국이 합의했다. "The 23rd Security Consultative Meeting Joint Communiqué,"Korea and World Affairs,

한국은 1991년 한미 정례안보협의회(SCM)에서 미국과 전시지원 협정(Wartime Host Nation Support: WHNS)을 체결하고 92년 12월에 발효했다. 이 WHNS 발효로 유사시 신속한 미군 증파를 명문화하고, 한국은 미군 보급부대의 전방 전개, 배치까지 민간 자산을 징발하여 증원군을 물질적으로 지원하는 체제를 구축했다.[62] 또한, 위기가 고조됨에 따라 한미연합군은 패트리어트 미사일(PAC-2) 및 아파치 공격 헬기 대대 등을 배치하는 한편, 전쟁 발발 시 증원 부대를 한반도 인근에 대기시켰다.[63] 한편, 일본도 한반도 유사시에 한미연합군의 증원을 효율적으로 수행하기 위한 긴급 입법을 검토했다.[64] 당시 이시하라 노부오(石原信雄) 관방부(副) 장관은 "북한의 핵이 일본을 향하고 있었다. 해상 봉쇄에 나서는 미국 해군에 대해 어느 정도까지 후방 지원, 협력을 할 수 있는가. 미일 안보조약과의 관계는 어떻게 될 것인가에 대한 논의를 했다"라고 증언하고 있다.[65] 또한, 1994년 4월 아이치 가즈오(愛知和男) 방위청장과 이병태 국방부 장관의 회담(한국 국방부 장관의 첫 방일)에서 양

Vol.15, No.4(Winter, 1991), pp.780~781. 또한, 그 변경 내용은 다음 자료를 참조. U.S. Department of Defense, Office of International Security Affairs, A Strategic Framework for the Asian Pacific Rim: A Report to the Congress, July 1992.

62) 유재갑, "주한미군에 대한 한국의 입장," 백종천 편 『분석과 정책: 한미동맹 50년』(세종연구소, 2003년), p.312.; 「同盟タブーなき防衛協力ー世界の機構検証」『読売新聞』1996년 10월 5일.

63) Don Oberdorfer, The Two Korea: A Contemporary History (Massachusetts: Basic Books, 2001), pp.312-313.

64) 読売新聞安保研究会 『日本は安全かー「極東有事」を検証する』(廣済党、1997年), p.25.

65) 「北の核疑惑に大揺れ」『読売新聞』1996年9月22日;御厨貴·渡辺昭夫『首相官邸:内閣官房副長官石原信雄の2600日』(中央公論新社、2002年), pp.162~168.

국 국방부 장관은 북핵 대응을 중심으로 의견을 교환하고, 북핵 문제 해결을 위해서는 한미일 3국 간 긴밀한 협력이 필수적이라는데 의견을 같이 했다.[66] 이처럼 1차 북핵 위기 당시 한미일 3국은 한미·미일 동맹에 기반한 3국 간 협력을 유지 및 강화하면서 한반도 전시 대비에 적극적으로 임했다.

둘째, NPT 및 IAEA의 제도적 위기에 대한 대응이다. 그 제도적 위기를 타개하기 위해 NPT 및 IAEA를 대표하는 미국이 미북 협상에 착수하고 제네바 합의서에 서명함으로써 1차 핵 위기는 소강상태에 접어들었다. 제네바 합의서는 북한을 NPT 체제의 틀 안에 머물게 하는 동시에 IAEA의 안전조치협정의 단계적 이행을 북한에 촉구한 것이었다.[67] 따라서 제네바 합의서는 NPT 및 IAEA를 중심으로 한 핵 비확산 체제의 유지에 기여했다고 할 수 있다. 한편, 미국이 동맹국인 한국과 일본의 이익을 대변하는 입장에서 미북 협상에 임한 측면도 있었다. 김영삼 대통령은 "1993년 11월 한미정상회담에서 클린턴 미 대통령은 나에게 북한과의 관계는 반드시 한국 대통령과 사전에 협의하겠다고 약속했고, 이 약속을 내 재임 기간 내내 지켜주었다"라며 "미북 협상은 사실상 한미 양국과 북한과의 협상이었다"라고 회고하고 있다.[68] 야나이

66) 「北朝鮮『核』話し合いで解決」『日本経済新聞』, 1994년 4월 27일.

67) 倉田秀也 「北朝鮮の米朝『枠組み合意』離脱と『非核化』概念」黒澤満編『大量破壊兵器の軍縮論』(信山社、2004年), p.128.

68) 김영삼, 앞의 책, pp.340~341.; 한승주 전 외교부 장관은 "1차 북핵 위기 당시 미북 협상은 한미의 긴밀한 협력을 중심으로 이루어졌으나, 경수로 지원에 일본이 참여하게 된 이후 일본의 협력 비중도 높아졌다. 따라서 제네바 합의서는 한미일 3국 간 협력의 산물로 대체할 수 있다"라고 증언하고 있다. 인터뷰(국제정

슌지(柳井俊二) 전 일본 외무성 종합외교정책국장도 3차 미북 고위급 회담 당시 한미일 3국 간 협력이 긴밀하게 이루어졌다고 증언하고 있다.[69] 따라서 제네바 합의서는 단순한 미북 양자 관계의 산물이 아니라 한미일 3국 간 협력의 산물이었다고 할 수 있다.

다만 여기서 짚고 넘어가야 할 점은 미북 협상은 당장의 당면한 위기는 수습했지만, 동시에 북한의 대미 의존도 조장했기 때문에 북한 문제의 당사자인 남북 관계의 중요성이 상대적으로 낮아졌다는 점이다. 미북 관계는 미북 협상의 초기 1라운드에서는 핵 비확산 체제 유지에 국한된 것이었으나, 제네바 합의서에 이르러 정치 및 경제 관계 정상화까지 폭넓게 다루는 관계로 발전했다. 따라서 북한 문제의 주축이 남북 관계에서 미북 관계로 바뀐 것이다. 게다가 이 새로운 미북 관계는 북한의 대미 의존을 부추겼다. 이러한 북한의 대미 경향은 남한을 북한 문제의 당사자로 인정하지 않고 미국과의 협상만을 추구하려는 시도로 이어져 남북 대화의 지연을 가져온 것은 부인할 수 없다. 1994년 4월 28일 북한이 '새로운 평화 보장 체계'[70]를 제안하면서 "조선반도(한반도) 정전협정을 대신할 새로운 평화 보장 체계는 우리나라와 미국 사이에 해결할 문제이며 남조선(한국)은 참가할 자격도 명분도 없다"[71]라며

책연구원 사무실에서 필자 수행), 2009년 7월 29일.

69) 五百旗頭真·伊藤元重·薬師寺克行,『外交激変』, pp. 142~143.

70) "미국은 우리의 평화 제안에 응해 나와야 할 것이다/조선민주주의인민공화국 외교부 성명,"『노동신문』, 1994년 4월 29일.

71) "외무성 담화문(1995.2.25.)"『노동신문』, 1995년 2월 27일.

한국을 완전히 당사자에서 배제하려 했던 것이 이를 뒷받침하고 있다. 이런 이유로 1차 북핵 위기 이후 북한 문제 해결의 중심이 미북 관계가 되었다.

요컨대 한미·미일 동맹을 기반으로 한 한미일 3국 간 안보 협력을 강화하면서 3국은 북한에 대한 억제력을 행사했다. 이를 기반으로 한국과 일본의 이익을 대변하는 동시에 NPT 및 IAEA를 대표하는 미국이 북한과 협상에 착수하여 제네바 합의서에 서명함으로써 군사적 위기 및 제도적 위기는 일단 종식되었다. 즉 동맹을 통해 북한을 '외부화'하는 동시에 미북 협상을 통해 북한을 '내부화'한 한미일 3국의 중층적 협력으로 1차 북핵 위기는 종지부를 찍었다. 따라서 북한을 '외부화'하는 동시에 '내부화'하는 기능을 함께 갖는 한미일 '안보 협력 메커니즘'의 중층적 구조가 여기에서 싹텄다는 점을 강조할 수 있다.

제3장

북한 잠수함 침투 사건과 한미일 관계

3장에서는 먼저 제네바 합의로 탄생한 KEDO가 한미·미일 동맹과 연계하면서 북한을 '외부화'하면서도 '내부화'하는 한미일 안보 협력 메커니즘의 중층적 구조를 탄생시켰다는 점을 밝힌다. 또한, 1996년 9월 18일 발생한 북한의 잠수함 침투 사건을 둘러싼 한미일 3국의 대응을 분석하면서, 북한의 재래식 무기에 대한 위협 인식 및 이해관계의 불일치가 앞서 언급한 중층적 메커니즘 내에서 3국 간 협력 관계에 갈등을 초래했음을 밝힌다.

제1절 KEDO의 복합적 의미

제1항 한미일 안보 협력 메커니즘 중층적 구조의 탄생

이미 언급했듯이 KEDO의 탄생은 2차 미북 고위급 회담(1993년 7월 14일~ 19일)에서 북한이 경수로 지원을 요구한 시점으로 거슬러 올라간다. 이후 3차 회담이 진행되는 가운데 1994년 8월 15일 제49주년 광복절 기념식에서 김영삼 대통령은 "북한이 핵의 투명성을 보장한다면 경수로 건설을 포함한 평화적 핵에너지 개발에 우리 자본과 기술을 지원할 용의가 있다"[1]라며 경수로 지원 의사를 밝혔다. 또한, 같은 해 9월 20일 김영삼 대통령은 클린턴 미국 대통령에게 보낸 친서를 통해 "나는 한국형 경수로 채택과 북한의 핵 투명성 보장을 전제로 대북 경수로 지원에 한국이 중심적인 역할을 할 것"이라고 밝히며 대북 경수로 지원을 공식 보장했다.[2] 당시 일본의 무라야마 총리도 클린턴 미국 대통령에게 서한을 보내 대북 경수로 지원 참여에 적극적인 자세를 보였다고 한다.[3] 이러한 한국과 일본의 경수로 지원에 대한 협력 의사를 밝힌 클린턴 미국 대통령은 "한미일 3국이 협력하여 이 문제에 대처하고 싶다"며 KEDO에서의 한미일 3국의 협력에 강한 기대를 표명했다.[4] 또한,

1) 대통령비서실 『김영삼 대통령 연설문집(제2권)』(정부간행물제작소, 1995년 2월 25일), p.330.

2) 김영삼, 앞의 책, p.344.

3) "일, 대북관계 개선 포석/『코리아 에너지 개발기구』참여 배경,"『세계일보』, 1994년 9월 24일.

4) 春原剛『米朝対立－核危機の十年』(日本経済新聞社、2004年), p.204.

1994년 10월 18일 제네바 합의서 최종 서명 직전의 기자회견에서 갈루치 장관은 향후 경수로 지원에서 한국과 일본이 중심적인 역할을 할 것임을 공개적으로 밝힌 바 있다.[5)]

따라서 한일 양국의 경수로 지원에 대한 의사 표명은 제네바 합의서의 최종 서명을 촉진시킴과 동시에 KEDO의 경수로 지원 사업에서 한미일 3국이 중심적인 역할을 수행토록 만들었다.

1994년 12월 16일 제네바 합의서에 따라 한미일 3국은 샌프란시스코에서 협의를 갖고 KEDO 설립과 제네바 합의서의 이행에 대해 처음으로 의견을 교환했다.[6)] 이후 한미일 3국은 경수로 지원을 위한 '한반도에너지개발기구 설립에 관한 협정(이하 KEDO 설립 협정)'[7)]을 작성하기 위한 협의를 거듭했다. 그 결과 1995년 3월 6일 KEDO 설립 협정안의 골격이 발표되었고, 이어 같은 해 3월 9일 한미일 3국이 KEDO의 원(原)회원국으로서 본 협정에 서명함으로써 KEDO가 정식으로 탄생하게 되었다.

---

5) "Clinton Approves A Plan To Give Aid To North Korans,"The New York Times, October 19, 1994.

6) James L. Schoff, Tools For Trilateralism, op. cit., A:2.

7) "Agreement on the Establishment of the Korean Peninsula Energy Development Organization," 경수로사업지원기획단 『대북 경수로사업 관련 각종 합의서』 (서라벌인쇄사, 1998년), pp.23~36.

[그림 3-1] KEDO 정식 발족[8]

이후 같은 해 6월 쿠알라룸푸르 미북 회담에서 한국형 경수로 제공, 본 프로젝트에서 한국이 중심적인 역할을 수행한다는 등의 내용을 담은 미북 합의가 이루어졌다.[9] 이 쿠알라룸푸르 미북 합의에 대해 클린턴 미 대통령은 성명을 통해 "한국과 일본 등 우방국과의 긴밀한 협의를 통해 이뤄진 이 합의는 북한의 위험한 핵시설 동결을 지속시킬 수 있는 것"[10]이라고 밝히며 한미일 3국의 협력에 따라 이 합의가 이뤄졌다고 자평했다. 이 합의에 이어 같은 해 12월 KEDO와 북한 간 '경수로 공급 협정'[11]이 체결되면서 KEDO의 경수로 지원 사업이 본격적으로 시작되었다.

---

8) "KEDO 공식 발족,"『KBS 뉴스』, 1995년 3월 10일 https://news.kbs.co.kr/news/pc/view/view.do?ncd=3749044 (검색일: 2024년 8월 20일)

9) "Joint U.S.-DPRK Press Statement,"Kuala Lumpur, June 13, 1995, 경수로사업지원기획단, 위의 책, pp.15~17.

10) "한국형-한국 주도 확인,"『조선일보』, 1995년 6월 15일.

11) "Agreement on Supply of a Light-Water Reactor Project to the Democratic People's Republic of Korea between the Korean Peninsula Energy Development Organization and the Government of the Democratic People's Republic of Korea," 경수로사업지원기획단, 위의 책, pp.49~77.

이상과 같이 한미일 3국의 협력하에 제네바 합의로 탄생한 KEDO는 3국의 긴밀한 협력하에 운영되고 있으며, 3국 간 안보 협력의 기능을 가진 일종의 안보 제도로 볼 수 있다. 우메즈 이타루(梅津至) 전 KEDO 사무차장이 "일본은 한미일 협력의 모범 사례로서 KEDO에 적극적으로 참여했다"[12]라고 언급한 것이 이를 뒷받침하고 있다. 따라서 KEDO는 한미·미일 동맹과 함께 한미일 안보 협력 메커니즘의 중층적 구조를 탄생시켰다고 할 수 있다.

여기서 우리가 주목할 점은, 1995년 한미일 3국이 제네바 합의서 이행을 위해 창설한 KEDO가 한미 및 미일 동맹에 기반한 기존의 한미일 안보 협력 메커니즘에 추가해 다층적인 한미일 안보 협력 메커니즘 역할을 시작함으로써 한미일 안보 협력 메커니즘의 중층적 구조가 작동하기 시작했다는 것이다.

[그림 3-2] KEDO 집행위 이사회(1995.6.30.)[13]

12) 梅津至「朝鮮半島エネルギー開発機構(KEDO)の活動と今後の課題」『国際問題』(1996年4月), p.26.

13) 김석우,"제1차 北核 위기 이후 韓·美·北 관계 25년을 복기(復棋)한다,"

제2항 북한의 '외부화'와 '내부화' - 한미일의 위협 인식과 이해 관계 공유

제1장에서 언급했듯이 KEDO는 구조적으로 북한을 '외부화'하면서 기능적으로는 '내부화'하고 있었다. 즉 KEDO는 북한을 틀 밖에 두었기 때문에 구조적으로 북한을 '외부화'하고 있었다.[14] 마이클 그린 전 국방부 특별보좌관(아시아태평양국)이 "1994년 발생한 북한의 핵무기 의혹이 3국 관계의 증진에 촉매제가 되어 한반도 에너지개발기구(KEDO) 설립을 위한 과정에 탄력을 받았다"라고 말한 것처럼, 한미일 3국의 북한 핵무기에 대한 위협 인식의 공유가 KEDO의 3국 간 협력을 촉진했다. 또한, KEDO는 한미·미일 동맹처럼 억지력을 통해 압력을 가할 수는 없지만, 북한에게 KEDO의 해체나 사업 지연은 중유와 경수로 지원을 잃게 되는 것이기 때문에 압박과 같은 효과를 가져왔다.[15]

반면 KEDO는 북한의 핵 위협을 관리(동결) 및 감축(해체)하려 했고, 기능적으로 북한을 '내부화'하고 있었다고 할 수 있다. 클린턴 미국 대통령은 1994년 10월 18일 기자회견에서 제네바 합의서에 대해 "북한을 국제사회에 편입시키는 중요한 단계가 될 것이라고

『월간조선』(2018년 5월호). https://monthly.chosun.com/client/news/print.asp?ctcd=G&nNewsNumb=201805100030 (검색일: 2024년 8월 22일)

14) 마이클 그린(マイケル·グリーン), 앞의 논문「米、日、韓三か国の安全保障協力」, p.93.

15) 구라타(倉田), 앞의 논문「北朝鮮の『核問題』と盧武鉉政権」, p.21.

높이 평가한다"[16]라며 그 수단 중 하나로 북한을 '내부화'하고 있는 KEDO 기능의 중요성을 밝힌 바 있다. 또한, 이 KEDO의 기능은 한반도, 나아가 동아시아의 안정 유지를 추구하는 한미일 3국의 공통된 이해관계와도 일맥상통한다.[17] 따라서 한미일 3국의 이해관계 공유는 KEDO에서의 3국 간 협력을 촉진했다고 할 수 있다.

이상에서 살펴본 바와 같이, 북한 핵무기에 대한 한미일 3국 사이 위협 인식의 공유와 한반도, 나아가 동아시아를 포함한 지역의 안정이라는 이해관계의 공유가 KEDO 내에서의 3국 간 협력을 촉진하고 있었다. 이 외에도 미국과의 동맹 관계로 이루어진 '상호 구속력(co-binding)'[18]도 KEDO 내 3국 간 협력을 촉진하고 있었다. 이 상호 구속력 때문에 한국과 일본이 KEDO에 대한 적극적인 역할을 기대했던 것이다.[19] 달리 말하면, KEDO에서의 한미일 3국 간 협력은 한-일 양국의 미국과의 동맹 관계 유지 및 강화에 기여하는 것이었다. 따라서 한미일 3국의 위협 인식 및 이해관계 공유, 동맹 관계로 이루어진 상호 구속력은 KEDO와 동맹으로

---

16) 春原、앞의 책, p.207.

17) 'KEDO 설립 협정' 전문에는 "(KEDO의 활동은) 한반도의 평화와 안전의 유지가 가장 중요하다"라고 명시되어 있다. "Agreement on the Establishment of the Korean Peninsula Energy Development Organization," 경수로사업지원기획단, 앞의 책, p.23.

18) 여기서 말하는 '상호 구속'이란 '한쪽이 배신하여 이득을 얻는 것이 아니라 실제로는 양측이 규범, 규칙, 관행 등의 속박을 받는 것'을 의미한다. 土山實男,『安全保障の国際政治学－焦りと傲り』(有斐閣、2005年), p.318.; G. John Ikenberry and Daniel H. Deudney,"Structural Liberalism: The Nature and Sources of Postwar Western Political Order,"Browne Center for International Politics, University of Pennsylvania, May 1996.

19) 도야마(土山), 위의 책, p.319.

이루어진 중층적 한미일 안보 협력 메커니즘에서의 3국 간 협력을 촉진했다고 할 수 있다.

제3항 한미일 이해관계의 불일치

한편, 여기서 지적해야 할 것은 KEDO에 대한 한미일 3국의 공통된 이해관계 외에도 KEDO에 대한 개별적인 상이한 이해관계도 존재했다는 점이다. 우선 미국에 있어서 KEDO는 국제 핵비확산 체제의 유지에 기여하는 측면이 있었음은 말할 필요도 없다.[20] 또한, 앞서 언급한 클린턴의 제네바 합의에 대한 평가에서 알 수 있듯이 클린턴 행정부의 기본 방침이었던 '관여(engagement) 전략'[21]의 일환으로서도 KEDO는 중요한 의미를 지니고 있었다.

그리고 한국에게 KEDO는 남북 대화와 통일 이후를 염두에 둔 선(先) 투자라는 측면도 있었다.[22] 이미 언급한 1994년 8월 15일 제49주년 광복절 기념식에서 김영삼 대통령은 한국의 대북 경수로 지원에 대해 "이것(대북 경수로 지원)은 우리 민족 공동체의 미래

---

20) 梅津至「活動開始から二年半 重要段階に入ったKEDO」『外交フォーラム』(1998年2月), p.95.

21) 다음 자료를 참조할 것. The White House, A National Security Strategy of Engagement and Enlargement, February 1995; The White House, A National Security Strategy for a New Century, October 1998.

22) Ralph A. Cossa, Monitoring the Agreed Framework : A Third Anniversary Report Card, The Nautilus Institution, October 31, 1997. http://www.nautilus.org/fora/security/11a_Cossa.html (검색일:2009년 6월 11일).

를 함께 설계하는 민족 발전 공동 계획의 첫 번째 사업이다"라고 강조한 게 이를 뒷받침한다.[23)]

일본에게 KEDO 참여는 당시 해외에서 제기되고 있던 '핵무장론'[24)]을 불식시키는 수단 중 하나임과 동시에[25)] 북일 관계 정상화를 위한 채널 중 하나를 확보하는 측면이 있었다. 또한, 당시 경제 마찰 및 '히구치 보고서'[26)]로 인한 미일동맹의 표류(갈등)를 막으려

23) 대통령비서실, 『김영삼 대통령 연설문집(제2권)』, p.328; 김영삼 정권의 통일정책은 한민족공동체 건설을 위한 3단계 통일방안이었다. 즉 1단계 '화해협력단계'에서 남북이 공존공영하면서 평화를 정착시키고, 이어 2단계 '남북연합단계'에서 남북은 경제·사회공동체를 형성·발전시켜 정치적 통합을 위한 여건을 성숙시키고, 마지막 3단계에서 남북은 '1민족 1국가 통일국가'를 완성하는 3단계 통일방안이었다. 따라서 여기서 말하는 '민족발전공동계획'은 한민족공동체 건설을 위한 1단계(공존공영) 및 2단계(경제공동체)에 해당하는 것이었다. 구라타 히데야(倉田秀也)「3단계 통일방안의 생성과 변용: 민족 발전 공동계획과 다국간 협의」오코노기 마사오(小此木政夫) 編『김정일과 현대북한: 일본인이 본 김정일 시대의 북한』(을유문화사、2000年), pp.230~232.

24) 1990년대 해외에서의 일본 핵무장론에 대해서는 가미야 마타케(神谷万丈)「海外における日本核武装論」『国際問題』(1995年 9月), pp.59~73.; Matake Kamiya,"Will Japan go nuclear? Myth and reality," Asia-Pacific Review, Volume 2, Issue 2, 1995, pp.5-19; 자위대 핵무장론은 太田昌克『盟約の闇―「核の傘」と日米同盟』(日本評論社、2004年)、pp.36~70을 참조. 또한, 북한의 일본 핵무장에 대한 우려에 대해서는 "일본의 핵무장화는 위험계선에서 추진되고 있다,"『노동신문』, 1994년 4월 12일 참조.

25) Hiroyasu Akutsu,"Japan's Strategic Interest in the Korean Peninsula Energy Development Organization(KEDO): a 'Camouflaged Alliance' and its Double-Sided Effects on Regional Security,"LNCV – Korean Peninsula: Enhancing Stability and International Dialogue, Roma, 1-2 June 2000, pp. 25~31.; 이 외에도 해외에서의 핵무장론에 대한 대책으로 1993년 8월에 취임한 호소카와 총리는 소신 표명 연설에서 NPT 무기한 연장에 대한 지지를 공식적으로 표명했다. 에 대한 지지를 공식적으로 표명하고, 9월 유엔총회 연설에서도 일본의 정책 결정을 재차 표명하고 있다. 岩田修一郎「核不拡散·核軍縮と日米関係」『東京家政学院筑波女子大学紀要 第３集』(1999年), p.3.

26) '히구치 보고서(樋口レポート)'의 구성이 다각적 안보 협력을 언급한 후 미일 안보를 언급하는 것으로 되어 있어, 지일파 미국 전문가들은 미일 안보를 경시하는 것이 아니냐는 우려를 표명했다. 福田毅「日米防衛協力における3つの転機 -1978年ガイドラインから『日米同盟の変革』までの道程-」『レファレンス』(平成18年7月号), pp.159~160.;防衛問題懇談会『日本の安全保障と防

는 수단 중 하나이기도 했다.[27)]

따라서 KEDO에 대한 한미일 3국의 이해관계의 불일치가 드러날 경우, KEDO에서의 3국 간 협력에 갈등이 발생할 가능성이 내재되어 있었다고 할 수 있다.

제4항 제네바 합의서, NPT 및 IAEA와의 관계

다음으로 KEDO와 제네바 합의서 및 국제 핵 비확산 체제와의 관계에 대해 생각해 보자. 오노 마사아키(小野正昭) 전 KEDO 사무차장은 "제네바 합의서에 대해 좀 더 단순화해서 말하자면, KEDO는 사람(기술)과 돈(경수로와 중유)을 제공하고 그 대가로 북한은 핵 개발을 포기하는 것을 의미한다"라고 말했다.[28)] 이처럼 KEDO는 제네바 합의서에서 탄생한 것이기 때문에[29)] 제네바 합의서와 긴밀하게 연동되어 있었다.[30)]

衛力のあり方21世紀へ向けての展望』(1994年8月), pp.13~18.

27) Akutsu, op. cit.

28) 小野、前掲論文「安全保障機関としてのKEDOの重要性」, p.99.

29) 제네바 합의서 I항에 "북한에 제공할 경수로 계획을 재정적으로 지원하고 계획을 제공하는 국제 사업체(an international consortium)를 미국 주도로 조직한다"라고 명시되어 있으며, 이것이 KEDO 창설의 근거가 된다. 즉 북한에 1,000MW급 경수로 2기를 지원하는 '국제 사업체'가 한미일 3국이 중심이 된 KEDO를 대체하는 것이다.

30) Cossa, "Monitoring the Agreed Framework," op. cit.

여기서 짚고 넘어가야 할 것은 우선 KEDO는 제네바 합의서의 정치적 성격과 한계를 함께 가지고 있었다는 점이다. 즉 제네바 합의서는 어디까지나 미북 간 정치적 거래에 기반한 산물이었기 때문에 KEDO도 단순한 재정적 컨소시엄이 아니라 정치적 성격을 띤 일종의 안전보장 제도였다.[31] 이와 관련하여 제네바 합의서는 북한 문제를 포괄적으로 다룬 합의가 아니라 핵 문제에 특화된 합의였다. 따라서 페리의 지적대로 제네바 합의서에는 '탄도미사일 문제가 빠져 있다'라는 한계가 있었다.[32] 또한, 남북 간 재래식 무기 관련 문제에 대해서도 포함되지 않았다. 이러한 한계는 KEDO 운영에도 악영향을 미칠 수 있기에 KEDO는 그 한계를 보완할 수 있는 제도와의 연계가 필요했다. 이러한 필요성에 따라 4장에서 설명할 '페리 프로세스' 및 TCOG와의 연계도 탄생하게 된 것이다.

이런 맥락에서 제네바 합의서와 KEDO는 북한 핵 문제를 다루는 지역 제도이면서 KEDO가 제네바 합의서에 종속되어 있는 관계이므로 두 제도는 '중첩형' 제도 간 연계로 볼 수 있다. 더 나아가 '중첩형' 제도 간 연계라 하더라도 제네바 합의서가 KEDO에 미치는 영향뿐만 아니라 KEDO의 행보가 제네바 합의서에도 큰 영향을 미치고 있기 때문에 양 제도는 쌍방향성이 강한 '중첩형' 제도 간 연계를 맺고 있다고 볼 수 있다. 후술할 북한 잠수함 침투 사건 및 대포

31) Reiss, op. cit.

32) William J. Perry, Review of United States Policy Toward North Korea: Findings and Recommendations, 1999.10.12, p.6, p.11.

동 1호 미사일 발사로 인한 KEDO의 일시적 운영 중단이 제네바 합의서에 큰 영향을 미치고 있는 것이 이를 뒷받침하고 있다.

한편, KEDO와 국제 핵 비확산 체제와의 관계를 살펴보면 KEDO는 북한 핵 문제라는 NPT 및 IAEA를 중심으로 한 국제 핵 비확산 체제에 대한 위협에 대응하는 측면을 가지고 있었다.[33] 즉 KEDO는 비확산의 대가로 제공하는 보상을 상정하지 않는 NPT 및 IAEA를 보완하는 새로운 핵 비확산 체제라는 측면을 가지고 있었다. 따라서 KEDO는 국제 핵 비확산 체제와의 '끈끈함(粘着性)'[34]을 가진 북한 핵 문제에 국한된 '지역 핵 비확산 체제'로 자리매김할 수 있다. 더 나아가 KEDO와 NPT 및 IAEA의 제도 간 관계는 KEDO가 NPT 및 IAEA의 규범을 내포하고 있기 때문에 '중첩형' 제도 간 연계라고 할 수 있다. 다만 KEDO와 제네바 합의서의 관계와는 달리 KEDO가 NPT 및 IAEA를 보완하는 기능을 가지고 있지만, KEDO의 행방이 NPT 및 IAEA에 직접적으로 영향을 미치지는 않는다.

---

33) The Korean Peninsula Energy Development Organization, Annual Report 2001, December 31, 2001, p.1.

34) 여기서 말하는 '끈끈함'이란 어떤 제도의 규범이나 규칙이 더 큰 제도의 규범이나 규칙에 편입되는 과정에서 제도 간의 연관성에서 비롯되는 것을 말한다. 예를 들어, 지역 제도가 국제 제도로부터 규범이나 원칙·규칙을 받아들일 경우, 지역 제도는 그 국제 제도와 끈끈한 관계를 맺는다고 한다. '국제 핵 비확산의 끈끈함'에 대해서는 倉田秀也「核不拡散義務不遵守と多国間協議の力学－国際不拡散レジームと地域安全保障との相関関係」アジア政経学会監修『アジア研究 3:政策』(慶応義塾大学出版社、2008年), pp.71~99.;山田高敬「北東アジアにおける核不拡散レジームの『粘着性』とその限界－米朝枠組み合意およびKEDOに関する構成主義的な分析」大畠秀樹·文正仁共編『日韓国際政治学の新地平－安全保障と国際協力』(慶応義塾大学出版会、2005年)、p.252를 참조.

제2절 북한 잠수함 침투 사건과 한미일의 대응

1996년 9월 12일 보스워스 KEDO 사무총장은 상원 외교위원회 동아시아태평양 소위원회 증언에서 "KEDO가 북한에 제공하는 경수로 2기 건설이 내년 초에 시작될 것"이라는 전망과 함께 몇 주 안에 건설 현장에 KEDO 주재사무소를 설치할 예정이라고 밝혔다. 또한, "건설은 한국 기업에 주로 맡길 것"이라는 방침을 밝히면서 "북한과의 협상이 순조롭게 진행되고 있다"라고 강조했다.[35] 그러나 북한의 잠수함 침투 사건이 발생하면서 KEDO의 운영은 어려운 상황에 직면했다.

1996년 9월 18일 새벽, 한국 동해안 강릉 인근에서 북한 잠수함 침투 사건이 발생했다. 이 사건을 계기로 한국은 북한 잠수함 침투 사건을 '명백한 대남 도발 행위이자 중대한 정전협정 위반'으로 규정하며 즉각 강경 대응에 나섰다.[36] 또한, 반스 미 국무부 대변인은 20일 "중대한 정전협정 위반이자 도발 행위"라고 비난하면서 "미국 정부는 한국 정부가 취하는 모든 조치를 지지한다"라고 밝히면서 "제네바 합의서는 아무런 영향을 받지 않았다"라

35) Stephen W. Bosworth,"Holds Hearing On U.S. Policy Toward North Korea,"On East Asian And Pacific Affairs Subcommittee Of The Senate Foreign, 104th Congress, September 12, 1996.

36) "군수뇌부 속속 도착 "전시 방불"/북한 잠수정 침투 국방부 표정,"『국민일보』, 1998년 9월 18일; "N. Korean Submarine Found Beached Off S. Korea; 11 Bodies Nearby; Massive Search Launched to Find Other Crewmen,"The Washington Post, September 19, 1996.

고 덧붙였다.[37] 즉 미국은 이번 사건에 대한 한국의 대응에 대해 제네바 합의서 유지를 전제로 한 전폭적인 지지를 표명했다고 볼 수 있다.

[그림 3-3] **북한 잠수함 침투 사건**[38]

한편, 북한은 9월 21일 평양방송을 통해 '갈수록 심각한 단계에 이른 새로운 전쟁 도발 행위'라는 제목의 논평을 통해 "미국 호전광들과 남조선 괴뢰들의 북침 전쟁 책동은 이미 한계점을 넘어 극히 위험천만한 단계에 이르렀다"라고 비난하며 "가만히 보고만 있을 수만은 없다"라고 경고했다.[39] 또한, 같은 달 23일 북한 조선

37) "S. Korean Forces Search for Infiltrators; N. Koreans Believed to Be Wearing Military Uniforms of the South,"The Washington Post, September 21, 1996.

38) "강릉지역 무장공비 침투 사건,"『위키백과』, https://ko.wikipedia.org/wiki/%EA%B0%95%EB%A6%89%EC%A7%80%EC%97%AD_%EB%AC%B4%EC%9E%A5%EA%B3%B5%EB%B9%84_%EC%B9%A8%ED%88%AC_%EC%82%AC%EA%B1%B4 (검색일: 2024년 8월 20일)

39) 「戦争挑発頂点と米·韓国を非難」『読売新聞』1996年9月22日.

중앙통신은 인민무력성 대변인 담화를 발표하며 "훈련용 소형 잠수함 한 척이 엔진 고장으로 표류했다"라고 해명하고 "(좌초된) 잠수함과 시신을 포함한 승무원들을 즉각 조건 없이 돌려보낼 것"을 요구했다.[40] 이에 대해 같은 날 한국 국방부 대변인은 성명을 통해 "이번 사건은 단순 우발적 사건이 아니라 사전에 치밀하게 계획된 의도적 도발 사건"이라고 반박했다.[41] 또한, 같은 날 국회는 이번 사건에 대해 북한을 규탄하는 결의안을 만장일치로 채택했는데, 결의문에 따르면 "이번 행위는 단순한 간첩 행위가 아니라 적화 통일을 획책하는 명백한 무력 도발 행위로 결코 용납할 수 없다"[42]라며 북한을 강력히 규탄하는 동시에 정부가 대책 마련에 최선을 다할 것을 촉구했다.

이러한 남북 간 비난 공방이 계속되는 가운데 김영삼 대통령은 24일 방한 중인 일본 신문, 방송 정치부장과의 회견에서 "헌법이 보장하는 대통령의 책임하에 모든 대북 정책을 검토하겠다"라고 밝혀 대북 정책 전면 재검토 의사를 밝혔다. 또한, 김영삼 대통령은 10월 1일 국군의 날 기념식 연설에서 "북한의 도발은 북한 동포를 도우려는 우리의 따뜻한 동포애에 무력 도발로 대응한 것으로 이는 반민족적이고 반통일적인 배신행위"라고 강력히 비판한 뒤 대북 정책 재검토 방침으로, 첫째 군의 기동성과 효율성을 높

40) 『北朝鮮政策動向(1996年 第11号)』(ラヂオプレス、1996年10月), p.57.

41) 「北朝鮮国防省潜水艦の返還を要求－韓国『意図的』と反論」『読売新聞』 1996年9月24日.

42) "北韓의對南武力挑發行爲에대한決議案"『제181회 국회, 국회 본회의 회의록(제3호)』(국회 사무처, 1996년 9월 23일), pp.3~4.

이는데 정책의 최우선 순위를 둘 것, 둘째 대북 지원은 재고할 것, 셋째 정부와 군, 그리고 국민과의 연대를 강화할 것, 넷째 다각적인 국제적 노력을 병행할 것 등 네 가지를 골자로 한 대응책을 밝혔다.[43] 이후 김영삼 대통령은 국회 연설에서 "북한은 이번 사건에 대해 명시적으로 시인과 사과를 하고 유사한 도발 행위의 재발 방지를 약속하는 등 납득할 수 있는 조치를 취해야 한다"[44]라며 이번 사건 해결의 전제가 '북한의 사과'와 '재발 방지 보장'임을 분명히 밝혔다. 그리고 한국은 한미연합방위체제 강화 등을 포함한 강경 정책에 나서는 대신 경수로 사업 근로자 파견 등을 포함한 KEDO에 대한 지원을 동결했다.

이러한 한국의 강경책에 대해 북한은 보복 선언으로 위협을 가했다. 북한은 9월 27일 김창국 대표의 유엔총회 연설에서 "북한이야말로 이번 사태의 피해자"라며 "우리에게는 백 배, 천 배의 보복을 할 권리가 있다"라고 한국에 대한 무력행사 준비 태세를 밝힌 데 이어 "시간이 얼마 남지 않았다"라며 보복이 임박했음을 시사하기도 했다. 또한, 10월 2일 주한미군사령부와 조선인민군 판문점 대표부 간 비서장급 회담에서도 북한 측은 잠수함 침투 사건에 항의하며 "잠수함 승무원이 사망한 것은 심각한 결과를 초래할 것"이라고 경고한 뒤 "조만간 남한에 보복할 것이니 미군은

43) "확고한 안보는 번영의 토대,"『김영삼 대통령 연설문집(제4권)』(정부간행물 제작소, 1997년 2월 25일, p.475.

44) 『김영삼 대통령 연설문집(제4권)』, p.514.

개입하지 말라"고 협박했다.[45]

이러한 북한의 위협은 한국의 강경 노선을 더욱 공고히 만들었고, 10월 4일 국가안전보장회의를 열어 주요 인사의 경호와 공항, 발전소 등의 경계를 강화하기로 결정했다.[46] 또한, 같은 달 12일 국회는 본회의에서 북한의 보복 위협을 규탄하는 결의안을 만장일치로 채택하고 북한에 "무모한 도발 책동을 즉각 중단할 것"을 촉구하는 한편, 정부에 "북한의 어떠한 도발에도 단호하고 신속하게 대응할 수 있는 만반의 태세를 강화할 것"을 요구했다.[47] 이에 한국 정부는 한미연합군 체제 강화에 그치지 않고 국제사회의 압력까지 이끌어 내려고 노력했으며, 10월 11일 공노명 외교부 장관은 방한 중인 윈스턴 로드 미 국무부 동아태 담당 차관보와 면담을 통해 북한의 어떠한 도발이나 군사적 침범 행위에도 즉각 대응할 수 있도록 한미연합군 체제를 강화하기로 합의했다.[48] 또한, 북한 잠수함 침투 사건과 이후 보복성 발언에 대해 "명백한 정전협정 위반으로 한반도 안정에 반하는 행위"라고 규정하며 유엔 안보리에서의 신속한 대응에 양국이 협력할 것임을 밝혔다.[49] 이후 유엔 안보리는 같은 달 15일 공식 협의를 통해 이 사건에 대해 '심각한 우려'를 표명하는 의장 성명을 만장일치로 채택하고, "정

45) 김영삼(金泳三)『김영삼 대통령 회고록(下)』(조선일보사, 2001년), p.244.

46) 「潜水艦侵入事件の経過」『朝日新聞』1996年12月30日.

47) "對北警告決議案"『제181회 국회, 국회 본회의 회의록(제4호)』(국회 사무처, 1996년 10월 12일), pp.3~4.

48) "한·미 대북공조 확고하다,"『서울신문』1996년 10월 14일.

49) "한·미 대북공조 확고하다,"『서울신문』1996년 10월 14일.

전협정은 한반도에 새로운 평화 메커니즘이 마련될 때까지 계속 효력을 유지해야 한다"라고 지적하고 북한에 한반도 긴장을 고조시키는 어떠한 행동도 중지할 것을 촉구했다.[50)]

도발 행위가 국제사회의 압력으로까지 이어지자, 북한은 대남 위협에 그치지 않고 제네바 합의서를 파기할 의도를 드러냈다. 북한 외무성 대변인은 10월 15일 "사태가 이렇게 확대되면 제네바 합의서의 운명은 정해졌다고 해도 좋다"며 잠수함 침투 사건에 대한 국제적 비난과 압력이 가해지면 핵 동결 파기 조치도 취할 수 있다고 밝혔다.[51)] 이후에도 북한은 제네바 합의서 파기를 시사하는 발언을 반복했다.[52)] 또한, 노동 미사일 발사 실험을 준비하는 한편, 사용 후 핵연료 봉인 작업을 중단하는 등의 조치까지 취했다.

제네바 합의서에 따라 핵무기 및 그 운반 수단의 비확산을 우선시하는 미국으로서는 북한의 이러한 대응이 우려스러웠을 것이다. 따라서 미국은 한국과의 동맹 관계를 바탕으로 억지력을 강화하는 동시에 사건의 조기 해결을 위해 적극적으로 미북 협상에 임했다. 미국은 미북 협상을 통해 한국이 요구했던 '북한의 사과'와 '재발 방지 보장'을 북한에 요구했다. 또한, 뉴욕에서 열린 미북

---

50) "안보리 북 경고 의장 성명/한반도 분단이후 처음,"『동아일보』1996년 10월 16일.

51) "연내 착공 어려워 완공 1~2년 지연 불가피,"『조선일보』, 1996년 10월 16일.

52) 예를 들어, 1996년 11월 15일 조선중앙통신은 '조미기본합의문은 위기에 처해 있다'는 제목의 기사를 전하면서"현재 미국 측이 약속을 어기고 기본합의문(제네바 합의서)의 이행을 일방적으로 지연시키고 있기 때문에 우리는 더 이상 시간을 낭비할 필요가 없다고 생각한다"라고 지적하고 있다.『北朝鮮政策動向(1996年第14号)』(ラヂオプレス、1996年12月), p.49.

실무 접촉에서 리형철 외교부 미주국장이 마크 민턴 미 국무부 한국과장에 "잠수함 사건은 유감스럽다. 앞으로 이런 일이 일어나지 않도록 하겠다"라며 잠수함 사건 발생 이전 상황으로 미북 관계를 되돌릴 것을 요청하고 싶다는 의사를 밝혔으나 미국은 "사과는 당사자인 한국 정부에 해야 한다"라고 설득했다. 이에 대해 리 국장은 "검토하겠다"라는 답변에 그쳤지만, 북한은 11월 들어 미국에 "한국에 유감의 뜻을 표명할 준비가 되어 있다"라고 전했다.[53] 이후 사건 발생 3개월이 지난 12월 29일, 북한은 조선중앙통신과 평양방송을 통해 "잠수함 사건에 대해 깊은 유감을 표명한다"라며 "다시는 이런 일이 재발하지 않도록 노력할 것"이라는 성명을 발표했다.[54]

이에 대해 한국도 통일원 대변인 성명을 통해 "정부는 북한이 재발 방지 약속을 이행함으로써 신뢰 회복과 긴장 완화에 기여할 수 있기를 기대한다"라며 사실상 사과로 받아들였다.[55] 이로써 우리 정부는 잠수함 사건 이후 약 3개월간 지원 동결을 이어온 KEDO의 경수로 지원 사업을 재개하기로 결정한 것이다.

53) 「北朝鮮、『遺憾の意』表明の用意」『読売新聞』1996年11月19日.
54) 『북한정책동향(1997년 제1호)』(라디오프레스, 1997년 1월), p.44.
55) "북, 잠수함 침투 공식 사과"『한국일보』, 1996년 12월 30일.

제3절 한미·미일 동맹과 KEDO의 상호작용

앞서 살펴본 바와 같이 KEDO는 한미·미일 동맹과 연동하면서 북한을 '외부화'하는 구조와 기능을 가지면서도 '내부화'하는 기능을 가진 한미일 '안보 협력 메커니즘'의 중층적 구조를 가져왔다. 한미일 3국 간 공통된 위협 인식 및 이해관계 공유와 동맹 관계로 이루어진 상호 구속력은 이 메커니즘에서 3국 간 협력을 촉진했다. 또한, 이 메커니즘의 시너지 효과는 한미일 3국 간 안보 협력의 중요성 및 필요성을 증대시킴과 동시에 3국 간 협력이 한반도, 나아가 동아시아의 안정 유지라는 공동의 이익에 기여한다는 공감대를 형성했다고 볼 수 있다.[56)]

그러나 이번 잠수함 침투 사건을 둘러싼 한미일 3국의 대응을 통해 다음과 같은 두 가지 점을 지적할 수 있다. 첫째, 북한의 행동에 대한 위협 인식 및 이해관계의 불일치로 인해 KEDO 내 3국 간 협력 관계에 갈등이 발생할 수 있다는 점이다. 북한의 핵무기 보유는 한국에게 비대칭 전력 확보를 의미하고 안보상 심각한 위협이지만, KEDO의 유지가 핵 비확산으로 이어지더라도 휴전선을 사이에 두고 대치하고 있는 현존하는 재래식 무기로 인한 위협 감소에는 단기적으로 영향을 미치지 못한다는 인식이 있었다. 즉 한국에게는 핵무기라는 잠재적 위협보다 이번 잠수함 침투 사건과 같은 현존하는 재래식 무기의 위협에 대한 대처가 안보적으로

---

56) 김우상, 구본학, "한반도 안보 문제에 대한 한국인의 인식과 한미동맹의 미래," Tae-hyo Kim and Brad Glosserman(ed.), op.cit., p.184.

더 중요한 당면한 현안이라고 할 수 있다. 또한, 분단 국가라는 특수한 상황에 놓여 있는 한국에게 KEDO는 남북 대화의 채널 중 하나이자 통일을 위한 선행 투자라는 인식을 강하게 갖고 막대한 자금 지원(경수로 지원금의 약 70%)을 하고 있었다. 따라서 이번 잠수함 침투 사건과 같은 북한의 도발 행위는 KEDO 지원에 포함된 남북 화해 및 평화 통일의 기대라는 한국의 이해관계에 반하는 '반민족적, 반통일적 배신행위'[57]였다. 따라서 한국은 KEDO 협력을 중단하고 한미동맹에 의한 억지력 강화에 기반한 북한의 '외부화'로 방향을 선회함으로써 북한을 압박했다.

반면 미국은 한국의 입장을 어느 정도 이해하면서도 제네바 합의서에 의한 핵 억지력으로서 KEDO의 유지를 원했고, 한국의 조속한 지원 재개를 원했다.[58] 이는 미국이 KEDO를 핵무기 확산 방지 수단의 하나로 인식하고 있었기 때문이다.[59] 1996년 9월 19일 미일 외교-국방장관 2+2회담 후 기자회견에서 워렌 크리스토퍼(Warren M. Christopher) 미 국무장관은 북한의 핵무기 보유와 그 확산이 동맹국인 한국과 주한미군에 영향을 미칠 수 있다는 점을 우려했다. 크리스토퍼 미 국무장관이 "남북 대화와 인도적 지원 등이 지속될 수 있도록 모든 당사자들이 더 이상 도발적인 행동을

57) "확고한 안보는 번영의 토대,"『김영삼 대통령 연설문집(제4권)』, p.474.

58) 「米朝改善踏み出し状態」『読売新聞』1996年10月30日.

59) Stephen W. Bosworth, "Peninsula Korean: Pragmatic Multilateralism Is Working," International Herald Tribune, March 26. 1997.

취하지 않기를 바란다"[60]라고 발언함으로써 한국의 강경 노선이 북한의 제네바 합의서 파기로 이어지는 것을 견제하려 한 것이다. 또한, 페리 미 국방장관이 훈련 중이던 잠수함이 좌초했다는 북한의 담화에 대해 "북한의 잠수함이 정상적인 훈련 중이 아니었음은 자명하다"라고 지적하면서도 "가장 중요한 것은 이번 사건이 확대되지 않는 것"이라고 말한 것도,[61] 앞서 언급한 미국의 인식을 단적으로 보여 주고 있다. 일본도 기본적으로 미국과 거의 같은 입장을 취하고 있었는데, 9월 24일 열린 미일 정상회담에서 양 정상이 "한반도에서 어려움(잠수함 침투 사건)이 있더라도 KEDO에 의한 북한의 핵 개발 동결 프로그램을 추진해야 한다"[62]라는 방침에 의견을 같이하고 KEDO 유지의 중요성을 호소하는 것을 우선시한 것이 이를 뒷받침하고 있다.

따라서 북한 잠수함 침투 사건에 대한 한미일 3국 간 위협 인식 및 이해관계의 차이가 위와 같은 3국 간 대응의 차이를 가져왔다고 할 수 있다. 그러나 여기서 간과해서 안 될 것은 한국이 일시적으로 KEDO 협력을 중단했다가 이후 KEDO 협력을 재개하면서 기존의 한미일 '안보 협력 메커니즘'의 중층적 구조로 회귀했다는

60) "2 Plus 2 Press Conference Security Consultative Committee With Secretary Of State Warren Christopher, Japanese Foreign Minister Yukihiko Ikeda Secretary Of Defense William Perry, And Japanese Defense Minister Hideo Usui,"Benjamin Franklin Room, Washington, DC, September 19, 1996 http://dosfan.lib.uic.edu/ERC/briefing/dossec/1996/9609/960919dossec.html (검색일: 2009년8月3日)

61) "World News Briefs; North Korea Demands Return of Its Submarine," The New York Times, September 24, 1996.

62) 「日米首脳会談要旨」『読売新聞』1996年9月25日(夕).

점이다. 이는 미국과 일본이 한국의 입장을 어느 정도 이해하면서도 한미·미일 동맹을 통한 3국 간 안보 협력 관계를 견지함으로써 한국에게 3국 간 협력의 중요성과 필요성을 보여 주면서 기존 협력 메커니즘으로의 회귀를 촉구한 데 기인한 것으로 판단된다.

둘째, 이번 잠수함 침투 사건을 둘러싼 미북 협상의 역할을 되돌아보면, 북한 문제를 둘러싼 다양한 제도 간 연계 조정에 있어 미북 협의가 핵심적인 역할을 하고 있음을 시사한다.[63] 이는 1차 북핵 위기 이후 지속된 북한의 대미 경사도에 기인한 것임은 두말할 나위가 없다. 제네바 합의서에는 북한이 '이 합의가 분위기를 조성하는 대로 남북 대화에 임한다'라고 명시되어 있었지만, 북한은 '분위기가 조성되지 않았다'라며 남북 대화를 거부하면서 미북 협상에 집착해 왔다.[64] 잠수함 침투 사건으로 남북 간 비난 공방이 계속되는 와중에도 최수헌 북한 외무성 부상은 유엔총회 연설에서 "조선민주주의인민공화국 정부는 1994년 4월 조선반도의 평화와 안전을 보장하기 위해 낡은 정전 체제를 대체할 새로운 평화 보장 체제의 수립을 제안한 데 이어 올해(1996년) 2월에는 미국의 대북 정책과 현재의 조미 관계 수준을 고려하여 새로운 평화 보장 체제를 전개한 조미 간에 잠정 협정을 체결하자는 획기적인 제안을 하였다"[65]고 밝힌 바 있다.

63) 기쿠치(菊池)에 따르면, "북한 핵 문제를 둘러싼 제도 간 연계와 조정의 중심에는 미북 양자관계가 있다"라고 한다. 키구치(菊池), 앞의 논문 "北朝鮮の核危機と制度設計,"p.31.

64) 「ソウルは南北対話なく焦り」『読売新聞』1996年10月24日.

65) "유엔은 남조선에 있는 미군이 사용하고 있는 유엔의 이름과 기발을 소환하는 조치를 지체 없이 취해야 한다"『민주조선』1996년 9월 29일.

한편, KEDO의 경수로 지원 동결은 단순히 한국의 대북 정책에서 강경 노선으로의 전환이라는 의미뿐만 아니라, 북한의 제네바 합의서 파기로 인한 핵 개발 재개로 이어질 수 있다는 의미도 내포하고 있었다. 따라서 후자를 가장 우려했던 미국은 북한과의 협상에 착수한 것이다. 그 결과 미북 협상에서 미국은 사건 해결의 조건이었던 '북한의 한국에 대한 사과 및 재발 방지 약속'을 끌어내는 데 성공했다. 이로써 KEDO의 경수로 지원 사업이 재개되었고, KEDO와 동맹으로 구성된 '안보 협력 메커니즘' 중층적 구조의 기능도 다시 작동하게 된 것이다.

제4장

북한의 대포동 1호 미사일 발사와 한미일 관계

본 장에서는 1998년 8월 31일 발생한 북한의 대포동 1호 미사일 발사 실험을 둘러싼 한미일 3국의 대응을 분석하면서, 북한의 탄도미사일에 대한 위협 인식의 차이가 KEDO와 한미·미일 동맹으로 구성된 '중복형' 제도 간 협력에 갈등을 초래했음을 밝힌다. 또한, 제네바 합의서 및 KEDO를 유지하면서 북한의 탄도미사일 문제라는 새로운 문제 영역을 다루기 위해 탄생한 TCOG 및 '페리 프로세스'를 KEDO·동맹과 함께 '중복형' 제도 간 연계로 규정하고, 이 새로운 제도 간 연계의 형성 과정을 밝힌다. 이를 통해 이 제도 간 연계가 북한을 '외부화'하는 구조를 갖는 동시에 '내부화'하는 한미일 안보 협력 메커니즘의 중층적 구조를 심화한다는 것을 밝힌다.

제1절 대포동 1호 미사일 발사와 KEDO

제1항 한미일 3국의 대응 - 일본의 '돌출' 행동

1998년 8월 31일, 북한은 일본 상공을 통과하는 형태로 대포동 1호 탄도미사일 발사 실험을 실시하였다.[1)]

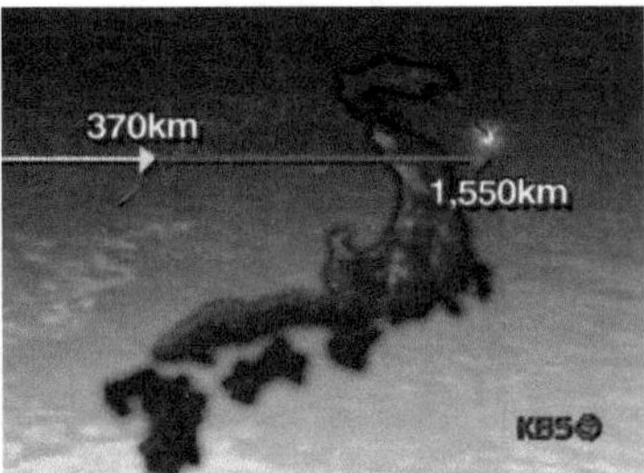

[그림 4-1] **북한의 대포동 1호 탄도미사일 발사 실험**[2)]

이에 대해 같은 날 밤 일본은 "이번 미사일 발사는 일본의 안보와 동북아시아의 평화와 안정, 나아가 대량살상 무기의 확산 방지라는 관점에서 볼 때 매우 유감스럽다"[3)]라는 관방장관 논평을 발표하며 북한 측에 미사일 도발에 대한 유감의 뜻을 직접 전달했다.[4)] 이후에도 일본은 "노동 미사일의 개발과 이번 북한의 미사일 발사를 함께 고려 시 북한이 탄도미사일의 사거리 연장을 목표로

1) 防衛省『日本の防衛(平成21年版)』, p.37.

2) "〈북한 대포동 미사일 발사〉일본열도 관통,"『KBS 뉴스』, 1998년 9월 1일 https://news.kbs.co.kr/news/pc/view/view.do?ncd=3790981 (검색일: 2024년 8월 20일)

3) 「北朝鮮によるミサイル発射実験に関する官房長官コメント」外務省『外交青書第1部(平成11年版)』(大蔵省印刷局、1999年6月,), p.371.

4) 外務省『外交青書第1部(平成11年版)』, p.9.

발사 실험을 진행하고 있다는 점에서 일본의 안보와 직결되는 매우 우려스러운 행위이다"[5]라는 성명을 발표하며 대포동 1호 미사일에 대한 위협감을 표명했다.

이러한 대포동 1호 발사로 인한 충격 속에서 일본 정부는 9월 1일 긴급 국가안전보장회의(NSC)를 열어 향후 대응을 검토하고 국교 정상화 협상, 식량 지원 및 KEDO 사업을 당분간 보류하는 등의 방침을 내놨다.[6] 이러한 조치에 더해 다음 날에는 북한 고려항공의 평양-나고야 간 화물 전세기 9편의 운항 허가를 취소하고 이후 운항도 불허하기로 했다.[7] 일본 국회도 9월 3일 만장일치로 '북한의 탄도미사일 발사에 항의하는 결의안'[8]을 채택하고 북한을 강력히 비난했다.

이에 오부치 게이조(小渕恵三) 총리는 "북한의 미사일 발사는 일본의 안보와 직결되는 매우 유감스러운 사태이며, 일본으로서는 식량 지원과 KEDO의 진행을 당분간 보류할 생각이다"[9]라며 일본의 강경한 방침을 다시 한번 밝혔다. 일본 정부는 "한반도에너지개발기구(KEDO)에 대해서는 경수로 비용 부담으로 최종 합의가

5) 「報道官会見記録」外務省ホームページ http://www.mofa.go.jp/mofaj/press/kaiken/hodokan/hodo9810.html#9-D (검색일: 2009년 8월 3일)

6) 「北朝鮮によるミサイル発射を受けての当面の対応にかかる官房長官発表」外務省『外交青書第1部(平成11年版)』, pp.371~372.

7) 外務省『外交青書第1部(平成11年版)』, p.10.

8) 「第143回国会衆議院会議録第6号」『官報号外』(1998年9月3日).

9) 「第143回国会衆議院会議録第7号」『官報号外』(1998年9月3日),

가까워지고 있었으나, 어제 사태(미사일 발사 실험)를 감안하여 일본으로서는 조속히 미국, 한국 등 이사회 멤버와 협의를 거쳐 대응 방안을 검토하고 싶다(괄호: 인용자)"[10]라며 이번 미사일 발사 실험과 KEDO의 대응을 연관시키는 것에 신중한 태도를 보였으나 결국 KEDO에 대한 자금 지원을 보류하는 조치를 취했다.[11]

당초 미사일 발사 실험 당일인 8월 31일 KEDO 이사국이 북한의 경수로 건설 분담금을 정하는 문서를 채택할 예정이었으며, 경수로 건설 비용은 KEDO 이사국 협의에서 약 46억 달러로 결정된 상태였다.[12] 일본은 그중 10억 달러를 부담하기로 되어 있었으나,[13] 일본 정부는 이번 미사일 발사 실험을 계기로 이 부담액을 정하는 문서 채택을 연기할 방침을 세웠다. 또한, 미사일 발사 직후인 9월 20일 뉴욕에서 열린 미일 2+2회담 후 기자회견에서 다카무라 마사히코(高村正彦) 외무상은 "미사일을 발사하지 않았을 때와 같이 (KEDO에 대해) 10억 달러 이상의 자금을 제공하는 것은 오히려 잘못된 메시지를 보내는 것이다(괄호: 인용자)"[14]라는 일본의

10) "기자간담회 기록,"외무성 홈페이지 http://www.mofa.go.jp/mofaj/press/kaiken/hodokan/hodo9809.html#1-B (검색일: 2009년 8월 3일)

11) 道下徳成「北朝鮮のミサイ外交と各国の対応ー外交との比較の視点から」小此木政夫編『危機の朝鮮半島』(慶應義塾大学校出版社、2006年), pp.78~79.

12) "U.S. Representative To KEDO," Press Statement by James B. Foley, Acting SpokesmanAugust 27, 1998 http://secretary.state.gov/www/briefings/statements /1998/ps980827a.html (검색일: 2009年 8月27日)

13) Ibid.

14) Secretary of State Madeleine K. Albright, Secretary of Defense William Cohen, Japanese Foreign Minister Masahiko Komura, and Japanese Defense Minister Fukushiro Nukaga,"Joint Press Availability following

입장에 대한 이해를 구했다.

반면 한국은 이번 미사일 발사 실험 직후 국방부 대변인 성명을 통해 "북한이 대량살상 무기 비확산을 위한 국제적 노력이 추진되고 있는 시점에서 장거리 미사일을 발사하여 한반도를 포함한 동북아 지역의 평화와 안전을 저해하는 것에 대해 심각한 우려를 표명한다"라며 "북한은 미사일 개발을 즉각 중단해야 한다"고 일본과 마찬가지로 이번 미사일 발사 실험에 우려를 표명했다.[15] 그리고 한국은 "한미연합군 체제로 북한에 대한 24시간 감시 체제를 유지하고, 대포동 미사일의 전략화까지 3~4년이 소요되는 점을 감안해 대량살상 무기 대응 전략 및 부대 운용 개념을 재검토한다"[16]라는 군사적 대응책까지 마련했다. 그러나 한편으로는 북한과의 긴장 고조를 피하고 싶은 한국 정부는 "기존의 대북 화해 정책에는 변함이 없다"라고 강조하며 기존 대북 정책의 지속 의지를 밝혔다.[17] 또한, 홍순영 외교통상부 장관은 9월 4일 일본이 KEDO에 대한 자금 협력 동결 방침을 결정한 것과 관련, "KEDO는 북한의 핵 개발을 동결하는 역할뿐만 아니라 중장기적으로는 남북 대화의 창구로서도 의미가 있다"라며 KEDO에 대한 일본의

the U.S.-Japan Security Consultative Committee Meeting,"New York, New York, September 20, 1998, As released by the Office of the Spokesman U.S. Department of State http://secretary.state.gov/www/statements/1998/980920.html (검색일: 2009년 8월 14일). 아래 98년 9월 20일 2+2 회담 후 기자회견 내용은 여기에서 인용.

15) "北, 탄도미사일 최초 발사," 『한국일보』, 1998년 9월 1일.

16) "국방부 북미사일 대응책 국회보고," 『국민일보』, 1998년 9월 3일.

17) "對北、화해정책엔변함없다," 『한국일보』1998년 9월 2일.

협력 재개를 촉구했다.[18] 즉 한국은 일본의 강경한 입장을 이해하면서도 한편은 기존의 대북 화해 정책을 유지하기 위해 일본의 KEDO에 대한 협력 재개를 요구한 것이다.

미국은 뉴욕 유엔 주재 미국 대표부에서 재개된 북한과의 회담에서 북한이 대포동 1호 미사일 발사 실험을 강행한 것에 대해 '강한 우려'를 표명하면서도 "제네바 합의서 이행 문제 등 기존 협상의 기본 틀은 유지하겠다"라는 입장을 밝혔다.[19] 또한, 매들린 올브라이트(Madeleine K. Albright) 미 국무장관도 1998년 9월 1일 "북한의 탄도미사일 발사는 심각한 우려 사항"이라고 지적한 뒤 "우리는 북한의 핵 개발을 동결하고 있는 제네바 합의서를 유지하면서 북한과의 협상을 계속해 나갈 것"이라며 기존 대북 정책을 유지할 방침을 분명히 했다.[20]

또한, 올브라이트 미 국무장관은 앞서 언급한 9월 20일 미일 2+2회담 후 기자회견에서 이번 미사일 발사 실험이 일본의 안보에 심각한 우려 사항이라는 점에 대해 어느 정도 이해를 표명하면서도 "KEDO를 유지하지 않고서는 미사일 문제를 해결할 수 없다"라며 일본이 조속히 KEDO 협력을 재개할 것을 촉구했다. 미

18) "日에 경수로 조기서명 촉구,"『동아일보』1998년 9월 5일.

19) 「米『強い懸念』表明」『読売新聞』1998年9月1日(夕)。

20) "Secretary of State Madeleine K. Albright, Interview on ABC-TV"Good Morning America" with Kevin Newman,"Moscow, Russia, September 1, 1998, As released by the Office of the Spokesman U.S. Department of State" http://secretary.state.gov/www/statements/1998/980901.html (검색일: 2009년 8월 13일)

국은 이번 미사일 발사 실험을 안보상 심각한 우려로 간주하고 일본의 강경 대응에 동조하면서도 제네바 합의서 및 KEDO 유지를 기반으로 한 대북 정책을 지속한다는 방침에 따라 일본에 KEDO 협력 재개를 촉구한 것이다.[21)]

한미 양국의 KEDO 협력 재개 요구로 인해 일본은 KEDO에 대한 협력을 재개할 수밖에 없었다. 같은 해 10월 14일 일본 국회 답변에서 다카무라 외무상은 "(북한의 핵 개발을) 멈추게 하는 수단은 (중략) KEDO라는 하나의 틀이기에 지금 일본으로서는 이에 기대를 걸 수밖에 없다(괄호: 인용자)"[22)]고 말한 뒤, "KEDO의 틀은 유지한다는 게 기본 방침인데, 그 틀에 나쁜 영향을 미칠 수 있는 사태가 발생하면 다른 판단을 해야 한다"[23)]라며 KEDO에 대한 협력 재개 생각을 내비쳤다. 또한, 10월 16일 기자회견에서 오부치 총리는 미국 및 한국과의 관계도 고려해 "오랫동안 우리나라만 특별한 대응을 하는 것은 어렵지 않을까 생각한다"[24)]라며 동결 해제 방침을 밝혔다. 이후 10월 21일 일본 정부는 "KEDO는 북한의 핵무기 개발을 막기 위한 가장 현실적이고 효과적인 틀이며, 이를 붕괴시킴으로써 북한에 핵무기 개발 재개의 빌미를 제공해서는

21) "北 미사일 대응 美日 '수위' 격차,"『문화일보』,1998년 9월 2일; 미국은 일본에 KEDO 협력 재개를 촉구하는 한편, 인도적 지원이라는 명목으로 북한에 식량 10만 톤을 지원했다. "North Korea-Additional Food Assistance,"Press Statement by James P. Rubin, Spokesman, September 21,1998 http://secre-tary.state.gov/www/briefings /statements/1998/ps980921.html (검색일: 2009년 9월 12일)

22) 第143回国会衆議院『外務委員会議録第7号』(1999年10月14日), p.18.

23) 위의 책, p.6.

24) 「小渕首相の会見要旨」『読売新聞』1998年10月17日.

안 된다는 점을 고려하여 KEDO에 대한 협력을 재개한다"라고 발표했다.[25)]

제2항 동맹과 KEDO의 상호작용 - 미사일 위협 인식과 이해관계

대포동 1호 발사 실험을 둘러싼 한미일 3국의 대응에 관해 다음과 같은 세 가지 시사점을 도출할 수 있다. 첫째, 북한 탄도미사일에 관한 위협 인식의 온도 차로 인해 대포동 미사일 발사 실험 이후 일본이 KEDO 협력을 동결한 반면, 한미 양국은 일본의 KEDO 협력 재개를 요구하면서 KEDO 내 3국 간 협력 관계에 균열이 생겼다는 점이다. 이는 북한의 탄도미사일에 대한 위협 인식 및 이해관계의 불일치가 KEDO로 파급된 결과다. 즉 일본은 대포동 1호 탄도미사일 발사를 자국 안보에 직접적으로 관련된 가장 심각한 위협으로 인식하고 KEDO의 북한 '내부화' 기능을 기대하기 어렵다고 판단하여 KEDO에 대한 협력을 중단하고 북한의 '외부화'로 방향을 선회한 것이다. 반면 한미 양국은 일본과 다른 위협 인식 및 이해관계를 가지고 있었기 때문에 일본에 KEDO 유지의 중요성 및 필요성을 강조하면서 KEDO 협력 재개를 강력히 요구했다.

북한의 탄도미사일에 대한 위협 인식에 관한 한미 양국과 일본 사이에는 다음과 같은 온도 차가 존재했다. 미국은 대포동 1호 미

25) 外務省『外交青書第1部(平成11年版)』, p.10.

사일 발사라는 초기 판단을 변경하여 북한이 인공위성 발사를 시도했다는 공식 입장을 표명하기도 했다.[26] 이렇게 일본과는 확연히 온도 차를 보였지만, 미국이 북한의 미사일 위협을 무시한 것은 아니었다. 카트만 한반도 평화특사는 하원에서 "북한은 동북아시아의 위협인 동시에 그 확산 활동은 다른 지역, 특히 남아시아 및 중동 지역의 불안정을 초래할 수 있다"[27]라고 말한 것처럼 북한의 지역적 위협을 인식하면서도 대량살상 무기 및 탄도미사일 확산에도 주의를 기울이고 있었다.[28] 그러나 여기서 주목해야 할 것은 클린턴 미국 대통령이 1999년 2월 26일 외교 정책에 관한 연설에서 미국이 직면한 가장 심각한 과제로 확산, 테러, 마약, 기후 변화를 꼽았듯이,[29] 미국으로서는 지역적 위협보다는 대량살상 무기 확산에 의한 국제적 위협에 중점을 두고 있었다는 점이다. 또한, 올브라이트 미 국무장관이 회고록에서 "북한의 핵무기 제조 능력과 그 운반 수단인 장거리 탄도미사일과의 연계는 매우 심각한 우려"[30]라고 회고하듯 미국은 북한의 미사일 문제를 핵 문

26) "US Calls North Korean Rocket a Failed Satellite,"The New York Times, September 15, 1998.

27) Charles Kartman,"United States Policy Toward North Korea,"Before House Committee on International Relations Committee, September 24, 1998 http://www.state.gov/www/policy_remarks/1998/980924_kartman_nkorea.html (검색일: 2009년 8월 5일)

28) 파르베즈 무샤라프(Pervez Musharraf) 전 파키스탄 대통령은 회고록에서 1990년대 후반 "북한의 탄도미사일을 구입하기 위해 파키스탄은 북한과 정부 간 계약을 맺었다"라고 증언했다. Pervez Musharraf, In The Line of Fire: A Memoir(London·New York·Sydney·Toronto: A CBS Company, 2006), p.286.

29) The White House,"Remarks by the President on Foreign Policy,"Grand Hyatt Hotel San Francisco, California, February 26, 1999 http://www.mtholyoke.edu/acad/intrel/clintfps.htm (검색일: 2009년 8월 14일)

30) Madeleine K. Albright, Madam Secretary(New York: The Easton Press, 2003), p.458.

제와 연계된 것으로 인식하고 있었다.[31] 1995년 2월에 발표된 '참여와 확대의 국가안보전략(A National Security Strategy of Engagement and Enlargement)'에서 이미 "미국의 가장 중요한 우선순위는 핵무기 및 기타 대량살상 무기, 그리고 그 운반 수단인 탄도미사일의 확산을 막는 것"[32]이라고 명시한 것도 비슷한 맥락에 속한다.

한편, 한국은 6·25전쟁 이후 줄곧 한반도의 무력 적화 통일을 획책하는 북한을 안보상 가장 심각한 위협으로 간주해 왔으며, 1998년 10월 발간된 『국방백서 1998』에 따르면 "북한이 궁극적으로 공존 공영을 추구해야 할 평화 통일의 동반자라 할지라도 대남 적화 전략을 포기하지 않고 군사적 도발을 계속하는 한 우리의 생존을 위협하는 것은 너무도 명백하다. 우리의 주적이라는 것은 너무나 명백하다(중략)"[33]라고 명시되어 있다. 한국은 북한의 단거리 탄도미사일 및 휴전선 인근에 배치된 장사정포 등으로부터 안보에 직접적으로 관련된 심각한 위협을 항상 받고 있다. 특히 북한은 1980년 이후부터 스커드 B 미사일(사거리 약 300Km), 스커드 C 미사일(사거리 약 500Km)을 배치하여 이미 한국 전역을 사정권 내에 두고 있다. 북한 미사일의 사거리가 약 1,500km까지 늘어난 것은 한국

---

31) 카트먼은 "장거리 탄도미사일보다 더 위험한 것은 핵탄두를 탑재한 미사일이다"라고 말했다. Charles Kartman, "Statement of Charles Kartman,"Recent Developments in North Korea: Hearing Before the Subcommittee on East Asia and the Pacific of Committee on Foreign Relations, U.S. Senate, 155th Congress, Second Session, September 10, 1998, S. HRG. 105-842(U.S Government Printing Office, Washington: 1998), p.4.

32) The White House, A National Security Strategy of Engagement and Enlargement, op. cit., p.13.

33) 국방부『국방백서 1998』(1998년 10월), p.58.

으로서는 기존의 군사적 위협에 '추가적 위협'이 더해진 것으로 일본이 인식하는 새로운 군사 위협과는 다소 온도 차가 있었다.

이러한 맥락에서 한미 양국은 KEDO의 기능 부전이 제네바 합의서의 붕괴로 이어질 경우 핵무기 및 그 확산으로 인한 위협이 증대되고, 이는 오히려 한반도를 포함한 지역의 불안정을 초래할 것으로 판단했다. 또한, 한미 양국은 북한의 탄도미사일 자체보다 핵탄두와 연결된 탄도미사일이 더 위험하다고 인식하고 있었다. 따라서 대포동 1호 발사로 북한의 탄도미사일 위협이 가시화되었기 때문에 KEDO의 중요성이 더욱 높아졌다고 판단한 것이다. 따라서 이러한 위협 인식의 차이는 이해관계의 차이로 이어졌고, 한미 양국은 일본에 KEDO에 대한 협력 재개를 강력히 요구하게 된 것이다.

둘째, 북한의 탄도미사일에 대해 한미일 3국 사이 위협 인식의 차이는 드러났으나, 북한의 탄도미사일을 안보상 중대한 위협으로 인식하고 3국 간 협력을 촉구한 점은 강조할 만하다. 1998년 9월 14일 워싱턴에서 열린 한미일 3국 고위급 회담에서 한미일 3국은 "북한의 다단식 로켓 발사 실험으로 북한의 중거리 미사일 발사 능력이 입증되었음을 인식하고 북한의 미사일 개발과 수출 등을 규제하는 데 상호 협력한다"라는 공동성명을 발표하여 북한의 탄도미사일 문제에 대해 한미일 3국이 함께 대응해 나갈 방침을 밝혔다.[34] 또한, 같은 해 9월 24일 한미일 3국 외무장관 회담

34) "北 미사일 개발수출 규제 / 韓美日 상호 협력키로,"『동아일보』, 1998년 9월 16일.

후 공동성명을 통해 3국은 대포동 1호 발사를 강행한 북한을 비난하는 한편, "북한의 핵 개발을 저지하기 위한 가장 현실적이고 효율적인 메커니즘으로써 제네바 합의서와 KEDO의 유지가 중요하다는 점을 재확인한다"라고 밝히며, 동시에 "대북 정책에 있어 한미일 3국 간 긴밀한 조율이 중요하다는 것을 재확인했다"고 발표하여 한미일 3국 간 안보 협력의 중요성과 필요성을 강조했다.[35)]

앞서 언급한 미일 2+2회담에서 다카무라 일 외무상과 올브라이트 미 국무장관은 북한의 탄도미사일을 염두에 두고 TMD 구상에 관한 공동 기술 연구를 시작하기로 합의했다.[36)] 그리고 이 회담의 공동 발표에 따르면 "새로운 가이드라인의 실효성 확보를 위해 필요한 모든 조치를 취하겠다는 의지를 재차 표명"하고 "일본 측은 관련 법안의 조속한 통과를 위해 노력하겠다는 의지를 확인"했다고 한다.[37)] 따라서 북한의 탄도미사일에 대한 미일 간 위협 인식의 공유는 탄도미사일 방어 시스템 및 新가이드라인 협력

35) Secretary of State Madeleine K. Albright and The Minister for Foreign Affairs of Japan and The Minister of Foreign Affairs and Trade of the Republic of Korea,"Joint Statement on North Korea Issues,"New York, September 24, 1998, As released by the Office of the Spokesman U.S. Department of State
http://secretary.state.gov/www/statements/1998/980924b.html (검색일: 2009년 8월 5일)

36) 1998년 9월 22일 미일 정상회담에서도 미일 양 정상은 "북한의 탄도미사일 발사는 일본의 안보와 직결될 뿐만 아니라 동북아시아의 평화와 안정에도 매우 우려스러운 행위라는 인식에 일치했다"라고 밝혔다. 「日米首脳会談の要旨」『読売新聞』1998年9月24日。

37) "Joint U.S.-Japan Statement Security Consultative Committee," Press Statement by James P. Rubin, Spokesman, September 20, 1998
http://secretary.state.gov/www/briefings/statements/1998/ps980920.html (검색일: 2009년 9월 12일); 「日米安保協議委·共同発表全文」『朝雲』1998年9月24日。

등을 포함한 미일 양국 간 안보 협력을 촉진했다고 할 수 있다.[38]

한편, 1998년 10월 8일 한일 정상회담 후 김대중 대통령과 오부치 총리는 '21세기의 새로운 한일 파트너십 공동선언(이하 한일 공동선언)'[39]을 발표했다. '한일 공동선언'을 통해 양 정상은 "북한의 미사일 개발이 방치될 경우 한국, 일본 및 동북아 지역 전체의 평화와 안전에 악영향을 미칠 것이라는데 의견을 같이했다"며 북한의 탄도미사일에 대한 공통된 인식을 표명하고, "양국이 북한 관련 정책을 추진함에 있어 상호 긴밀히 협력하는 것의 중요성을 재확인하고, 다양한 차원의 정책 협의를 강화해 나가기로 의견을 모았다"라고 밝혔다.[40] 또한, 양 정상은 이번 선언을 위한 '행동 계획'을 통해 한일 안보 대화, 유학생 및 연구원의 활발한 교류, 부대 간 교류를 비롯한 육·해·공군 간 활발한 대화, 공동 훈련(한국 해군과 해상자위대 간 공동 구조구난 훈련) 등을 포함한 긴밀한 안보 협력을

38) 당시 대포동 1호 미사일 발사 실험에 관한 정보가 복잡하게 얽혀 관련 기밀자료의 취급을 둘러싸고 미일 국방당국 사이에 어색한 분위기가 조성되는 등 미일 양국의 행보에 큰 혼란이 있었던 것으로 알려져 있다. 춘원강(春原剛), 『동맹 변모-미일 일체화의 빛과 그림자』(일본경제신문사, 2007), pp.4~5.

39) 「日韓共同宣言-21世紀に向けた新たな日韓パートナーシップ」『外交青書 第1部 (平成11年版)』, pp.311~315. 이후의 '공동선언'에 관한 인용은 이 문헌에 따른 것이다. ; "21세기의 새로운 한일 파트너십 공동선언,"『나무위키』 https://namu.wiki/w/21%EC%84%B8%EA%B8%B0%EC%9D%98%20%EC%83%88%EB%A1%9C%EC%9A%B4%20%ED%95%9C%EC%9D%BC%20%ED%8C%8C%ED%8A%B8%EB%84%88%EC%8B%AD%20%EA%B3%B5%EB%8F%99%EC%84%A0%EC%96%B8 (검색일: 2024년 8월 18일)

40) 김대중 대통령은 1998년 10월 8일 일본 국회 연설에서도 "북한의 미사일 개발 능력은 이 지역의 평화와 안정을 심각하게 위협하고 있다"라고 말했다. 대통령비서실, 『김대중 대통령 연설문집(제1권)』(문화관광부 정부간행물제작소, 1999년), p.525.

실시하기로 합의했다.[41] 이 행동 계획은 정부 차원에서 한일 양국이 상호 군사적 교류를 공식적으로 규정한 최초의 문서라는 점에서 의미가 있다. 따라서 북한의 탄도미사일에 대한 한일 간 위협 인식의 공유는 한일 양국 간 안보 협력을 한 차원 높이 발전시켜 나갈 수 있는 토대가 되었다고 할 수 있다.

이러한 과정에서 한미일 3국 간 안보 협력을 통해 같은 해 10월 14일 일본 국회에서 다카무라 외무상이 언급했듯이 "한미일 3국의 결속이 단단히 다져졌다"[42]고 평가할 수 있다. 다만 여기서 짚고 넘어가야 할 점은 한미 양국은 앞서 언급한 공동성명 등을 통해 한미일 3국의 안보 협력의 중요성 및 필요성을 호소하면서 일본에 KEDO에 대한 협력 재개를 강력히 요구했다는 점이다. 즉 한미 양국은 KEDO 협력 동결로 '돌출' 행동을 한 일본을 기존의 한미일 3국 간 협력 체제의 틀 속으로 되돌려 놓으려 한 것이다.[43] 이에 일본 정부는 10월 21일 관방장관 성명을 통해 "북한에 대한 대응에 있어서는 한미일 3국의 협력이 매우 중요하다"라며 "한미 양국의 전략적 강조 관계를 유지 및 강화하는 관점에서 KEDO 결의안 서명을 검토할 필요가 있었다"라고 밝히며 KEDO 협력 재개를 결정했다.[44]

---

41) 「21世紀に向けた新たな日韓パートナーシップのための行動計画」『外交青書第1部(平成11年版)』, pp.315~322. 이후의 '행동계획'에 관한 인용은 이 문헌에 따른 것이다.

42) 「第143回国会衆議院 外務委員会議録第7号」(1998年10月14日), p.17.

43) 쿠라타(倉田), 앞의 논문"北朝鮮の弾道ミサイル脅威と日米韓関係,"p.64.

44) 「わが国のKEDOへの協力再開にかかる官房長官発表」『外交青書第1部(平成11年版)』, p.375.

셋째, 일본의 KEDO 협력 재개를 촉발한 미북 회담의 역할이다. 이미 언급한 1998년 9월 24일 한미일 3국 외무장관 회담에서 올브라이트 미 국무장관은 미북 미사일 회담을 통해 북한 탄도미사일 문제를 해결하겠다는 의지를 밝혔다.[45] 이후 같은 해 10월 2일 미북 미사일 회담에서 미국은 북한에 "미사일 관련 우려 사항을 해결할 준비가 되어 있다면 그에 상응하는 미북 간 개선책이 강구될 것"이라고 제안하고, "앞으로도 계속 미북 미사일 회담을 열겠다"라고 합의했다.[46] 앞서 언급한 올브라이트의 결단과 10월 미북 미사일 회담은 북한 탄도미사일에 가장 큰 우려를 갖고 있던 일본에 안도감을 주며 KEDO 협력 재개를 촉진한 일등공신이 되었다. 다카무라 외무상이 앞서 언급한 10월 14일 일본 국회 답변에서 "일련의 미북 회담에서 미국이 우리나라의 의향도 감안하여 북한 측의 건설적인 대응을 요구할 것으로 생각하고, 일본도 이러한 미국의 노력을 지지하면서 북한에 대해 계속 긍정적인 대응을 요구해 나갈 것"이라고 말한 것이 이를 뒷받침한다.[47] 따라서 미북 협상이 일본을 기존의 중층적인 한미일 안보 협력 메커니즘 틀 안으로 끌어들이는 한 요인이 되었다는 점을 고려하면, 북한 문제 해결을 둘러싼 제도 간 연계 조정에 있어 미북 협상의 유용성을 강조할 수 있을 것이다.

---

45) Secretary of State Madeleine K. Albright,"Joint Statement on North Korea Issues," New York, September 24, 1998, op. cit..

46) "U.S.-DPRK Missile Talks,"Press Statement by James P. Rubin, Spokesman, October 2, 1998 http://secretary.state.gov/www/briefings/statements/1998/ps981002.html (검색일: 2009년 9월 3일)

47) 「第143回国会衆議院 外務委員会議録第7号」, p.16.

제2절 '페리 프로세스'와 한미일 3국 간 안보 협력 관계

제1항 대북 정책 재검토 요구 - 제네바 합의서의 함정 노정

대포동 1호 탄도미사일 발사는 금창리를 둘러싼 새로운 핵 의혹이 불거진 가운데 이루어졌다. 1998년 8월 17일자 「뉴욕타임스」는"미 정보국이 북한 연변 북서부에 건설 중인 거대한 핵 개발 의심 지하 시설(평안북도 금창리)을 탐지했다(괄호: 인용자)"[48]라고 보도한 것이다. 대포동 1호 탄도미사일 발사를 계기로 미국 정부는 일본의 KEDO 협력 재개를 촉구하면서도 미 의회로부터 대북 정책의 재검토 압박을 받은 것은 당연했다.[49]

존 매케인(John S. McCain) 상원의원은 상원에서 "북한이 2단식 로켓을 제조하는 것은 대량살상 무기를 탑재할 계획을 가지고 있다는 것을 의미하는 것"이라며 탄도미사일 문제를 다루지 않은 제네바 합의서의 재검토를 요구했다.[50] 또한, 리사 머카우스키(Lisa Murkowski) 상원의원은 상원에서 "북한이 실제로 핵 개발을

48) "North Korea Site an A-Bomb Plant, U.S. Agencies Say," The New York Times, 1998.8.17.

49) U.S. House of Representatives, Congressional Record: Proceedings and Debates of the 105th Congress, Second Session, Vol. 144, No. 145, October 13, 1998, E2114.

50) U.S. Senate, Congressional Record: Proceedings and Debates of the 105th Congress, Second Session, Vol. 144, No. 114, September 2, 1998, S9837.

동결하고 비밀 핵 개발을 하지 않았다는 것이 증명되지 않는 한 의회는 KEDO에 대한 자금 지원을 중단해야 한다. (중략) 미국의 정책이 탄도미사일로 위협하는 상대에게 끌려가서는 안 된다"[51] 라고 주장했다. 이와 같은 제네바 합의서 재검토 요구는 그와 연동된 KEDO에까지 미칠 수밖에 없었다.

이러한 일련의 북한 문제는 제네바 합의서와 KEDO의 제도적 위기를 가져왔고, 페리 전 장관의 지적대로 "1994년과 유사한 새로운 위기를 향해 가고 있는 것처럼 보였다."[52] 이러한 상황을 타개하기 위해 1998년 11월 12일 클린턴 미국 대통령은 대북 정책 재검토 방침을 밝히면서 대북정책조정관으로 페리 전 국방장관을 지명했다.[53] 페리는 북한의 지하 핵 시설 의혹과 탄도미사일 문제를 중심으로 대북 정책 재검토에 착수했다. 이 과정에서 페리는 미국의 정보 전문가 및 북한 전문가, 그리고 동맹국인 한국과 일본과 긴밀하게 협력했다. 특히 "가장 중요했던 것은 6차례의 한미일 3자 회담을 개최한 것이다. 그것은 우리의 성공을 위해 매우 중요한 역할을 했다"[54]라고 페리 전 장관의 회고에서 알 수 있듯이, 대북 정책 재검토는 한미일 3국 간의 공동 작업이었다.

51) U.S. Senate, Congressional Record: Proceedings and Debates of the 105th Congress, Second Session, Vol. 144, No. 130, September 25, 1998, S10976.

52) ウィリアム·ペリー演説文「東アジアの安全保障と北朝鮮への対応」『北朝鮮とペリー報告－暴発は止められるか』(読売新聞社、1999年11月), p.10.

53) "WORLD IN BRIEF," The Atlanta Journal and Constitution, 1998년 9월 13일.

54) 페리, 앞의 연설문 "東アジアの安全保障と北朝鮮への対応," p.11.

1999년 5월 페리 장관의 방북 당시 미국 전문가팀을 통해 평안북도 금창리 핵 개발 의혹 지하 시설을 시찰한 결과, 그 장소가 "거대하고 텅 빈 터널 복합 건물"[55]이며 "원자로와 재처리 시설 설치에 부적합한 곳"[56]임을 확인했다. 또한, 같은 해 9월 베를린에서 미북 미사일 회담이 열렸고, '미북 협상이 진행되는 동안 북한은 장거리 미사일을 발사하지 않는다'는 '베를린 합의'가 도출되었다.[57] 이 성과에 힘입어 1999년 9월 17일 클린턴 미국 대통령은 "북한에 대한 적성국교역법상의 제재 해제 등을 포함한 광범위한 경제 제재 해제 조치"를 지시했다.[58] 이에 대해 북한은 외무성 대변인 성명을 통해 "조미 간 현안을 해결하기 위한 고위급 회담을 진행할 예정이지만, 보다 좋은 분위기를 조성하기 위해 회담이 진행되는 동안에는 미사일을 발사하지 않을 것"이라고 공식 발표했다.[59]

---

55) "U.S. Department of State Daily Press Briefing(DPB #70),"by James P. Rubin, Spokesman, May 28, 1999 http://secretary. state.gov/www/briefings/9905 /990528db.htm (검색일: 2009년 9월 12일)

56) 페리, 앞의 연설문 "東アジアの安全保障と北朝鮮への対応," p.13.

57) "U.S.－DPRK press statement,"September 12, 1999 http://www.globalsecurity.org/wmd/library/news/dprk/1999/990913-dprk-usia.htm (검색일: 2009년 9월 12일); "N. Korea Pledge Eases Fears of Missile Test,"The Washington Post, September 13, 1999.

58) "Trade Sanctions on North Korea Are Eased by U.S.,"The New York Times, September 18, 1999.

59) "조미회담 진행 기간에는 미사일 발사를 하지 않을 것이다,"『조선중앙통신』, 1999년 9월 24일.

제2항 '페리 프로세스'와 TCOG - 중층적 한미일 안보 협력 메커니즘 강화

1999년 9월 14일, 페리 전 장관의 대북 정책 재검토 보고서, 이른바 '페리 보고서'가 처음 발표되었다.[60] 이후 같은 달 17일 기자회견을 통해 페리 전 장관은 직접 대북 정책 재검토의 경위 및 결과에 대해 상세히 설명했고,[61] 10월 12일 열린 상원 청문회에서 미 의회에 대북 정책 재검토 결과를 공식적으로 보고했다.[62] 페리 전 장관이 제시한 전략, 이른바 '페리 프로세스'는 다음과 같이 요약할 수 있다.

먼저 페리 전 장관은 지금까지의 연구 결론을 네 가지로 요약해 설명했다. 첫째, 현재 한미연합군은 매우 강력하며 북한의 핵무기, 특히 핵탄두를 탑재한 탄도미사일에 의해 교란되지 않는 한 1994년 이래로 한미연합군의 억제력은 강력하다는 것이다. 둘째, 제네바 합의서 체결 이후 북한은 핵물질 생산을 동결해 왔지만, 만약 이 합의가 중단된다면 북한은 몇 달 안에 핵 개발을 재개할 수 있

60) Perry, Review of United States Policy Toward North Korea, op. cit..

61) Madeleine K. Albright and William Perry,"Press Briefing on U.S. Relations with North Korea,"Washington, D.C., September 17, 1999, As released by Office of the Spokesman U.S. Department of State. 이후 1999년 9월 17일 기자회견 관련 인용은 이 문헌에 따른다.

62) Dr. William Perry, Testimony before the Senate Foreign Relations Committee, Subcommittee on East Asian and Pacific Affairs, Washington, DC, October 12, 1999. http://www.state.gov/www/policy_remarks/1999/991012_perry_nkorea.html (검색일: 2009년 8월 15일). 이후 1999년 10월 12일의 증언과 관련된 인용은 이 문헌에 따른다.

다는 것이다. 셋째, 지난 5년간 제네바 합의서가 작동해 왔지만, 북한이 탄도미사일 발사를 계속한다면 그 전략은 유지될 수 없을 가능성이 크다. 넷째, 북한은 미국이 아무리 압박을 가해도 붕괴를 예측하기 어렵기에 미국은 '바라는 대로'(as we wish it would)가 아닌 '있는 그대로'(as it is)의 북한을 다뤄야 한다는 것이다.

여기서 강조해야 할 점은 1998년 8월 북한의 대포동 탄도미사일 발사 이후 제네바 합의서 및 KEDO는 위기에 직면해 있었는데, 페리 전 장관이 제네바 합의서 유지의 중요성을 분명히 밝힌 점이다. 즉 '페리 보고서'는 제네바 합의서와 KEDO의 중요성을 다시 한번 환기시켜 그 유지에 힘을 실어 주었다는 것이다. 페리 보고서는 "지속적인 핵 개발 동결을 위해 제네바 합의서는 유지되어야 한다. 다만 그 한계, 즉 모든 핵무기 관련 활동의 동결을 완전히 검증할 수 없다는 점과 탄도미사일 문제를 다루지 않는 점을 보완하는 것이 최선이다"[63]라고 명시하고 있다. 따라서 '페리 프로세스'는 제네바 합의서를 기초로 하되 이를 보완하는 것이었다.

또한, 페리 전 장관이 '있는 그대로의' 북한과의 협상을 강조했다는 점에 주목할 필요가 있다. 즉 페리가 미국의 정책 결정 과정에 이념을 끌어들이지 않으려는 현실주의의 관점에서 대북 정책을 재검토한 것이다. 북한과의 협상 과정에서 북한 측이 "우리는 주권국가이다. 따라서 독자적인 미사일 계획과 위성 계획을 가질 권리가

63) Perry, Review of United States Policy Toward North Korea, op. cit., p.6.

있다"라고 주장한 것에 대해 페리가 "독일과 일본이 지역적 안보뿐만 아니라 국가 안보적 목적을 위해 핵무기 개발을 포기한 것처럼 북한도 권리가 있더라도 포기하는 것이 북한의 이익이 된다"[64]라고 설득한 것은 이를 뒷받침하고 있다. 또한, 북한이 외부의 노력을 레짐 체인지(regime change)의 기도로 간주하고 있음을 간파한 페리는 동 보고서에서 '북한의 레짐 체인지를 강요하지 않을 것', '북한의 행동에 대해 추측에 기반한 정책을 취하지 않을 것'을 명시적으로 여러 차례 강조하고 있는데,[65] 이것도 앞서 언급된 취지와 같다. 따라서 '페리 보고서'는 "단순한 현상 유지, 북한의 약화와 김정일 정권의 붕괴 촉진, 북한의 개혁"[66]과 같은 정책들을 일축하고 있다.

대신 '페리 보고서'는 미국이 취해야 할 대북 전략으로 '포괄적이고 통합적인 접근: 투 트랙 전략(A Two-Path Strategy)', 이른바 '페리 프로세스(Perry Process)'를 제안했다. 여기서 '포괄적'이란 기존의 핵 문제뿐만 아니라 탄도미사일 문제까지 포괄적으로 다루는 것을 의미한다. 또한, 여기서 '통합적(integrated)'은 한미일 3국 간의 긴밀한 협력을 의미한다. 보고서에는 "이 전략(페리 프로세스)은 한국과 일본의 전폭적인 지지를 받고 있으며, 한미일 3국이 협력하고 상호 보완적인 역할을 수행하는 공동 전략이다(괄호 및 방점: 인

64) ウィリアム·ペリー、康仁徳(カン·インドク)、小此木政夫、ゴードン·フレーク、 アレクサンドル·パノフ、岡崎久彦「どうする東アジアの安全保障ー朝鮮半島問題を中心に」『北朝鮮とペリー報告』, p.30.

65) Perry, Review of United States Policy Toward North Korea, op. cit., pp.4~5.

66) Ibid., pp.7~8.

용자)"[67]라고 적혀 있다. 올브라이트 미 국무장관도 기자회견에서 "페리 프로세스 및 베를린 합의는 한국 및 일본과의 긴밀한 조율을 바탕으로 이루어졌다(중략)"[68]고 강조하며 '페리 프로세스'가 한미일 3국의 안보 협력의 산물임을 분명히 했다.

여기서 말하는 '투 트랙 전략'이란 다음과 같은 두 가지 경로를 따라 단계적으로 추진한다는 것을 의미한다. 첫 번째 트랙은 북한에 핵무기 및 탄도미사일 프로그램의 완전하고 검증 가능한 중단을 요구하고, 북한이 이에 응하면 한미일 3국은 상호주의에 입각하여 단계적으로 북한에 대한 압박을 완화하는 동시에 북한과의 관계 정상화 및 제재 완화를 시행하는 '대화 노선'이다. 이 협상에서 북한이 더 이상의 장거리 미사일 발사 실험 자제를 확약하는 것이 전제 조건이었다. 그러나 북한이 이를 거부한다면, 북한의 위협을 봉쇄하는 두 번째 트랙을 선택할 수밖에 없다. 두 번째 트랙에 대한 구체적인 내용은 공개되지 않았지만,[69] 한미·미일 동맹으로 구성된 한미일 '안보 협력 메커니즘'에 따른 '억지 노선'일 수밖에 없을 것이다.

여기서 짚고 넘어가야 할 점은 '페리 보고서'가 '미국의 협상력에 의존하고 있다는 점'을 이 전략의 장점 중 하나로 꼽은 것처럼

67) Ibid., p.8.

68) Albright and Perry, op. cit..

69) 1999년 9월 17일 기자회견에서 페리는 "두 번째 트랙은 공개하지 않겠다"라고 분명히 밝혔다.

'페리 프로세스'는 첫 번째 트랙에 중점을 둔 전략이라고 할 수 있다는 것이다. 동 보고서에서 "두 번째 트랙에서도 제네바 합의서를 견지하는 한편, 가능한 한 직접적인 충돌을 피한다"라고 명시되어 있다. 또한, 이미 언급한 1999년 2월 연설에서 클린턴 미 대통령은 "우리는 200여 년의 역사에서 무력보다 대화를 통해 문제를 해결하는 것이 더 효과적이라는 교훈을 얻었다(중략)"라고 언급하고 있다. 이처럼 대화 중심의 외교 노선을 표방했던 클린턴 정권의 외교 정책에 기반한 대표적인 사례가 '페리 프로세스'라고 할 수 있다.

'페리 보고서'는 '페리 프로세스'의 효과적인 실행을 위해 한미일 3국 대북정책조정감독그룹인 TCOG(Trilateral Coordination and Oversight Group)[70]의 지속적 유지, 대사급 고위 관리가 주재하는 정부 내 북한 실무 그룹 설치, 제네바 합의서의 견지 등이 필요하다고 권고하고 있다.[71] 여기서 주목할 점은 '페리 프로세스'가 제네바 합의서와 KEDO 유지뿐만 아니라 이를 보강하는 TCOG의 탄생과 유지를 뒷받침했다는 점이다. 페리는 "이 정책 재검토 과정에서 한미일 3국은 그 어느 때보다 긴밀하게 공동 작업을 수행했다"[72]라고 밝혔는데, 그 공동 작업 과정에서 TCOG가 탄생했다.

70) 한미일 캠프 데이비드 정상회담 이후 2023년 8월 20일 서울 용산 대통령실에서 발표한 것처럼, 한미일 고위급 협력은 대북 정책 조율을 위해 1990년대 초반 시작됐으나 1999년 4월 대북정책조정감독그룹(TCOG)이 출범하며 본격적으로 모양새를 갖추기 시작했다. "한미일 협력 TCOG 역사, 안보 문제 넘어 글로벌 이슈로 협력 확대,"『경상일보』https://www.ksilbo.co.kr/news/articleView.html?idxno=977812 (검색일:2024년 8월 18일)

71) Perry, Review of United States Policy Toward North Korea, op. cit., pp.11~12.

72) 페리, 앞의 연설문 "東アジアの安全保障と北朝鮮への対応," p.13.

1999년 4월 하와이에서 열린 제1차 TCOG에 참석했던 임동원 전 통일부 장관은 회고록에서 "긴밀하게 조정된 효율적인 대북 정책을 추진하기 위해 3국은 협의 또는 조정 과정을 제도화하기로 하고, 적어도 3개월에 한 번은 한미일 3국 대북정책조정감독그룹을 운용하는 것에 합의했다"[73]라고 회고하고 있다.

[그림 4-2] **TCOG 회의(좌: 2000. 9. 1/서울, 우: 2003. 1. 7/워싱턴)**[74]

제1장에서 언급했듯, TCOG는 KEDO와 제네바 합의서와 연동하면서 그 유지를 촉진하고, 북한을 '내부화'하는 기능을 가지고 있었다. 한편, 쇼프가 "TCOG는 동맹 구조에서 잃어버린 세 번째 다리(third leg, 한일 관계)를 보강하는 것이었다"[75]고 말한 것처럼, TCOG는 한미·미일 동맹과 연동하면서 북한을 '외부화'하는 기능도 가지고 있었다.

---

73) 임동원,『피스 메이커: 남북 관계와 북핵 문제 20년』(중앙북스, 2008년), p.432.

74) "TCOG DEKEGATES FROM US, JAPAN AND SOUTH KOREA MEET IN SEOUL, 2000-09-01 (photo),"Bridgeman Images. https://www.bridgemanimages.com/en/noartistknown/tcog-dekegates-from-us-japan-and-south-korea-meet-in-seoul-2000-09-01-photo/photograph/asset/8132750; [TCOG 공동성명 발표] "北과 대화 하되 협상 없다," 『동아일보』, 2003년 1월 1일. https://www.donga.com/news/Politics/article/all/20030108/7899765/1 (검색일: 2024년 8월 22일)

75) James L. Schoff, Tools For Trilateralism, op. cit., v.

따라서 '페리 프로세스'와 TCOG는 북한을 '외부화'하면서 동시에 '내부화'하는 중층적 한미일 '안보 협력 메커니즘'의 상호 보완적 효과를 더욱 강화한 것이라 할 수 있다.

제3절 한미·미일 동맹, KEDO, 그리고 TCOG 간의 상호작용

1998년 8월 대포동 1호 탄도미사일 발사로 일본은 KEDO 지원을 동결하였고, 북한의 도발 행위로 인해 KEDO 내 한미일 3국 간 갈등이 다시 한번 발생했다. 한미일 3국은 모두 북한의 탄도미사일 위협에 직면해 있었다. 다만 북한의 대포동 1호 탄도미사일 발사에 대한 3국 간 위협에 대한 인식의 온도 차가 있었다. 일본은 안보상 '가장 심각한 위협'으로, 미국은 핵무기 운반 수단의 '확산 위협'으로, 한국은 기존 위협에 추가된 '추가적 위협'으로 인식하고 있었다. 따라서 일본은 KEDO를 통해 북한을 지원함으로써 지역 안정을 기대했지만, 안정은커녕 오히려 안보상 가장 심각한 위협에 직면하게 되자 동맹을 통한 억지력 강화에 기반한 북한의 '외부화'에 집중하며 북한을 압박하려 했던 것이다. 반면 한미 양국은 일본의 강경 대응에 대해 일정 부분 이해를 하면서도 KEDO 및 제네바 합의서에 기반하여 북한을 '내부화'하는 대북 정책을 지속하는 것이 가장 현실적이고 효과적이라고 판단하여 일본에 KEDO 협력 재개를 강력히 요구한 것이다.

여기서 흥미로운 점은 KEDO에서 한미일 3국 간 갈등을 초래한 위협 인식의 차이가 계속 존재했음에도 불구하고 결국 일본이 KEDO에 대한 협력 재개를 결정하고 다시 한미 양국과 보조를 맞추게 되었다는 점이다. 즉 일본이 KEDO와 동맹을 결합하여 북한 문제를 다루는 기존의 한미일 안보 협력 메커니즘의 중층적 구조로 회귀한 것이다. 이미 언급했듯, 이는 일본의 안보적 이익에 부합하는 가장 현실적이고 효과적인 것이 기존의 중층적인 한미일 안보 협력 메커니즘을 유지하는 것이라는 판단에 따른 것이다.

그러나 일본의 협력 재개로 대포동 1호 발사로 인한 KEDO 내 한미일 간 갈등은 봉합되었지만, 갈등의 근본적인 원인인 북한의 탄도미사일 문제가 해결된 것은 아니었다. 즉 북한의 탄도미사일 문제는 동맹 및 KEDO로 구성된 기존의 중층적 한미일 안보 협력 메커니즘으로는 다루기 어려운 새로운 문제 영역이었다. 1996년 4월 이후 북한의 탄도미사일에 대해 미북 미사일 협의라는 틀이 존재했지만, 이는 어디까지나 미북 간 합의일 뿐 한미일 3국 간 합의는 아니었다. 따라서 이번 대포동 1호 미사일 발사로 북한의 탄도미사일 문제가 표면화되면서 이 문제를 다룰 수 있는 새로운 한미일 3국 간 제도의 필요성이 제기되었다고 할 수 있다. 이러한 필요성이 북한의 탄도미사일 문제까지 포괄적으로 다룰 수 있는 한미일 3국 공동 전략인 '페리 프로세스'와 이를 실행하는 제도인 TCOG를 탄생시킨 것이다.

'페리 프로세스'와 TCOG는 북한을 '외부화'하는 동시에 '내부화'하는 기능을 가진 한미일 안보 협력 메커니즘 중층적 구조의 시너지를 더욱 강화했다. 이 메커니즘은 동맹의 억제력 유지, KEDO의 핵 문제 해결 및 북한에 대한 관여, 그리고 이를 조정하는 TCOG라는 중층적 구조로 되어 있으며, 제네바 합의서의 이행 및 KEDO의 운영을 촉진하는 동시에 한미·미일 동맹과의 연계 구조를 더욱 활성화시켰다. 스나이더는 "KEDO와 TCOG를 통해 한미동맹과 미일동맹은 보다 지역화된 접근 방식의 첫걸음을 내디뎠다"라고 말했다.[76] 따라서 이 메커니즘은 동아시아에서 미국을 중심으로 한 동맹의 기본 구조 변화, 즉 '허브 앤 스포크(Hub and Spokes)형 시스템'에서 '웹(Web)형 시스템'[77]으로의 변화 가능성을 시사했다고 할 수 있다.

또한, 이 메커니즘이 구축된 후 김대중 대통령은 "한미일 3국의 대북 공조 체제가 정비되고 미국과 북한과의 대화도 진전이 있었기 때문에 이제부터는 남북 대화를 본격적으로 추진해 나갈 것"[78]이라고 밝혔다. 이후 2000년 6월 남북정상회담을 비롯한 각종 남북 교류 활성화, 같은 해 10월 올브라이트 미 국무부 차관보의 방북 등 미북 간 관계 개선의 진전, 일본 초당파 의원 방북단 방북 등 북일 관계 개선의 진전이 이루어진 것을 감안하면 이 메커니즘의

76) 인터뷰(이메일), 2009년 2월 25일.

77) '웹형 시스템'에 대해서는, Dennis C. Blair and John T. Hanley Jr.,"From Wheels to Webs: Reconstructing Asia-Pacific Security Arrangements," The Washington Quarterly (Spring 2005), pp.7~17.

78) 임동원, 앞의 책, p.442.

효과는 적지 않은 시사점을 준다고 말할 수 있다. 이러한 한미일 안보 협력 메커니즘 중층적 구조의 효과는 2023년 한미일 캠프 데이비드 정상회의에서 최정점을 찍었다고 말할 수 있다.[79]

79) "2023년, 한미일 협력의 새 시대를 연 원년,"외교부 홈페이지 https://down.mofa.go.kr/www/brd/m_4080/view.do?seq=374532&srchFr=&srchTo=&srchWord=&srchTp=&multi_itm_seq=0&itm_seq_1=0&itm_seq_2=0&company_cd=&company_nm= (검색일: 2024년 8월 18일)

제5장

북한의 HEU 계획 발각과 한미일 관계

5장에서는 9·11테러를 계기로 미국의 대북 정책이 변화한 점, 즉 외교적 협상에 기반한 비확산 중시 정책에서 '선제 행동'까지 염두에 둔 對확산(counter-proliferation) 중시 정책으로 변화하여 북한의 '외부화'로 기울어졌음을 밝힐 것이다. 그리고 이러한 근본적인 변화가 북한을 '외부화'하는 구조를 가지면서도 '내부화'하는 기능을 가진 기존의 '중복형' 제도 간 연계의 약화를 가져왔다는 점을 강조하고자 한다.

제1절 9·11 테러와 미국의 대북 정책 변화

제1항 부시 행정부의 대북 정책 -「아미티지 보고서」와의 관계

2001년 1월 17일 미 의회 인사청문회에서 콜린 파월(Colin L. Powell) 국무장관 지명자는 제네바 합의서에 대해 "북한이 준수하는 한 미국도 계속 유지할 것"이라는 의지를 밝히면서도 "한반도에서의 미국 정책을 재검토할 것"이라는 방침을 밝혔다.[1]

또한, 아미티지(Richard L. Armitage) 미 국무부 부장관은 "페리 보고서의 성적은 B이다. C를 주지 않은 이유는 외교와 군사 2단계 접근법에 원칙적으로 동의하기 때문"이라며 "또한, A를 주지 않은 이유는 대화 중심의 1단계에만 중점을 두어 억지 중심의 2단계에 대해 구체적으로 준비하지 않았고, 준비할 의지도 없었기 때문"이라고 말했다. 더 나아가 "1단계에서 상호성과 투명성의 중요성을 충분히 반영하지 못했기 때문이다"[2]라며 '페리 프로세스'에 대해 일정 수준의 평가를 하면서도 대화 중심의 전략을 재검토할 것을 시사했다. 즉 부시 행정부의 대북 정책 재검토는 제네바 합의서를 기반으로 한 '페리 프로세스'의 골격은 유지하되, 그 중점을 '대화'에서 '억제'에 두는 전략으로의 전환을 의미하는 것이었다.

1) Colin L. Powell,"Confirmation Hearing by Secretary-Designate Colin L. Powell," Washington, DC, January 17, 2001, Released by the Office of the Spokesman January 21, 2001
http://2001-2009.state.gov/secretary/former/powell/remarks/2001/443.html (검색일: 2009년 8월 15일)

2) "미국을 정확히 읽어라,"『중앙일보』, 2001년 2월 16일.

돌이켜보면 '페리 프로세스'가 발표되기 전인 1999년 3월, 아미티지 미 국무부 차관보를 중심으로 한 연구 그룹이 발표한 보고서가 그 시발점이었다.[3] 이 보고서에서 아미티지는 "지금까지 미국의 대북 정책은 포괄적인 정책이 부재했기 때문에 북한에 주도권을 빼앗겼다"라고 지적하고, 앞으로는 "북한에 대한 포괄적이고 통합적인 접근을 통해 미국은 빼앗긴 주도권을 되찾아야 한다(중략)"라고 주장하였다. 여기서 말하는 '포괄적' 및 '통합적'은 '페리 프로세스'와 유사했다.

이러한 유사성을 볼 때, '아미티지 보고서'가 '페리 프로세스'에 큰 영향을 미쳤음을 부인할 수 없다. 특히 미국이 북한 문제를 포괄적으로 다루려는 시도와 한미일 3국 간 안보 협력 메커니즘에 기반하여 대북 전략을 수행하려는 정책은 맥을 같이 한다고 해도 과언이 아니다. 조셉 나이(Joseph Samuel Nye) 전 국방부 차관보(국제안보문제 담당)도 이 보고서에 대해 "아미티지가 주장하는 대북 정책은 페리 정책조사관의 그것(페리 프로세스)과 똑같다. 입으로는 강경한 말을 하지만 결국 아미티지 역시 우리와 같은 생각이다(괄호: 인용자)"라고 말했다.[4] 다만 이 보고서가 강조하는 것은 어디까지나 외교를 뒷받침하는 군사력, 즉 '대화'보다 '억제'였다. 동맹국과의

3) 이른바 '아미티지 보고서'라고 불리는 것으로 '북한에 대한 포괄적 접근'이라는 제목의 정책 제언이었다 Richard L. Armitage,"A Comprehensive Approach to North Korea,"Institute For National Strategic Studies, Number 159, March 1999 http://www.ndu.edu/inss/ strforum/SF159/forum159.html (검색일: 2009년 8월 3일). 이후 '아미티지 보고서'의 인용은 이 문헌에 따른다.

4) 春原, 앞의 책, p.341.; 캠벨은 "사실 아미티지는 페리 프로세스에도 관여했다. 그는 당시 (국방장관의 자문기구인) 국방정책위원회 위원으로 활동하기도 했다"라고 회고했다. 春原, 앞의 책, p.339.

신중한 검토가 필요하다는 전제를 달았지만, 외교가 실패할 경우의 전략으로 '선제 행동'까지 명시한 것이 이를 뒷받침한다. 이는 '대화' 중심의 '페리 프로세스'와의 차이점이며, 이것이 부시 행정부의 대북 정책 재검토의 초점이었다고 할 수 있다. 따라서 이 보고서는 부시 행정부의 대북 정책의 특징을 미리 엿볼 수 있는 보고서였다고 볼 수 있다.[5)]

2001년 3월 7일 열린 한미 정상회담에서 부시 미 대통령은 한국의 햇볕 정책에 대해 지지하는 입장을 밝히면서도 북한이 미국과의 합의를 준수하고 있는지에 대해 의구심을 표명했다. 또한, 부시 대통령은 "미국의 대북 정책이 재검토되는 동안에는 북한과의 대화를 재개하지 않을 것"[6)]이라고 밝혔다. 이에 대해 김대중 대통령은 "우리는 북한에 대해 환상을 가지고 있지 않다. 북한은 개방의 길로 나올 수밖에 없고 실제로 지금 변화를 보이고 있기 때문에 우리는 이를 살려야 한다"[7)]라고 반박하며 햇볕 정책의 효과를 어필하면서 미국이 하루빨리 북한과의 대화에 나설 것을 촉구했다. 김대중 대통령은 미국의 대북 정책 재검토가 지나치게 강경해지지 않도록 견제하려 한 것이다. 이러한 시도는 김 대통령이

---

5) 무라타 코지(村田晃嗣) 교수는 "아미티지 보고서에는 앞으로 나올 페리 보고서가 북한에 대해 필요 이상으로 타협적이지 않도록 견제하려는 의도도 있었을 것"이라고 말한다. 村田晃嗣「米国の対北朝鮮政策とペリー報告－『対話』と『抑止』の狭間で」『国際問題』(2000年 2月), p.40.

6) "Bush Tells Seoul Talks With North Won't Resume Now," The New York Times, March 8, 2001.

7) 대통령비서실,"미국방문 귀국보고(2001.3.11): 한미 동맹관계의 재확인,"『김대중 대통령 연설문집(제4권)』(국정홍보처 국가영상출판제작소, 2002년), p.135.

부시 대통령에게 '포괄적 상호주의'라는 구체적인 정책까지 제창한 것에서도 읽을 수 있다. 즉 "북한이 지켜야 할 것은, 첫째 제네바 합의서를 준수하고, 둘째 미사일 개발 및 수출을 포기하고, 셋째 남(한국)에 대한 무력 도발을 중단하는 것이다. 그 대신 우리는 첫째 북한의 안전을 보장하고, 둘째 적절한 경제적 지원을 하고, 셋째 국제사회의 일원으로 참여할 수 있도록 지원하는 것이다(괄호: 인용자)"[8]라고 말했다.

이후 2001년 6월 6일 부시 미 대통령은 성명을 통해 "최근 한국, 일본과 함께 논의한 후 대북 정책 재검토를 완료했다"라며 "나는 안보팀에게 광범위한 의제에 대해 북한과 진지하게 협의할 것을 지시했다"라며 북한과의 대화 재개 방침을 밝혔다.[9] 또한, 부시 대통령은 '광범위한 의제'의 구체적 예로 '북한의 핵 활동에 관한 개선된 제네바 합의서 준수, 북한의 미사일 개발에 관한 검증 가능한 제한 및 수출 금지, 그리고 일반 무기 감축'을 들며 미국의 대북 정책 재검토의 핵심이 이 세 가지임을 시사했다.[10]

부시 행정부가 북한에 대한 불신감을 드러내며 미북 대화 재개

8) 대통령비서실,"미국 방문 귀국 보고(2001.3.11): 한미 동맹관계의 재확인,"『김대중 대통령 연설문집(제4권)』(국정홍보처 국가영상출판제작소, 2002년), p.135.

9) George W. Bush,"Statement by the President," June 6, 2001, For Immediate Release Office of the Press Secretary, June 13, 2001 http://georgewbush-whitehouse.archives.gov/news/releases/2001/06/20010611-4.html (검색일: 2009년 8월 16일); "U.S. Will Restart Wide Negotiations With North Korea," The New York Times, June 7, 2001.

10) Ibid.

에 까다로운 조건을 붙이는 등에 대해 북한은 부시 행정부가 클린턴 행정부와 맺은 미북 관계의 규범을 잇달아 무너뜨리고 있다고 생각했을 것이다.[11] 상기 미국의 대화 재개 방침에 대해 북한은 외무성 대변인 성명을 통해 "(대화 의제는) 핵 및 미사일, 재래식 무기에 관한 것으로 결국 미국이 대화를 통해 우리를 무장 해제하려는 목적을 추구하고 있는 것에 지나지 않는다(괄호: 인용자)"라고 밝힌 뒤, "대화 재개안은 성격상 일방적이고 전제조건적이며, 의도에 있어서 적대적"이라고 평가한 것[12]이 이를 잘 드러내고 있다. 그러나 부시 행정부가 북한과의 대화 재개에 까다로운 조건을 달기는 했지만, 처음부터 클린턴 행정부로부터 이어받은 외교 협상을 기반으로 한 정책을 근본적으로 전환했다고 보기는 어렵다.

제2항 9·11테러와 미국의 대북 정책 - '對확산'으로의 전환

돌이켜보면 미국은 이미 1990년대 중반부터 본토 방어의 중요성을 인식해 왔으며, 1990년대 중반부터 페리 전 국방장관을 비롯한 안보 전문가들이 "미국 본토도 절대 안전하지 않다"라고 거듭 경고해 왔다.[13] 또한, 1997년 '4년 주기 국방검토보고서 (Quadrennial

11) 구라타(倉田), 앞의 논문「北朝鮮の『核問題』と盧武鉉政権」, p.15.

12) "조선 외무성 대변인 미 행정부의 <대화 재개 제안>에 대한 공화국의 입장 천명," 『조선중앙통신』, 2001년 6월 18일.

13) William J. Perry,"Defense in an Age of Hope,"Foreign Affairs, November/December 1996, pp.65-79; 宮坂直史「テロリズム対策－本土防衛を中心に」近藤重克·梅本哲也編『ブッシュ政権の国防政策』(日本国際問題研究所、2002年), pp. 48~56.

Defense Review: QDR)'에서부터 본토 방어를 안보 정책의 최우선 과제로 삼고 있었다.[14] 그러나 클라크(Richard A. Clarke) 전 대통령 특별보좌관이 "반복적인 경고를 받았음에도 불구하고 (부시 행정부는) 알카에다의 위협에 대해 9월 11일 이전에는 조치하지 않았다(괄호: 인용자)"[15]라고 증언한 것처럼, 9·11 테러 이전에 미국 본토가 위협받고 있다고 위협감을 갖고 있던 사람은 일부에 불과했다.[16] 그러나 9·11 테러를 계기로 미국은 대량살상 무기 확산과 테러에 의한 본토 공격에 대해 지금까지 경험하지 못한 위기감을 갖게 되었다.[17]

이 때문에 9·11 테러 이후 부시 행정부는 국제적이고 비대칭적인 위협을 다루기 위한 '테러와의 전쟁(Global War on Terrorism: GWOT)'[18]에 착수하고, 클린턴 정부부터 유지해 온 외교 협상을 통한 비확산 중시 정책에서 억제력 강화에 기반한 對확산 중시 정책으로 전환했다.[19] 그 일환으로 미국의 대북 정책도 대량살상 무기

14) DoD, Report of the Quadrennial Defense Review, May 1997.

15) リチャード·クラーク『9·11からイラク戦争へ爆弾証言:すべての敵に向かって』楡井浩一訳(徳間書店、2004年), p.9.

16) Stephen E. Flynn,"America the Vulnerable,"Foreign Affairs, January/February 2002, p.60.

17) 岩田修一郎「単極構造時代の軍備管理ー大量破壊兵器の規制条約と米国の対応ー」『国際安全保障』(2003年9月), p.96.

18) 9·11 테러 직후 미 의회 연설에서 부시 미 대통령은"우리의 테러와의 전쟁은 지구상에 존재하는 모든 테러 집단을 멸망시킬 때까지 계속될 것"이라고 말했다. "'Global War On Terror' Is Given New Name,"The Washington Post, March 25, 1999.

19) 1995년과 2002년에 발표된 미국의 '국가안보전략'을 비교해 보면, 미국의 대량살상무기 위협에 대한 대응이 '핵 비확산'에서 '對확산'으로 전환되었음을 쉽게 확인할 수 있다. The White House, A National Security Strategy of Engagement and Enlargement, op. cit., pp.13-15 and The White House, The National Security Strategy of the United States of America,

제거를 목적으로 하는 對확산(counterproliferation) 중시 정책으로 전환한 것이다.[20)]

또한, 부시 행정부는 '부시 독트린'[21)]이라고도 불리는 '선제 행동론(preemptive actions)'을 내세워 이러한 전환을 더욱 구체화하였다. 2001년 12월 부시 행정부가 미 의회에 제출한 '핵 태세 검토 보고서(Nuclear Posture Review: NPR)'를 보면, 핵무기를 비롯한 대량 살상 무기가 테러리스트나 '불량 국가'로 확산되는 것에 대해 강한 우려를 표명하면서 이 확산 문제는 통상적인 억지력이 통하지 않는다며 '선제 공격'의 필요성을 제기하고 있다.[22)] 또한, 이 보고서는 핵무기 사용이 필요한 상황을 '즉각적 상황(immediate)', '잠재적 상황(potential)', '예기치 못한 상황(unexpected)'의 세 가지 경우로 구분하고, 북한의 한반도 전쟁을 '즉각적 상황'으로 간주하여

September 2002, pp.13-16.; 또한 2002년 12월 발표된 'WMD에 대한 국가전략'에서 對WMD 국가전략의 세 가지 축으로 '대확산', '비확산', '결과관리(consequence management)'를 제시하였는데, 이 중 대확산 추진을 우선순위로 삼고 있다. White House, National Strategy to Combat Weapons of Mass Destruction, December 2002.

20) Park Ihn-hwi,"Toward an Alliance of Moderates: The Nuclear Crisis and Trilateral Policy Coordination,"EAST ASIA REVIEW, Vol.16, No.2, Summer 2004, p.28.

21) '수행된 의무(A Charge Kept)'라는 미 백악관 간행물에 따르면, 9·11 테러 이후 '부시 독트린'은 세 가지 요소로 구성되어 있다. 첫째, 테러 조직과 그 지원 세력을 구분하지 않는 것. 둘째, 테러 조직의 근거지에 공격 부대를 주둔시켜 테러 가능성을 근본적으로 제거하는 것. 셋째, 자유의 가치를 확산시켜 미국이 테러리스트의 이데올로기에 대항하는 것. The White House (Edited by Marc A. Thiessen), A Charge Kept: The Record of the Bush Presidency 2001-2009, p.4.
http://georgewbush-whitehouse.archives.gov/infocus/bushrecord/index.html (검색일: 2009년 8월 13일)

22) DoD, Nuclear Posture Review Report(Excerpts), Submitted to Congress on 31 December 2001, January 8, 2002.

북한에 대한 핵무기 선제공격 가능성을 시사했다.[23] 또한, 2002년 1월 29일 부시 미국 대통령은 연두교서 연설을 통해 "북한은 자국민을 굶주리게 하면서 미사일과 대량살상 무기로 무장하고 있는 체제"라고 규정하면서 북한을 이란, 이라크와 함께 '악의 축(axis of evil)'으로 명명했다.[24] 또한, "역사는 우리에게 행동을 요구하고 있으며, 우리는 자유와의 싸움을 수행할 책임과 권리가 있다"라고 강조하며 '악의 축'에 대한 '선제공격'의 정당성을 호소했다.[25] 부시 대통령은 미국이 북한을 테러와의 전쟁(GWOT)의 주적 중 하나로 간주하고 있음을 공식적으로 밝힌 것이다.

또한, 미국은 2002년 9월 발표한 「국가안보전략(National Security Strategy of the United States: NSS2002)」을 통해 불량 국가(rogue state) 및 테러리스트의 공격을 의미하는 '임박한 위협'에 대한 '선제공격'은 정당하다고 공식 표명했다.[26] 물론 NSS 2002에 "오랫

23) Ibid, pp.16~17.; 2002년 3월 9일자 『로스앤젤레스 타임즈』는 이 NPR의 기밀 부분에 북한이 핵무기 사용 대상국 중 하나로 언급되어 있다고 보도하였다. Paul Richter,"U.S. Works Up Plan for Using Nuclear Arms—Administration, in a Secret Report, Calls for a Strategy Against at Least Seven Nations: China, Russia, Iraq, Iran, North Korea, Libya and Syria,"The Los Angeles Times, March 9, 2002.
또한, 2005년 5월 15일자 『워싱턴 포스터』는 미국이 2003년 11월 북한과 이라크를 상정한 '선제 핵 공격 개념 계획(Operational Nuclear Strike Concept Plan)'을 수립했다고 보도하였다. William Arkin,"Not Just A Last Report?; A Global Strike Plan, With a Nuclear Option,"The Washington Post, May 15, 2005.

24) George W. Bush, "State of the Union Address to The 107th Congress(January 29, 2002),"Selected Speeches of President George W. Bush 2001-2008, pp.105~106.

25) Ibid., p.107.

26) The White House, The National Security Strategy of the United States of America, op. cit., pp.15~16.

동안 미국은 선제공격 옵션을 유지해 왔다"[27]라고 명기된 것처럼 선제공격론은 미국에서 새롭게 제기된 정책 옵션은 아니다. 그러나 국가 안보 전략의 전면에 처음으로 '선제공격론'을 내세운 것은 9·11 테러 이후 본토 공격에 대한 위협을 본격적으로 체감하기 시작했다는 것을 방증하는 동시에 '선제공격론'을 현실적인 대안으로 고려하고 있음을 보여 주는 것이라고 말할 수 있다.

여기서 주목할 점은 이러한 미국의 대북 정책 변화가 미북 관계 자체뿐만 아니라 대북 정책을 둘러싼 한미일 안보 협력 메커니즘 중층적 구조의 역학 관계에도 큰 영향을 미쳤다는 점이다. 즉 이 변화는 북한의 고농축우라늄(HEU) 개발 프로그램 발각으로 촉발된 제2차 북핵 위기 전후에 연이어 발생한 제네바 합의서 붕괴, KEDO 및 TCOG의 붕괴, 한미동맹의 '역기능'에 적지 않은 영향을 주었다.

27) Ibid., p.15.

제2절 한미·미일 동맹과 KEDO, 그리고 TCOG 간의 상호작용 II

제1항 HEU 계획과 제네바 합의의 붕괴 - KEDO로의 파급 효과

9·11 테러 이후 미국의 대북 정책 변화는 외교적 협상을 중시하는 대량살상 무기 비확산 관점에서 유지되어 온 제네바 합의서의 토대를 뒤흔들었다. 또한, 이러한 변화는 KEDO의 필요성과 중요성도 감소시켰다. 3장에서 언급했듯이 본래 KEDO는 북한을 '내부화'하는 기능과 북한을 '외부화'하는 구조로 이루어져 있었으나, 9·11 테러를 계기로 미국의 정책이 KEDO의 북한 '외부화'로 기울어지면서 존재 기반이 흔들렸다.

KEDO의 경수로 건설은 당초 목표인 2003년보다 늦어질 것으로 예상되기도 했지만, 2002년 8월 경수로 착공식을 갖는 등 KEDO의 경수로 사업은 순조롭게 진행되고 있었다.[28] 그러나 켈리(James Kelly) 미 국무부 동아태 차관보의 방북은 KEDO의 운명을 바꾸어 놓았다. 2002년 10월 3일부터 3일간 켈리 차관보의 방북으로 미북 간 협상이 이루어졌다. 그런데 미국 정부 관계자에 따르면 "이번 미북 회담에서 강석주 북한 외무성 제1부상이 켈리 미 국무부 차관보에게 북한이 HEU 계획을 추진하고 있다는 사실

28) KEDO, Annual Report 2002, December 31, 2002, p.3.

을 인정했다"라고 밝혔다.[29] 이에 따라 대량살상 무기에 의한 위협을 안고 있던 미국은 북한의 HEU 계획을 제네바 합의의 명백한 위반으로 간주하고 2002년 12월 1일부터 '북한이 HEU 계획을 완전히 철폐하는 구체적이고 명확한 행동을 취할 때까지' KEDO에 의한 대북 중유 제공을 중단하는 조치를 취했다.[30]

이에 대해 북한은 외무성 대변인 담화를 통해 "미국의 중유 제공 중단 결정은 제네바 합의서 위반이다"[31]라고 강하게 반발했다. 또한, 북한은 HEU 계획의 존재를 부인하면서 같은 해 12월 플루토늄 재처리 시설 재가동 및 핵 시설 건설 재개와 IAEA 사찰관 추방 조치[32]를 잇달아 취하는 한편, 이듬해 1월 10일 정부 성명을 통해 'NPT 탈퇴 선언'[33]을 했다. 또한, 북한의 박남순 외무상은 유엔 안보리 의장에게 서한을 보내 "2003년 1월 11일부터 북한의 NPT 탈퇴 효력이 발생한다"[34]라고 통보했다.

---

29) Richard Boucher, Spokesman,"North Korean Nuclear Program," 日本国際問題研究所編『G·W·ブッシュ政権期の日米外交安全保障政策資料集－米国側資料－』(日本国際問題研究所、平成18年3月), pp.169~170.

30) 2002년 11월 14일 KEDO 이사회 개최, 12월부터 북한에 대한 중유 제공 중단 결정 KEDO, Annual Report 2002, p.5.

31) "미국의 중유 제공 중단 결정은 조미기본합의문 위반 / 조선외무성 대변인 담화," 『조선중앙통신』, 2002년 11월 22일.

32) "핵시설들의 가동과 건설을 즉시 재개/조선외무성대변인,"『조선중앙통신』 2002년 12월 12일 ; "조선 정부 국제원자력기구 사찰원들을 내보내기로 결정," 『조선중앙통신』, 2002년 12월 27일.

33) "핵무기전파방지조약에서 탈퇴/조선정부성명,"『조선중앙통신』, 2003년 1월 10일.

34) "백남순 외무상 유엔안보리 의장에게 편지 <1월 11일부터 조약탈퇴효력 발생>," 『조선중앙통신』, 2003년 1월 10일.

이로써 NPT를 지역적 핵 비확산 체제로서 지탱해 온 KEDO는 사실상 실효성을 잃게 되었다. 같은 해 12월 1일부터 경수로 지원도 중단되면서,[35] 사실상 이 시점에서 KEDO는 기능 부전에 빠진 것이다. 이후 중유 제공 및 경수로 지원은 재개되지 않았고, KEDO 이사회는 2005년 11월 KEDO의 임무 종료에 대한 원칙적 합의에 도달한 후,[36] 이듬해 5월 1일 KEDO 이사회에서 "북한이 '경수로 공급 협정'을 지속적으로 준수하지 않는 것"을 이유로 들며 KEDO의 임무 종료를 공식 결정하게 된다.[37]

KEDO 붕괴의 1차적 원인은 당연히 북한이 비밀리에 HEU 계획을 추진하고 있었기 때문이다. 그러나 달리 보면 미국이 북한의 HEU 계획 발각을 제네바 합의 위반으로 간주하고 한국과 일본의 반대에도 불구하고 KEDO의 대북 중유 제공 중단을 강행한 것이 KEDO 붕괴의 단초가 되었다고도 볼 수도 있다. 클린턴 전 미국 대통령이 회고록에서 "북한이 1998년 당시 HEU 계획에 착수한 것으로 밝혀졌지만, 우리가 저지한 플루토늄 추출 계획은 연구 시설에서의 고농축 우라늄 제조보다 훨씬 위험한 것이었다"라고 회고했듯이,[38] 부시 행정부가 북한의 HEU 계획을 발견한 단계에서 KEDO의 중유 제공을 중단한 것은 원칙론에 치우친 과잉 반응이

35) 2003년 11월 3일 KEDO 이사회 개최, 다음 달부터 북한에 대한 경수로 지원을 1년간 중단하기로 결정 KEDO, Annual Report 2003, December 31, 2003, p.5.

36) KEDO, Annual Report 2005, December 31, 2005, p.6.

37) "KEDO's History," http://www.kedo.org/au_history.asp (검색일: 2009년 2월 6일)

38) ビル·クリントン『マイライフ－クリントンの回想(下巻)』(朝日新聞社、2004年), p.247.

었다고도 해석할 여지가 있다. 한반도 안보 전문가 피터 헤이즈(Peter Hayes) 박사는 "미국 주도의 KEDO에 대한 대응(중유 제공 중단)은 전술적으로는 현명했지만, 전략적으로는 어리석은 것이었다(괄호: 인용자)"[39]라고 비판하기도 했다.

클린턴 정권의 대북 정책으로 판단한다면, 북한의 HEU 계획이 발견되더라도 그보다 훨씬 더 위험한, 즉 "매년 핵폭탄 몇 발 분량의 플루토늄을 생산할 수 있는" 플루토늄 재처리 시설의 동결을 유지해 온 제네바 합의서를 고수하는 것이 우선시되어야 함은 자명하다. 클린턴 행정부의 기본적 사고방식을 갖고 있던 한국과 일본이 "북한에 대한 중유 제공 중단이 제네바 합의서 붕괴로 이어질 수 있는 위험성을 간파하고 이를 강력히 반대했던 것"[40]은 앞서 언급한 것과 같은 취지 때문이었다.

9·11 테러를 계기로 부시 행정부의 대북 정책은 클린턴 행정부와 근본적으로 달라졌고, 한일 양국에 이를 강요했다. 즉 미국의 대북 정책은 KEDO의 중유 제공을 중단하고 선제공격까지 염두에 둔 강경 정책에 입각한 북한의 '외부화'로 기울었고, 이것이 KEDO 내에서의 한미일 3국 간 협력 관계에 균열을 가져온 것이다.

---

39) Peter Hayes,"Tactically Smart, Strategically Stupid: The KEDO Decision to Suspend Heavy Fuel Oil Shipments to the DPRK,"The Nautilus Institute Policy Forum Online, November 15, 2002 http://www.nautilus.org/fora/security/0221A_Hayes.html (검색일: 2009년 8월 20일)

40) 윤영관 교수 인터뷰(2009년 7월 30일, 서울대학교 연구실에서 필자 수행), 2009년 7월 30일.

제2항 선제공격론과 한미동맹의 '역기능' - TCOG로의 파급 효과

여기서 짚고 넘어가야 할 것은 '선제공격'까지 염두에 둔 미국의 선택이 한미동맹에도 파급 효과를 가져왔다는 점이다. 미국의 선택은 한반도에서의 전쟁을 절대적으로 피하고 싶어 하는 한국에게 미국 주도의 전쟁에 휘말리는 것이 아닌가 하는 우려를 불러일으켰다. 이 때문에 미국의 선택은 한미동맹의 '역기능'을 가져왔고, "한미동맹 관리와 북핵 문제 해결 방법론 모두에 어려운 문제를 낳았다"라는 것이다.[41]

여기서 한미동맹의 '역기능'의 의미에 대해 잠시 언급하고자 한다. 본래 한미동맹은 북한의 무력 사용을 억제하는 동시에 억제가 실패할 때 한미연합군 체제에 의한 응징을 그 핵심축으로 삼고 있다. 그러나 부시 정권의 '선제공격론'은 선제공격의 주체가 북한이 아닌 미국으로 바뀔 가능성을 높였다. 따라서 '선제 행동'까지 염두에 둔 한미동맹은 동맹의 결속력을 강화할수록 북한에 대한 억지력을 향상시키는 한편, '전시' 작전통제권을 장악하고 있는 주한미군 주도의 전쟁 가능성도 높이는 새로운 역학을 만들어 낸 것이다. 즉 한국으로서는 한미동맹의 강화가 미국 주도의 전쟁에 '연루(連累)'될 우려를 불러일으키기 때문에 한미동맹의 강화가 바람직하지 않은 측면도 있다는 딜레마에 빠지게 된 것이다.

41) 쿠라타(倉田), 앞의 논문 "北朝鮮の『核問題』と盧武鉉政権," pp.17~19.

2002년 12월 북한이 영변 핵 시설 동결을 해제하는 등 위기가 고조되는 가운데, 럼즈펠드(Donald H. Rumsfeld) 미 국방장관은 "북한은 미국이 이라크 전쟁 준비로 바쁘다고 (미국의 선제공격에 대해) 방심해서는 안 된다(괄호: 인용자)"라고 지적하며, "미국은 두 개의 전장에서 싸울 수 있는 능력이 있다"라고 북한에 대한 '선제공격' 가능성을 시사했다.[42] 그런데 노무현 대통령은 당선자 시절 TV 토론 프로그램에 출연해 미국의 대북 선제공격에 대해 언급하며 "미국과 갈등이 있더라도 이것(선제공격에 의한 전쟁)은 막아야 한다(괄호: 인용자)"[43]고 공언했다. 이 발언은 앞서 언급한 한미동맹에서 한국의 딜레마로 인한 갈등을 암시한 것이라 할 수 있다.

이라크 전쟁 이후에도 계속되고 있는 미국의 대북 '선제공격' 가능성에 대해 노무현 대통령은 "전혀 근거가 없는 것은 아니다"라고 지적한 뒤 "우리나라와 정부의 의지가 미국의 정책 결정에 결정적인 역할을 할 것"이라며 북한에 대한 미국의 '선제공격'을 견제하겠다는 의지를 밝혔다.[44] 더욱이 미국으로부터 이라크 파병 요청을 받았을 때 한국 정부가 이를 미국의 대북 정책 완화와 연관시키려 했기 때문에 미국의 불쾌감을 샀던 것도 앞서 언급한

42) Peter Slevin,"N. Korea Warned on Arms Bid; Rumsfeld: Pyongyang Should Not Feel Emboldened by Iraq Focus,"The Washington Post, December 24, 2002.

43) 제16대 대통령직 인수위원회,"KBS토론－노무현 대통령 당선자와 함께 (2003년 1월 18일),"『제16대 대통령직 인수위원회 백서－대화』(서울, 2003년), p.390.

44) 대통령 비서실,"육군3사관학교 제38기 졸업 및 임관식 치사 (2003년 3월 26일)," 『노무현 대통령 연설문집 제1권』(2004년), p.88.

한국의 딜레마에서 비롯된 것이었다.[45] 당시 이 문제에 대해 파월 미 국무장관과 협상을 진행했던 윤영관 전 외교통상부 장관은 "당시 파월 국무장관은 동맹과 대북 문제를 연계하는 것에 대해 부정적이었다"[46]라고 증언해 이 문제가 한미 간 불협화음을 야기했음을 시사했다.

이처럼 선제공격까지 염두에 둔 미국의 강경 정책 선택은 결코 한미동맹의 강화로 이어지지 않았고, 오히려 한미동맹에 균열을 가져온 측면도 있었다. 즉 미국의 이러한 선택은 미국의 '선제공격론'과 한국의 '연루' 우려가 부정적 연쇄를 반복하면서 한미동맹의 '역기능'이라는 한미 간 새로운 동맹 관리상의 갈등을 초래했다고도 말할 수 있는 것이다.

이는 TCOG에도 영향을 미쳤다. 당초 부시 행정부는 클린턴 행정부로부터 물려받은 TCOG의 중요성을 인정했고, 2001년 7월 서울에서 열린 한미 외교장관 회담에서 파월 미 국무장관은 "TCOG를 통해 한미일 삼각 공조 체제를 강화하는 것이 매우 중요하다"[47]라고 언급했다. 그러나 앞서 언급한 바와 같이, 북한의 HEU 계획이 발각되었을 때 미국은 군사적 선제 행동을 포함한 강경한 태도를 보였으나 한국과 일본은 북한과의 대화를 중심으

---

45) 船橋洋一『ザ·ペニンシュラ·クエスチョン:朝鮮半島第二次核危機』(朝日新聞社、 2006年), pp.371~377.

46) 인터뷰(서울대학교 연구실에서 필자 수행), 2009년 7월 30일.

47) "김대통령·파월 무슨 얘기했나,"『조선일보』, 2001년 7월 28일.

로 한 유화적인 태도를 보였다.[48] 한국은 정부 성명을 통해 "북한의 핵 개발은 심각한 문제이며, 북한의 핵무기 보유에 반대하는 입장"이라는 점을 분명히 밝히면서도,[49] "(HEU 계획의 시인은) 북한이 진정으로 자신의 잘못을 인정한 것으로 해석할 수 있기 때문에, 햇볕 정책은 계속 추진해 나갈 것(괄호: 인용자)"[50]이라는 방침을 밝혔다. 그 일환으로 한국 정부는 10월 20일 평양에서 예정된 남북고위급회담 등 남북 대화에 계속해서 임했다.[51] 또한, 일본도 관방장관 성명을 통해 "북한에 핵 개발 의혹에 대한 성실한 대응을 요구하는 동시에 제네바 합의서를 준수하지 않는 한 국교 정상화 협상을 진행하지 않겠다"라고 밝히며 북한의 책임 있는 대응을 요구했으나, 10월 29일부터 이틀간 예정된 제12차 북일 국교 정상화 회담은 예정대로 진행했다.[52]

또한, 2002년 11월 TCOG에 참석했던 한국 관계자에 따르면, "한일 양국은 KEDO 자체가 북한의 핵 개발을 막을 수 있는 유일한 수단임을 강조하면서 KEDO 유지를 주장했지만, 미국은 북한이 핵 개발을 포기하지 않으면 제네바 합의서와 KEDO 유지는 힘

48) "2 U.S. Allies Urge Engagement; S. Korea, Japan to Continue Pursuing Diplomacy With North,"The Washington Post, October 18, 2002;"A Nuclear North Korea: Japan and South Korea; North Korea's Revelations Could Derail Normalization, Its Neighbors Say,"The New York Times, October 18, 2002.

49) Ibid.

50) Ibid.

51) "제8차 북남상급회담이 열렸다," 『조선중앙통신』, 2002년 11월 8일.

52) "선결조건은 과거청산이다," 『조선중앙통신』, 2002년 10월 17일.

들다는 상반된 견해를 밝혔다"[53]라며 한미일 3국이 대북 정책에 관해 엇박자를 드러냈다. 당시 주미 한국대사였던 한승주 전 대사도 "TCOG에서 한미일 3국의 보조를 맞추기 어려워 담당자들이 상당한 스트레스를 받았다"[54]라고 증언하고 있는 것처럼, 한미일 3국 간 정책 조정의 난항도 TCOG의 중요성 및 필요성을 떨어뜨리는 요인 중 하나가 되었다. 2002년 11월 말 한국 정부가 미국에 12월에 TCOG를 열어 대북 정책에 대한 해법을 논의하자고 제안했지만, 미국은 현 상태로는 의미가 없다며 거절하기도 했다. 이처럼 한국의 제안을 미국이 거부한 것은 TCOG의 중요성이 감소해 가고 있던 당시 상황을 상징적으로 보여주는 장면이기도 했다.[55] 이후 2003년에도 1월과 6월에 두 차례 TCOG가 열렸지만, 미국이 북한의 '외부화' 정책을 고수하면서 한미일 3국 간 대북 정책의 불일치는 더욱 심각해져 갔다.[56]

결국 2003년 6월 하와이에서 열린 제20차 TCOG를 마지막으로 공식적인 TCOG는 막을 내리게 되었다.[57]

53) "이견 못좁힌 도쿄 3국 TCOG회의," 『조선일보』, 2002년 11월 11일.

54) 인터뷰(국제정책연구원 사무실에서 필자 수행), 2009년 7월 29일.

55) "한미일 대북정책회의 미, 내달초 개최 거부," 『조선일보』, 2002년 11월 30일.

56) James L. Schoff, Tools For Trilateralism, op. cit., p.27.

57) Ibid.

제6장

한미일 안보 협력 메커니즘 중층적 구조의 역학

제6장에서는 지금까지의 논의를 바탕으로 냉전 이후 탄생한 한미일 안보 협력 메커니즘 중층적 구조의 역학을 분명히 한다. 또한, 다음 연구의 방향을 제시하고자 한다.

지금까지 '제도 간 연계', '외부화', '내부화'의 관점에서 냉전 이후 탄생한 한미일 안보 협력 메커니즘 중층적 구조의 기원을 구조적으로 분석해 왔다. 즉 본 연구에서는 한미동맹과 미일동맹, 제네바 합의서, KEDO, TCOG, 페리 프로세스 등 한미일 3국 간 행동을 규제하는 것을 제도로 간주하고, 이들 제도 간의 상호작용을 분석하였다.

냉전 시기까지 한미일 3국 간 안보 협력은 한미·미일 동맹으로 구성된 단층적인 메커니즘이었다고 볼 수 있다. 북한의 위협이 전통적·재래식 위협에 국한되어 있어, 동맹에 의한 억제력만으로 북한을 '외부화'하면서 대응해 왔다. 그러나 냉전 종식 이후 다변화한 북한의 위협은 한미일 3국 간 안보 협력 메커니즘의 단층적 구조와 역학 관계에 변화를 가져왔다. 한미일 3국은 모두 북한 위협의 다변화를 제도의 문제 영역 확대로 받아들였고, 이는 새로운 제도 탄생의 필요성을 촉발했다. 그 결과, 아래 [그림 6-1]에서 보는 바와 같이 기존의 한미·미일동맹에 더해 제네바 합의서, KEDO, TCOG 등이 등장하면서 한미일 안보 협력 메커니즘의 중층적 구조가 새롭게 탄생한 것으로 나타났다.

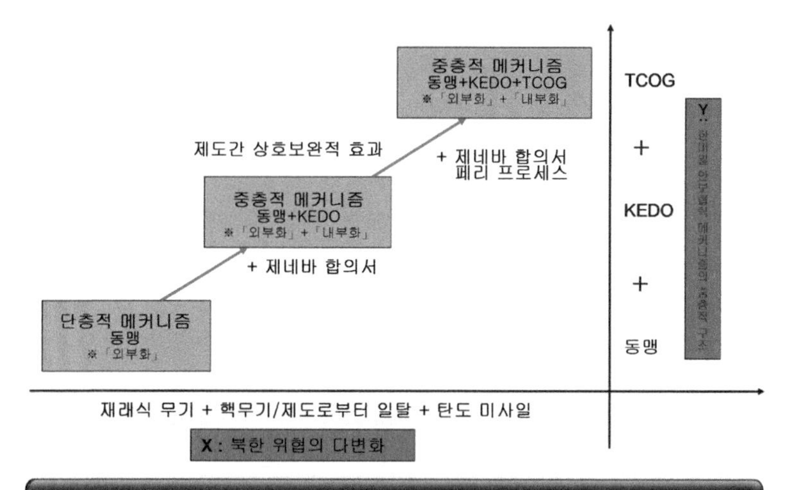

[그림 6-1] 한미일 안보 협력 메커니즘 중층적 구조의 역학

북한의 NPT 탈퇴 선언으로 촉발된 1차 북핵 위기는 NPT에서 회원국이 처음으로 탈퇴하는 국제 핵 비확산 체제상의 위기인 동시에 북한의 핵무기 보유 및 그 확산으로 인한 군사적 위협을 의미하기도 했다. 이에 NPT 및 IAEA를 대표하는 동시에 동맹국인 한국과 일본의 이익을 대변하는 미국이 북한과의 협상에 착수하여 제네바 합의서에 서명함으로써 위기는 일단락되었다. 따라서 제네바 합의에 따라 탄생한 KEDO는 NPT 및 IAEA를 보완하는 지역적 핵 비확산 제도이면서 동시에 한미일 3국 간 안보 협력의 기능도 가지게 되었다. 후자에 주목하면, KEDO는 한미·미일 동맹과 함께 한미일 안보 협력 메커니즘의 중층적 구조를 잉태했다고 할 수 있다. 또한, 이 메커니즘은 동맹을 통해 북한을 '외부화'하는 동시에 KEDO를 통해 북한을 '내부화'하는 새로운 레짐의 일종이었다.

대포동 1호 탄도미사일 발사로 북한의 탄도미사일 위협이 가시화되자, 한미일 3국은 이 문제도 포괄적으로 다룰 수 있는 '페리 프로세스' 및 TCOG를 추가로 만들었다. '페리 프로세스'라는 한미일 3국의 대북 공동 전략을 바탕으로 TCOG는 한미일 3국 간 정책을 긴밀하게 조정하면서 기존 메커니즘의 중층적 구조를 더욱 강화했다. 따라서 윤영관 전 외교통상부 장관이 "TCOG는 KEDO 및 동맹과 상호 보완적 관계로 한미일 3국 간 협력을 촉진했다"라고 말한 것처럼, TCOG는 북한을 외부화하는 동시에 내부

화하는 기존 메커니즘의 중층적 구조를 더욱 심화시켰다.[1]

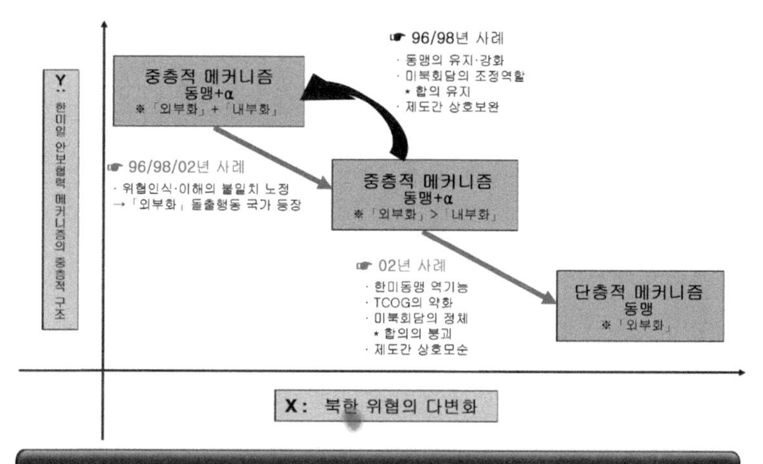

[그림 6-2] **한미일 안보 협력 메커니즘 중층적 구조의 역학 II**

한편, 위의 [그림 6-2]에서 볼 수 있듯이 북한의 위협 다변화에 대해 한미일 3국 간 위협 인식 및 이해관계의 불일치가 나타나면 자국의 이익에만 부합하는 돌출 행동을 취하는 국가가 등장하여 중층적 메커니즘 내에서 3국 간의 갈등을 초래했다. 1996년 북한 잠수함 침투 도발이 발생했을 때 한국이, 1998년 북한의 대포동 1호 미사일 발사 도발이 있었을 때 일본이 각각 KEDO 협력을 중단하여 동맹을 통한 억지력 강화에 기반한 북한의 '외부화'로 무게추가 기울어졌다. 한국과 일본이 각각 앞서 언급한 북한의 도발 행위에 위협감을 느끼고 KEDO의 '내부화' 기능에 대한 이해관계가 훼손되었다고 판단하여 북한의 '외부화'로 기울어진 것이다.

1) 인터뷰(2009년 7월 30일, 서울대학교 연구실에서 필자 수행), 2009년 7월 30일.

이는 KEDO의 '내부화' 기능을 원했던 다른 나라와의 협력 관계에 갈등을 가져왔다.

그러나 여기서 주목할 점은 한국과 일본이 일시적으로 동맹에 기반한 북한의 '외부화'를 선택했지만, 이후 KEDO에 대한 협력 재개를 결정하고 '외부화'와 '내부화'를 함께 추구하는 기존의 중층적 메커니즘으로 회귀했다는 점이다. 이는 북한의 '외부화'를 선택한 국가를 중심으로 다른 두 국가가 모두 동맹 등을 통해 북한의 '외부화'를 강화하는 한편, 3국 간 안보 협력의 중요성 및 필요성을 과시함으로써 틀 밖에 있는 국가가 틀 안으로 돌아오도록 유도한 데 기인한다. 미북 협상이 북한과의 대화를 통해 현안을 해결한 것도 영향을 미쳤다.

그러나 미국은 9·11 테러를 계기로 WMD 및 테러에 의한 본토 공격에 대한 위협감을 느끼게 되었다. 이는 대북 정책의 전환, 즉 확산 방지를 위한 외교적 노력을 중심으로 하는 비확산(non-proliferation) 정책에서 군사적인 선제공격까지 염두에 둔 對확산(counter-proliferation)으로의 전환을 가져왔다.[2] 이 정책적 전환은 북한에 대한 '외부화'로의 정책적 경도를 시사하며, 북한의 '외부화'와 '내부화'를 동시에 추진하던 한미일 안보 협력 메커니즘의 중층적 구조를 뿌리째 흔드는 것이었다. 2002년 10월 북한의

2) 대한민국 정부 외교부 홈페이지, 외교정책 기초자료, 비확산과 對확산의 구분 https://www.mofa.go.kr/www/brd/m_3988/view.do?seq=304175&srchFr=&srchTo=&srchWord=&multi_itm_seq=0&itm_seq_1=0&itm_seq_2=0&company_cd=&company_nm=&page=5 (검색일: 2024.7.25.)

HEU 계획이 발각되었을 때 미국의 대응이 그 징후였다. 당시 미국은 KEDO의 중유 제공을 중단하고 선제공격까지 염두에 둔 강경 정책에 입각한 북한의 '외부화'로 정책을 선회한 바가 있다. 이는 KEDO를 통한 북한의 '내부화'를 강력히 요구했던 한일 양국과 마찰을 빚었다. 또한, 제네바 합의서 위반에 대한 미국과 북한의 상호 비난이 이어지면서 제네바 합의서는 유명무실해졌고, 2차 북핵 위기로 이어졌다. 이후 KEDO의 경수로 지원도 중단되어 KEDO는 기능을 상실했다. 한편, 미국의 대북 정책 전환은 한국이 미국 주도의 전쟁에 '휘말리는 것 아니냐'는 새로운 연루의 딜레마를 낳았고, 한미동맹의 '역기능'을 가져오기도 했다. 따라서 한미 간에 동맹 관리상의 갈등까지 발생하였다.[3] 이렇게 KEDO와 동맹이 함께 동요하자 이들과 연동되어 있던 TCOG도 본연의 역할을 수행하기 어려워졌다. 게다가 미북 협상도 지지부진해지면서 본래의 조정자 역할에 차질이 생겼다.[4] 이런 과정 속에서 한미일 안보 협력 메커니즘의 중층적 구조는 약화 되었고, 북한의

---

3) 한승주 전 대사는 1990년대 외교부 장관(1993년 2월~1994년 12월)과 2000년대 주미대사(2003년 4월~2005년 2월)를 역임할 당시 한미 관계의 차이에 대해 "1990년대에는 두 나라(한미)의 입장 차이가 그렇게 크지 않았다. 게다가 서로에게 개방적인 태도를 가지고 있었다. 반면 2000년대 들어 부시 정권은 매우 강경한 반면 노무현 정부는 정반대였다. 차이도 많고 사고방식도 달랐다. 나는 항상 그 차이를 좁히기 위해 노력했지만, 1990년대에는 쉬웠지만 2000년대에는 매우 어려웠다"라고 말했다."인터뷰 한승주 전 외무장관의 북핵 대응 전략,"『신동아』(2009년 7월), pp.304~313.; 인터뷰(국제정책연구원 사무실에서 필자 수행), 2009년 7월 29일.

4) 2001년부터 2003년까지 부시 행정부에서 한반도평화회담 특사를 지낸 찰스 프리처드(Charles L. Prichard)가 "부시 행정부는 모든 양자 접촉(미북 협상)을 거부했다. 다만 6자회담에 참여하는 다른 나라들의 권유로 6자회담이라는 틀 안에서 제한된 양자 접촉(미북 협상)에는 참여했다(괄호: 인용자)"라고 회고했듯이, 부시 행정부는 미북 협상에 진지하게 임하지 않았다. 찰스 프리처드(김연철·서보혁 옮김),『실패한 외교』(사계절 출판사, 2008년), p.46.

'외부화'와 '내부화'를 균형 있게 조정해 왔던 중층적 메커니즘은 기능 부전에 빠졌다.

지금까지 살펴본 바와 같이 냉전 이후 탄생한 한미일 안보 협력 메커니즘의 중층적 구조는 북한의 위협에 대한 3국 간 위협 인식 및 이해관계의 공유와 불일치에 따라 역학적으로 변화해 왔다. 북한의 위협이 다양화됨에 따라 한반도, 나아가 동아시아의 안정을 바라는 3국이 위협 인식 및 이해관계를 공유하여 냉전 시절부터 북한을 '외부화'해 온 동맹을 강화하는 한편, 기능적으로 '내부화'하려는 KEDO, 그리고 이를 포괄적으로 조정하는 TCOG를 만들어 내면서 한미일 안보 협력 메커니즘의 중층적 구조를 탄생시켰고, 이 메커니즘을 강화했다. 그러나 북한에 대한 3국 간 위협 인식 및 이해관계의 불일치가 드러날 때는 각국이 자국의 이익에 부합하는 북한 '외부화'로 기울어지면서 이 중층적 메커니즘 내에서의 협력 관계에 갈등이 발생하였다. 이 과정에서 북한을 '외부화'하는 합의가 잘 작동하는지, 미북 협상이 조정자 역할을 제대로 수행하는지 여부에 따라 이 중층적 메커니즘의 재가동 여부가 좌우된 것이 밝혀졌다.

지금까지 냉전 이후 탄생한 한미일 안보 협력 메커니즘 중층적 구조의 형성 및 전개 과정을 분석하면서 냉전 이후 한미일 3국 간 안보 협력 관계의 역학 관계를 규명하였다. 그 과정에서 북한의 문제를 둘러싼 제도 간 연계를 다양화된 북한의 위협에 대한 한미일 3국의 대응을 중심으로 분석하였다. 즉 이 연구는 북한 문제와 한미일 안보 협력 메커니즘의 당사자인 북한과 한국, 일본, 미국이라는 행위자들의 행동에 초점을 맞추어 분석한 것이다.

그러나 2차 북핵 위기가 발생하면서 북한 문제에 대한 중국의 역할에 대한 기대가 높아졌다.[5] 실제로 중국이 의장국으로서 6자회담의 주역을 맡게 되면서 이 시점을 기점으로 북핵 문제에서 한국 및 일본의 역할의 중요성이 상대적으로 낮아지기 시작한 것을 부인할 수 없다. 따라서 향후 한미일 3국 간 안보 협력의 역학을 탐구하는 연구에서는 북한에 대한 군사적·정치적 이니셔티브를 쥐고 있는 중국이라는 외부 요인을 함께 분석할 필요가 있다.[6]

5) Mike Allen and Karen DeYoung,"Bush Seeks China's Aid To Oppose N. Korea; Jiang's Statement Not as Forceful as U.S. Hoped,"The Washington Post, October 26, 2002.

6) An IFPA Seminar Report,"Trilateral Tools for Managing Complex Contingencies: U.S. -Japan-Korea Cooperation in Disaster Relief & Stabilization / Reconstruction Missions,"November 2005, p.3.

에필로그

우리는 현재 한미일 안보 협력 메커니즘의 중층적 구조가 대한민국의 안보와 한반도의 평화를 위해 핵심 요소로 자리 잡고 있는 것을 목도하고 있다. 북한의 위협과 지역 내 다양한 도전에 직면한 상황에서, 이 협력은 군사적, 정치적, 경제적 차원에서 포괄적인 대응을 가능하게 한다.

2023년 한미일 정상회의에서 제안된 캠프 데이비드 선언은 이러한 한미일 3국 간의 협력을 더욱 강화하여, 대한민국의 안보와 동북아시아의 안정, 그리고 세계 평화에 이바지하는 방향으로 발전하고 있다. 이 협력은 미중 전략적 경쟁이라는 글로벌 안보 환경 속에서도 한국의 안보를 위한 필수적인 요소로 자리매김하고 있다.

이 책에서 우리는 이러한 한미일 안보 협력 메커니즘 중층적 구조의 발전 과정을 탐구하고, 그 다층적 구조의 중요성을 강조했다. 앞으로도 한미일 3국 간의 안보 협력이 대한민국과 지역, 나아가 국제사회의 평화를 위해 계속해서 발전하기를 기대하며, 이 책이 그러한 변화를 위한 작은 밑거름이 되기를 바란다.

이 책이 세상에 나오기까지 각별하게 물심양면으로 도움을 주신 분들에게 존경과 감사의 뜻을 전하고 싶다.

먼저 일본 석사학위 유학을 떠나기 이전인 2007년부터 한일 협력과 한미일 협력의 중요성에 대해 세심하게 지도해 주시고 이 책에 대한 감수와 추천사로 질적 수준을 높여 주신 우리나라 정치학계의 거두(巨頭)이신 박영준 국방대학교 안보문제연구소장님께 깊은 존경과 감사의 뜻을 표한다.

주일 국방 무관 시절부터 한미일 안보협력 연구에 관한 다양한 인사이트를 제공해 주셨던 권태환 한국국방외교협회 회장(예비역 육군 준장)님과

박사 과정 지도 교수이신 이종호 국방산업연구원(전 건양대 교수)님께도 깊은 존경과 감사의 뜻을 표하는 바이다. 육사 동기이자 평생 친구이면서 한미일 안보협력 강화를 함께 꿈꾸는 방준영 육군사관학교 교수님께도 사랑과 존경의 뜻을 전한다.

또한 『국방혁신 4.0의 비밀코드: 비대칭성 기반의 한국형 군사혁신(Asymmetric K-RMA)』에 이어, 독자가 많지는 않지만 대한민국의 안보 증진에 큰 도움을 줄 수 있는 전문 서적의 출판을 흔쾌히 수락해 주신 박정태 광문각출판사 회장님께 감사의 마음을 표하고 싶다. 세심한 부분까지 정성껏 편집해 주신 김동서 편집부장님과 편집부 관계자분들에게도 깊은 감사의 마음을 전한다.

일본 유학 시절부터 정성 어린 기도와 내조로 나의 한미일 안보 협력 관련 연구를 따뜻하게 응원해 주고 있으며, 이 책 초안의 오탈자까지 일일이 찾아 첨삭을 도와준 아내에게 감사하지 않을 수 없다.

끝으로 생도 시절부터 몸소 실천하셨던 '위국헌신 군인본분(爲國獻身 軍人本分)'의 안중근 정신과 '필사즉생 필생즉사(必死則生 必生則死)'의 이순신 정신을 물려주셨고 2002년 2월 2일 결혼식 주례를 맡아 주셨던 고 황규만 장군님께 충심 어린 감사와 존경의 뜻을 전하며 이 책을 장군님의 영전에 바친다. 초대 주한 국방무관이셨던 황규만 장군님께서 일본 유학 시절 일본까지 오셔서 필자를 격려해 주시던 그때의 그 기억이 아직도 선하다.

2024년 10월 10일

한미일 안보협력에 기반한 글로벌 중추 국가를 꿈꾸며

건양대 연구실에서

참고자료

[1차 자료]

1. 인터뷰

· 한승주 전 외무부장관 인터뷰(국제정책연구원 사무실에서 필자가 직접 실시), 2009년 7월 29일.

· 윤영관 전 외교통상부장관 인터뷰(서울대학교 연구실에서 필자가 직접 실시), 2009년 7월 30일.

· 스콧 스나이더(Scott Snyder) 인터뷰(e-mail), 2009년 2월 25일.

· 제임스 아우어(James E. Auer) 인터뷰(e-mail), 2009년 3월 7일.

· 우메즈 이타루(梅津至) 전 외무성 국제사회협력부 심의관 인터뷰(일본 원자력 기구 사무실에서 필자가 실시), 2009년 8월 14일.

· 엔도 테츠야(遠藤哲也) 인터뷰(도쿄 신바시(新橋) 사무실에서 필자가 직접 실시), 2009년 9월 17일.

2. 영문 자료

<정부 및 국제기구 간행물>

· The Korean Peninsula Energy Development Organization, Annual Report 2001, December 31, 2001.

· Annual Report 2002, December 31, 2002.

· Annual Report 2003, December 31, 2003.

· Annual Report 2005, December 31, 2005.

· The White House, A National Security Strategy of Engagement and Enlargement, February 1995.

· A National Security Strategy for a New Century, October 1998.

· The National Security Strategy of the United States of America, September 2002.

· National Strategy to Combat Weapons of Mass Destruction, December 2002.

· A Charge Kept: The Record of the Bush Presidency 2001-2009 http://georgewbush -whitehouse.archives.gov/infocus/bushrecord/index.html (검색일 : 2009년 8월 13일).

· U.S. Department of Defense, Office of International Security Affairs, A Strategic Framework for the Asian Pacific Rim: A Report to the Congress, July 1992.

· The United States Security Strategy for the East-Asia Pacific Region(Washington D.C., 1995).

· Report of the Quadrennial Defense Review, May 1997.

· The United States Security Strategy for the East-Asia Pacific Region(Washington D.C., 1998).

· Nuclear Posture Review Report(Excerpts), Submitted to Congress on 31 December 2001, January 8, 2002.

· Office of Homeland Security, National Strategy for Homeland Security, July 16, 2002.

<공식 성명 및 기자회견>

· "2 Plus 2 Press Conference Security Consultative Committee With Secretary Of State Warren Christopher, Japanese Foreign Minister Yukihiko Ikeda Secretary Of Defense William Perry, And Japanese Defense Minister Hideo Usui,"Benjamin Franklin Room, Washington, DC, September 19, 1996 http://dosfan.lib.uic.edu/ERC/briefing/dossec/1996/9609/960919dossec.html (검색일 : 2009년 8월 3일).

· "Agreed Statement Between the U.S.A. and the D.P.R.K. Geneva, July 19, 1993,"Leon V. Signal, Disarming Strangers: Nuclear Diplomacy with North Korea(Princeton University Press, Princeton, New Jersey).

· "Agreed Framework between the United States of America and the Democratic People's Republic of Korea, October 21, 1994, Geneva,"Joel S. Wit, Daniel B. Poneman, Robert L. Gallucci, Going Critical-The First North Korean Nuclear Crisis (Washington, D.C. Washington, D.C.: Brookings Institution Press, 2004).

· 경수로사업지원기획단,"Agreement on the Establishment of the Korean Peninsula Energy Development Organization,"『대북 경수로사업 관련 각종합의서』 (서라벌인쇄사, 1998년).

· "Agreement on Supply of a Light-Water Reactor Project to the Democratic People's Republic of Korea between the Korean Peninsula Energy Development Organization and the Government of the Democratic People's Republic of Korea,"『대북 경수로사업 관련 각종합의서』 (서라벌인쇄사, 1998년).

· "Joint U.S.-DPRK Press Statement,"Kuala Lumpur, June 13, 1995, 『대북 경수로사업 관련 각종합의서』 (서라벌인쇄사, 1998년).

· "Joint U.S.-Japan Statement Security Consultative Committee," Press Statement by James P. Rubin, Spokesman, September 20, 1998 <http://secretary.state.gov/www/briefings/statements/1998/ps980920.html>(2009년 9월 12일 검색)

· "Joint Press Availability following the U.S.-Japan Security Consultative Committee Meeting," Secretary of State Madeleine K. Albright, Secretary of Defense William Cohen, Japanese Foreign Minister Masahiko Komura, and Japanese Defense Minister Fukushiro Nukaga, New York, New York, September 20, 1998, As released by the Office of the Spokesman U.S. Department of State
http://secretary.state.gov/www/statements/1998/980920. html (검색일 : 2009년 8월 14일).

· "Joint Statement on North Korea Issues," Secretary of State Madeleine K. Albright and The Minister for Foreign Affairs of Japan and The Minister of Foreign Affairs and Trade of the Republic of Korea, New York, September 24, 1998, As released by the Office of the Spokesman U.S. Department of State
http://secretary.state.gov/www/ statements/1998/980924b.html(검색일:2009년 8월 5일)

· "North Korea--Additional Food Assistance," Press Statement by James P. Rubin, Spokesman, September 21,1998
http://secretary.state.gov/www/briefings/statements/ 1998/ps980921.html (검색일 : 2009년 9월 12일).

· "North Korean Nuclear Program," by Press Statement Richard Boucher, Spokesman, 일본국제문제연구소 편『G· W· 부시 정권기의 대미외교 안전보장 정책자료집-미국측 자료-』(일본국제문제연구소, 2007년 3월).

· "Press Briefing on U.S. Relations with North Korea," Secretary of State Madeleine K. Albright and William Perry, Washington, D.C., September 17, 1999, As released by Office of the Spokesman U.S. Department of State.

· "Secretary of State Madeleine K. Albright, Interview on CNN's "Late Edition" with Wolf Blitzer," Moscow, Russia, September 1, 1998 As released by the Office of the Spokesman U.S. Department of State
http://secretary.state.gov/www/statements/1998/980901a.html (검색일 : 2009년 8월 13일).

· "U.S. Department of State Daily Press Briefing(DPB #70)", Press Statement by James P. Rubin, Spokesman, May 28, 1999
http://secretary.state.gov/www/briefings/9905/ 990528db.html (검색일 : 2009년 9월 12일).

· "U.S.—DPRK Missile Talks,"Press Statement by James P. Rubin, Spokesman, October 2, 1998
http://secretary.state.gov/www/briefings/statements/1998/ps981002.html (검색일: 2009년 9월 3일)

· "U.S.—DPRK press statement,"September 12, 1999
http://www.globalsecurity.org/wmd/library/news/dprk/1999/990913-dprk-usia.html (검색일: 2009년 9월 12일)

· "U.S. Representative To KEDO,"Press Statement by James B. Foley, Acting Spokesman, August 27, 1998
http://secretary.state.gov/www/briefings/statements/1998/ps980827a.html (검색일: 2009년 8월 27일).

<연설 및 증언>

· Albright, Madeleine K. Madam Secretary(New York: The Easton Press, 2003).

· "Secretary of State Madeleine K. Albright, Interview on ABC-TV 'Good Morning America' with Kevin Newman, Moscow, Russia, September 1, 1998, As released by the Office of the Spokesman U.S. Department of State" http://secretary.state.gov/www/statements/1998/980901.html (검색일: 2009년 8월 13일).

· Bosworth, Stephen W."Holds Hearing On U.S. Policy Toward North Korea," On East Asian And Pacific Affairs Subcommittee Of The Senate Foreign, 104th Congress, September 12, 1996.

· Bush, George W."Statement by the President,"June 6, 2001, For Immediate Release Office of the Press Secretary, June 13, 2001 http://georgewbush-whitehouse.archives.gov/news/releases/2001/06/20010611-4.html (검색일: 2009년 8월 16일).

· "State of the Union Address to The 107th Congress(January 29, 2002)," Selected Speeches of President George W. Bush 2001–2008.

· Clinton, Bill J."Fundamentals of Security for a New Pacific Community : Address before the National Assembly of the Republic of Korea, Seoul, South Korea, July 10, 1993,"U.S. Department of State Dispatch, vol. 4, no. 29, July 19, 1993.

· "Adress by the President to the 48th Session of the United Nations General Assembly,"The United Nations, New York, September 27, 1993. http://clinton6.nara.gov/1993/09/1993-09-27-presidents- address-to-the-un.html (검색일: 2009년 10월 5일).

· "US President Bill Clinton's letter of Assurances in Connection with the Agreed Framework between the United States of America and the Democratic People's Republic of Korea,"Washington, October 20, 1994.

· "Remarks by the President on Foreign Policy,"Grand Hyatt Hotel San Francisco, California, February 26, 1999 http://www.mtholyoke.edu/acad/intrel/clintfps.html (검색일 : 2009년 8월 14일)

· Gallucci, Robert L."The U.S.-DPRK Agreed Framework,"House International Relations Committee Subcommittee on Asia and the Pacific, February 23, 1995 http://www.gl-obalsecurity.org/wmd/library/congress/1995_h/950223gallucci.htm (검색일: 2009년 5월 7일).

· Kartman, Charles."United States Policy Toward North Korea,"Before House Committee on International Relations Committee, September 24,1998 http://www.state.gov/www/policy_remarks/1998/980924_kartman_nkorea.html (검색일 : 2009년 8월 5일).

· "Statement of Charles Kartman,"Recent Developments in North Korea: Hearing Before the Subcommittee on East Asia and the Pacific of Committee on Foreign Relations, U.S. Senate, 155th Congress, Second Session, September 10, 1998, S. HRG. 105-842(U.S Government Printing Office, Washington: 1998).

· Musharraf, Pervez. In The Line of Fire: A Memoir(London· New York· Sydney· Toronto: A CBS Company, 2006).

· Perry, William J."Testimony before the Senate Foreign Relations Committee, Subcommittee on East Asian and Pacific Affairs,"Washington, DC, October 12, 1999
http://www.state.gov/www/policy_remarks/1999/991012_perry_nkorea.html (검색일: 2009년 8월 15일)

· Powell, Colin L."Confirmation Hearing by Secretary-Designate Colin L. Powell," Washington, DC, January 17, 2001, Released by the Office of the Spokesman January 21, 2001.
http://2001-2009.state.gov/secretary/former/powell/remarks/2001/443.html (검색일: 2009년 8월 15일).

<기타>

· Perry, William J. Review of United States Policy Toward North Korea: Findings and Recommendations, October 12, 1999.

· Richard, L. Armitage."A Comprehensive Approach to North Korea,"Institute For National Strategic Studies, Number 159, March 1999
http://www.ndu.edu/inss/ strforum/SF159/forum159.html (검색일: 2009년 8월 3일 검색).

· U.S. House of Representatives, Congressional Record: Proceedings and Debates of the 105th Congress, Second Session, Vol. 144, No. 145, October 13, 1998.

· U.S. Senate, Congressional Record: Proceedings and Debates of the 105th Congress, Second Session, Vol. 144, No. 114, September 2, 1998.

· Congressional Record: Proceedings and Debates of the 105th Congress, Second Session, Vol. 144, No. 130, September 25, 1998.

· GOV/2645, 1 April, 1993.

· INFCIRC/403, May 1992.

· S/25562, 8 April 1993.

· S/825, 11 May 1993.

3. 일본 자료
· 外務省『外交青書　第1部(平成11年版)』,(大蔵省印刷局,1999年6月)。
· 防衛省『日本の防衛-防衛白書-(平成21年版)』(ぎょうせい,2009年 7月)。
· 防衛問題懇談会『日本の安全保障と防衛力のあり方21世紀へ向けての展望』(1994年8月)。
· 「第143回国会衆議院会議録 第6号」『官報号外』(1998年9月3日)。
· 「第143回国会衆議院会議録 第7号」『官報号外』(1998年9月3日)。
· 「第143回国会衆議院 外務委員会議録第7号」(1998年10月14日)。
· 大沼保昭『国際条約集(2006年版)』(有斐閣,2006年)。
· 五百旗頭真· 伊藤元重· 薬師寺克行『外交激変－元外務省事務次官柳井俊二』(朝日新聞社,2007年)。
· ビル· クリントン『マイライフークリントンの回想(下巻)』(朝日新聞社,2004年)。
· リチャード· クラーク『9·11からイラク戦争へ爆弾証言:すべての敵に向かって』楡井浩一訳(徳間書店,2004年)。
· 『北朝鮮政策動向(1996年 第11号)』(ラヂオプレス,1996年10月)。
· 『北朝鮮政策動向(1996年 第14号)』(ラヂオプレス,1996年12月)。

4. 국내 자료
· 국방부『국방백서1998』(1998년 10월).
· 대통령 비서실『김영삼대통령 연설문집(제2권)』(1995년).
· 『김영삼대통령 연설문집(제4권)』(1997년).
· 『김대중대통령 연설문집(제1권)』(1999년).
· 『김대중대통령 연설문집(제4권)』(2002년).
· 『노무현대통령 연설문집(제1권)』(2004년).
· 제16대 대통령 인수위원회『제16대 대통령 인수위원회 백서-대화』(서울, 2003년).
· 김영삼『김영삼 대통령 회고록(상)』(조선일보사, 2001년).
· 『김영삼 대통령 회고록(하)』(조선일보사, 2001년).
· 노태우「노태우전대통령육성회고록」『월간조선』(1999년 8월호).
· 임동원『피스 메이커: 남북관계와 북핵문제 20년』(중앙북스, 2008년).
· 찰스 프리처드『실패한 외교』김연철· 서보혁옮김(사계절출판사, 2008년)
· 「대북한경고경의안」『제181회 국회, 국회본회의 회의록(제4호)』(국회사무처, 1996년 10월 12일).
· 「북한의 대남 무력도발 행위에 대한 결의안」『제181회 국회, 국회본회의 회의록(제3호)』(국회사무처, 1996년 9월 23일).

[2차 자료]

1. 영문 자료

· Akutsu, Hiroyasu."Japan's Strategic Interest in the Korean Peninsula Energy Development Organization(KEDO) : a"Camouflaged Alliance"and its Double-Sided Effects on Regional Security,"LNCV – Korean Peninsula: Enhancing Stability and International Dialogue, Roma, 1-2 June 2000.

· Aspin, Les. Report on the BOTTOM-UP REVIEW, October 1993 http://www.fas.org/man/docs/bur/part01.htm (검색일: 2009년 7월 18일).

· Blair, Dennis C., Hanley Jr, John T."From Wheels to Webs : Reconstructing Asia-Pacific Security Arrangements,"The Washington Quarterly (Spring 2005).

· Carter, Ashton B. and Perry, William J. Preventive Defense: A New Security Strategy For America(Brookings Institution Press, 1999).

· Cha, Victor D. Alignment Despite Antagonism: the United States-Korea-Japan Security Triangle(California: Stanford University Press, 1999).

· Cohen, Raymond. Threat Perception in International Crisis (Madison: The University of Wisconsin Press, 1979).

· Cossa, Ralph A. Monitoring the Agreed Framework : A Third Anniversary Report Card, The Nautilus Institution, October 31, 1997. http://www.nautilus.org/fora/security/11a_Cossa.html (검색일: 2009년 6월 11일).

· "The Agreed Framework / KEDO and Four Party Talks : Prospects and Relationship to the ROK' Sunshine Policy," Korea and World Affairs 23(Spring 1999).

· "US-ROK-Japan:Why a "Virtual Alliance"Makes Sense," The Korean Journal of Defense Analysis, Vol.XII, No.1, Summer 2000.

· ed. U.S-Korea-Japan Relations - Building Toward a Virtual Alliance (Washington D.C.: The CSIS Press, 1999).

· Creekmore, Marion. A Moment of Crisis: Jimmy Carter, the Power of a Peacemaker, and North Korea's Nuclear Ambitions(New York: Public Affairs).

· Duffield, John S."What Are International Institutions?,"International Studies Review Vol.9, No.1(Spring 2007).

· Flynn, Stephen E."America the Vulnerable,"Foreign Affairs, January/February 2002.

· Green, Michael J. Japan-ROK Security Relations: An American Perspective (FSI Stanford Publications, March 1999).

· Griffin, Christopher and Auslin, Michael."Time for Trilateralism?,"American Enterprise Institute for Public Policy Research, No. 2, March 2008.

http://www.aei.org/docLib/20080306_22803AO02Griffin_146696.pdf (검색일 : 2009년 9월 10일).

· Hayes, Peter."Tactically Smart, Strategically Stupid: The KEDO Decision to Suspend Heavy Fuel Oil Shipments to the DPRK,"The Nautilus Institute Policy Forum Online, November 15, 2002
http://www.nautilus.org/fora/security/0221A_Hayes.html (검색일 : 2009년 8월 20일).

· Ikenberry, G. John and Deudney, Daniel H."Structural Liberalism: The Nature and Sources of Postwar Western Political Order,"Browne Center for International Politics, University of Pennsylvania, May 1996.

· Jervis, Robert."Realism, Neoliberalism, and Cooperation : Understanding the Debate,"International Security 24, No.1(Summer 1999).

· Kamiya, Matake."Will Japan go nuclear? Myth and reality,"Asia-Pacific Review, Volume 2, Issue 2, 1995.

· Keohane, Robert O. International Institutions and State Power: Essays in international Relations Theory(Boulder: Westview Press, 1989).

· Kim, Tae-hyo, and Glosserman, Brad, ed. The Future of U.S.-Korea-Japan relations: Balancing values and interests(Washington, D.C.: Center for Strategic and International Studies), 2006.

· Kim, Youngho."The Great Powers in Peaceful Korean Reunification," International Journal on World Peace, September 2003.

· Krasner, Stephen D."Structural Causes and Regime Consequences: Regimes as Intervening Variables," in Stephen D. Krasner, ed., International Regimes(Ithaca: Cornell University Press, 1983).

· Kristin, Rosendal G."Impacts of Overlapping International Regimes: The Case of Biodiversity,"Global Governance 7(January-March 2001).

· Lee, Su-Hoon and Ouellette, Dean."Tackling DPRK's Nuclear Issue through Multi-lateral Cooperation in the Energy Sector,"Policy Forum Online (PFO 03-33: May 27, 2003)
http://www.nautilus.org/fora/security/0333LeeandOuellette.html#sect2 (검색일: 2009년 2월 17일).

· Martin, Lisa L., ed. International Institutions in the New Global Economy (Cheltenham, U.K.: Edward Elgar, 2005).

· Oberdorfer, Don. The Two Korea: A Contemporary History (Massachusetts: Basic Books, 2001).

· Park, Ihn-hwi."Toward an Alliance of Moderates : The Nuclear Crisis and Trilateral Policy Coordination,"EAST ASIA REVIEW, Vol.16, No.2, Summer 2004.

· Perry, William J."Defense in an Age of Hope,"Foreign Affairs, November/ December 1996.

· Pilat, Joseph F.“Reassessing Security Assurances in a Unipolar World,”The Washington Quarterly (Spring 2005).
· Raustiala, Kal and Victor, David G. “The Regime Complex for Plant Genetic Resources,”International Organization 58, Spring 2004.
· Reiss, Mitchell B.“KEDO: Which Way From Here?,”Asian Perspective, Vol.26, No1, 2002.
· Robert O. Keohane and Nye, Joseph S. Power and Interdependence (Boston: Little, Brown, 1977).
· Ruggie, John G.“International Responses to Technology: Concepts and Trends,”International Organization, Vol.29, No.3, Summer 1975.
· Schoff, James L. First Interim Report: The Evolution of the TCOG as a Diplomatic Tool (The Institutional for Foreign Policy Analysis, November 2004).
· Second Interim Report: Security Policy Reforms in East Asia and a Trilateral Crisis Response Planning Opportunity (The Institutional for Foreign Policy Analysis, March 2005).
· Tools for Trilateralism: Improving U.S.-Japan-Korea Cooperation to Manage Complex Contingencies(Massachusetts: Potomac Books, 2005).
· Shin, Dong-Ik.“Multilateral CBMs on the Korean Peninsula : Making a Virtue out of Necessity,”The Pacific Review 10, No.4, 1997.
· Smith, W. Thomas. The Korean Conflict {A Member of Penguin Group (USA) Inc, 2004}.
· Snyder, Glenn H. Alliance Politics(Ithaca: Cornell University Press, 1977).
· “The Security Dilemma in Alliance Politics,”World Politics, Vol. 36, No. 4, July 1984.
· Snyder, Scott.“The Korean Peninsula Energy Development Organization : Implications for Northeast Asian Regional Security Cooperation?,”North Pacific Policy Paper 3, Program on Canada-Asia Policy Studies, Institute of Asia Research, Vancouver : University of British Columbia, 2000.
· “Towards a Northeast Asia Security Community : Implications for Korea’s Growth and Economy Development-Prospects for a Northeast Asia Security Framework,” Paper prepared for conference“Towards a Northeast Asia Security Community : Implications for Korea’s Growth and Economy Development”Held 15 October 2008 in Washington D.C, and sponsored by the Korea Economic Institute(KEI),the University Duisburg-Essen, and the Hanns Seidal Stiftung.
· Stokke, Olav Schram.“The Interplay of International Regimes: Putting

Effectiveness Theory to Work,"The Fridtjof Nansen Institute Report 14(2001).
· "The 23rd Security Consultative Meeting Joint Communiqué,"Korea and World Affairs, Vol.15, No.4(Winter, 1991).
· Wit,Joel S., Poneman, Daniel B., and Gallucci, Robert L. Going Critical-The First North Korean Nuclear Crisis (Washington, D.C.: Brookings Institution Press, 2004).
· Wit, Joel S."Viewpoint: The Korean Peninsula Energy Development Organization: Achievement and Challenges,"The Nonproliferation Review, Winter 1999.
· Young, Oran R. International Governance: Protecting the Environment in Stateless Society (Ithaca: Cornell University Press, 1994).
· "Institutional Linkage in International Society: Polar Perspectives,"Global Governance 2, January-April 1996.
· Governance in World Affairs (Ithaca: Cornell University Press, 1999).
· The Institutional Dimensions of Global Environmental Change: Fit Interplay and Scale (Cambridge, Massachusetts: MIT Press, 2002).
· Zelli, Fariborz."Regime Conflicts in Global Environmental Governance," Paper presented at 2005 Berlin Conference on the Human Dimensions of Global Environmental Change, 2-3 December 2005.

2. 일본 자료

· 浅田正彦「『非核兵器国の安全保障』論の再検討」『岡山大学法学会雑誌』(1993年10月)。
· イ· ヨンジュン『北朝鮮が核を発射する日－KEDO政策部長による真相レポート』辺真一訳(PHP研究所,2004年)。
· 岩田修一郎「核不拡散· 核軍縮と日米関係」『東京家政学院筑波女子大学紀要第３集』(1999年)。
· 「単極構造時代の軍備管理－大量破壊兵器の規制条約と米国の対応－」『国際安全保障』(2003年9月)。
· 宇野重昭· 別枝行夫· 福原裕二編『日本· 中国からみた朝鮮半島問題』(国際書院,2007年)。
· 梅津至「朝鮮半島エネルギー開発機構(KEDO)の活動と今後の課題」『国際問題』(1996年4月)。
· 「活動開始から二年半 重要段階に入ったKEDO」『外交フォーラム』(1998年2月)。
· ウィリアム· ペリー演説文「東アジアの安全保障と北朝鮮への対応」『北朝鮮とペリー報告－暴発は止められるか』(読売新聞社,1999年11月)。

・太田昌克『盟約の闇－「核の傘」と日米同盟』(日本評論社,2004年)。
・小野正昭「安全保障機関としてのKEDOの重要性－北朝鮮原子炉発電所建設の現状と課題」『世界』(岩波書店,1995年5月)。
・小針進「金泳三政権下・韓国の対北朝鮮姿勢」『海外事情』(1995年10月)。
・神谷万丈,「海外における日本核武装論」『国際問題』(1995年9月)。
・「アジア太平洋における重層的安全保障構造に向かって―多国間協調体制の限界と日米安保体制の役割」『国際政治』115号（1997年5月）。
・菊池努「北朝鮮の核危機と制度設計:地域制度と制度の連携」『青山国際政経論集』(75号,2008年5月)。
・金栄鎬「韓国の対北朝鮮政策の変化:1998年－1994年」『アジア研究(Vol.48, No.4)』(October 2002)。
・倉田秀也,「北朝鮮の『核問題』と南北朝鮮関係－『局地化』と『国際レジーム』の間」『国際問題』(1993年10月)。
・「朝鮮問題多国間協議の『重層的』構造と動揺－『局地化』『国際レジーム』『地域秩序』」岡部達味編『ポスト冷戦のアジア太平洋』(日本国際問題研究所,1995年)。
・「北朝鮮の弾道ミサイル脅威と日米韓関係－新たな地域安保の文脈」『国際問題』(第468号,1999年3月)。
・「北朝鮮の『核問題』と盧武鉉政権－先制行動論・体制保障・多国間協議」『国際問題』(2003年5月)。
・「北朝鮮の米朝『枠組み合意』離脱と『非核化』概念」黒澤満編『大量破壊兵器の軍縮論』(信山社,2004年)。
・「日米韓安保提携の起源－『韓国条項』前史の解釈的再検討」『日韓歴史共同研究報告書　第3分科編　下巻』(2005年11月)。
・「核不拡散義務不遵守と多国間協議の力学－国際不拡散レジームと地域安全保障との相関関係」アジア政経学会監修『アジア研究３:政策』(慶応義塾大学出版社,2008年),71－99頁。
・ケネス・キノネス『北朝鮮－米国務省担当者の外交秘録』山岡邦彦・山口瑞彦訳・伊豆見元監修(中央公論新社,2000年)。
・春原剛『米朝対立－核危機の十年』(日本経済新聞社,2004年)。
・『同盟変貌－日米一体化の光と影』(日本経済新聞社,2007年)。
・武貞秀士「米朝合意と今後の北朝鮮の核疑惑問題」『新防衛論集(第23巻第3号)』(1996年1月)。
・田中均『外交の力』(日本経済新聞社,2009年)。
・チャック・タウンズ『北朝鮮の交渉戦略』福井雄二訳・植田剛彦監修(日新報道,2002年)。

・土山實男『安全保障の国際政治学－焦りと傲り』(有斐閣,2005年)。
・東京財団政策研究部「新しい日本の安全保障戦略－多層協調的安全保障戦略－」(2008年10月)。
・ドン・オーバードーファー『二つのコリアー国際政治の中の朝鮮半島－』(共同通信社,1998年)。
・東清彦「日韓安全保障関係の変遷－国交正常化から冷戦後まで」『国際安全保障』(2006年3月)。
・ビクター・D・チャ『米日韓反目を超えた提携』船橋洋一監訳・倉田秀也訳(有斐閣,2003年)。
・福田毅「日米防衛協力における3つの転機－1978年ガイドラインから『日米同盟の変革』までの道程－」『レファレンス』(平成18年7月号)。
・福原裕二「北朝鮮の核兵器開発の背景と論理」吉村慎太郎・飯塚央子『核拡散問題とアジア－核抑制論を越えて－』(国際書院,2009年)。
・船橋洋一『ザ・ペニンシュラ・クエスチョン:朝鮮半島第二次核危機』(朝日新聞社,2006年),371－377頁。
・マイケル・グリーン(Michael J.Green)「米,日,韓三か国の安全保障協力」『Human Security No.2』(1997年)。
・孫崎享『日米同盟の正体－迷走する安全保障』(講談社,2009年)。
・御厨貴・渡辺昭夫『首相官邸:内閣官房副長官石原信雄の2600日』(中央公論新社,2002年)。
・道下徳成「北朝鮮の核外交:その背景と交渉戦術」『海外情報』(1995年10月)。
・「北朝鮮のミサイル外交と各国の対応－外交との比較の視点から」小此木政夫編『危機の朝鮮半島』(慶應義塾大学校出版社,2006年)。
・宮坂直史「テロリズム対策－本土防衛を中心に」近藤重克・梅本哲也編『ブッシュ政権の国防政策』(日本国際問題研究所,2002年)。
・村田晃嗣「米国の対北朝鮮政策とペリー報告－『対話』と『抑止』の狭間で」『国際問題』(2000年2月)。
・山田高敬「北東アジアにおける核不拡散レジームの『粘着性』とその限界－米朝枠組み合意およびKEDOに関する構成主義的な分析」大畠秀樹・文正仁共編『日韓国際政治学の新地平－安全保障と国際協力』(慶応義塾大学出版会,2005年)。
・山本吉宣『国際レジームとガバナンス』(有斐閣,2008年)。
・「強調的安全保障の可能性－基礎的な考察」『国際問題』(1995年8月),3－4頁。
・読売新聞安保研究会『日本は安全か－「極東有事」を検証する』(廣済党,1997年)。
・ロバート・S・リトワク『アメリカ「ならず者国家」戦略』佐々木洋訳(窓社,2002年)。

3. 국내 자료

· 김태효 「韓美日 安保協力의 可能成과 限界」,『정책연구 시리즈2002-3』(외교안보연구원, 2002년 3월).

· 백종천 편 『분석과 정책: 한미동맹 50년』(세종연구소, 2003년).

· 신우용 『한미일 삼각동맹-한일 안보협력을 중심으로)』(양서각, 2007년).

· 오코노기(小此木政夫 編)『김정일과 현대 북한』(을유문화사, 2000년).

· 이대우 『한미일 안보협력 증진에 관한 연구』(세종연구소, 2001년).

· 전진호 「동북아 다자주의의 모색 : KEDO와TCOG를 넘어서」,『일본연구논총』(제17호 2003년), pp.41-74. 頁。

· 전현준 편 「10· 9한반도와 핵」 (이룸, 2006년).

· 정옥임 「국제기구로서의 KEDO-각국의 이해관계와 한국의 정책)」『한국국제정치』(제28호, 1998년), pp.237-272.

· 홍소일 「이례적 현상으로서의 KEDO:핵 확산 금지에 대한 제도적인 접근 방법)」『전략연구』(제29호, 2003년).

4. 신문

· 『국민일보』

· 『동아일보』

· 『서울신문』

· 『세계일보』

· 『조선일보』

· 『중앙일보』

· 『한국일보』

· 『読売新聞』

· 『日本経済新聞』

· 『조선중앙통신』

· 『노동신문』

· 『민주조선』

· International Herald Tribune

· The Atlanta Journal and Constitution

· The Los Angeles Times

· The New York Times

· The Washington Post

5. Web - Site

- IAEA <http://www.iaea.org/About/statute_text.html>
- KEDO <http://www.kedo.org/>
- NPT < http://www.un.org/Depts/dda/WMD/treaty/>
- 한국외교통상부 <http://www.mofat.go.kr/main/index.jsp>
- 일본외무성 <http://www.mofa.go.jp/mofaj/>
- 미국 국무부 <http://www.state.gov/>
- 한국 국방부 < http://www.mnd.go.kr/>
- 일본 방위성 < http://www.mod.go.jp/>
- 미국 국방부 < http://www.defenselink.mil/>
- 한국 국회 <http://www.assembly.go.kr/renew07/main.jsp?referer=first>
- 일본 중의원 <http://www.shugiin.go.jp/index.nsf/html/index.htm>
- 일본 참의원 <http://www.sangiin.go.jp/>
- 미국 하원 <http://www.house.gov/>
- 미국 상원 <http://www.senate.gov/>
- 청와대 <http://www.president.go.kr/kr/index.php>
- 백악관 <http://www.whitehouse.gov/>

<석사 학위 논문 일본어 원문>

韓日米「安保協力メカニズム」の重層性

―北朝鮮「外部化」と「内部化」の力学―

防衛大学校総合安全保障研究科前期課程
総合安全保障専攻·国際安全保障コース
愼治範(シン·チボム)

2010年 3月

目次

序章

第1節 問題の所在及び目的

東アジアは冷戦後においても、中国の台頭や北朝鮮の核兵器および弾道ミサイル開発による脅威が顕在化し、冷戦期より複雑かつ不安定な国際システムとなっている。それゆえ、冷戦期から堅持されてきた日米同盟及び韓米同盟を中心とする「ハブ·アンド·スポーク(hub and spokes)」の二国間同盟体制は依然として維持されている[1)]。

ここで注目すべきは、韓米·日米同盟が「三角同盟(trilateral alliance)」までは至っていないものの、二つの同盟の関連性により、韓日米三国間には「安保協力メカニズム」が働いていることである[2)]。韓米同盟に基づき、朝鮮半島(以下、韓半島)の

1) Christopher Griffin and Michael Auslin,"Time for Trilateralism?,"American Enterprise Institute for Public Policy Research, No. 2, March 2008 http://www.aei.org/docLib/20080306_22803AO02Griffin_146696.pdf (검색일 : 2009년 9월 10일).

2) 韓米·日米同盟の関連性に関しては、倉田秀也「北朝鮮の弾道ミサイル脅威と日米韓関係ー新たな地域安保の文脈」『国際問題』(第468号、1999年3月)、52ー54頁を参照。なお、韓日米安保協力の起源については、倉田秀也「日米韓安保提携の起源ー『韓国条項』前史の解釈的再検討」『日韓歴史共

「戦時[3]」の際、米国が在韓米軍を増援するとともに韓国軍を支援することになっている。その際、日米同盟に基づき、「平時」から米軍の展開を支援している日本の自衛隊が、米軍の韓半島への展開を後方支援するメカニズムになっている[4]。ゆえに、韓日米三国は三角同盟を正式には結んでいないものの、韓米·日米同盟からなる韓日米「安保協力メカニズム」[5]を共有しているといってよい[6]。

同研究報告書第3分科編下巻』(2005年11月)、201－231頁を参照。

3) 韓半島は1953年7月27日に軍事停戦協定が署名されて以来、軍事停戦状態にあり国際法上は戦時体制にある。ただし、韓国では一般に、「戦時」とは戦闘状況、「平時」とは非戦闘状態を示す。

4) 「日米防衛協力のための指針」の第5条によると、「周辺事態への対応に際しては、日米両国政府は、事態の拡大の抑制のためのものを含む適切な措置をとる」と述べた上で、米軍活動に対する日本の支援項目として①施設の使用、②後方地域支援、③運用面における日米協力等を示している。また、ここで後方地域支援については「日本は、日米安全保障条約の目的の達成のため活動する米軍に対して、後方地域支援を行う。この後方地域支援は、米軍が施設の使用及び種々の活動を効果的に行うことを可能とすることを主眼とするものである。そのような性質から、後方地域支援は、主として日本の領域において行われるが、戦闘行動が行われている地域とは一線を画される日本の周囲の公海及びその上空において行われることもあると考えられる」と記されている。「日米防衛協力のための指針」防衛省『日本の防衛-防衛白書-(平成21年版)』(ぎょうせい、2009年 7月)、357－361頁。

5) 北朝鮮の行動を脅威や不安要素と認識している韓日米三国は、北朝鮮が武力行使(全面戦争)にまで至ることを思いとどまらせるように、「軍事力」に基づく協力メカニズムの維持および強化を図っている。それと同時に、その脅威を削減ないし管理するための「外交力」に基づく協力メカニズムの維持および強化を狙っている。本論文では、このような「軍事力」および「外交力」に基づくメカニズムを韓日米「安保協力メカニズム」と称する。また、本論文では、このメカニズムが韓半島ひいては東アジアにおける地域安定の維持という共通の利益に基づき成り立っており、韓米·日米同盟、KEDO、TCOGなどによる重層的構造をもっているとみなす。

6) 韓日米三国の三角同盟に関しては、Ralph A. Cossa, ed, U.S-Korea-Japan Relations - Building Toward a Virtual Alliance (Washington D.C.: The CSIS Press, 1999); 신우용(シン·ウヨン)『韓日米三角同盟－韓日安保協力を中心として(한미일 삼각동맹-한일 안보협력을 중심으로)』(良書閣、2007年)；이대우(李大雨)『한미일 안보협력 증진에 관한 연구(韓日米安保協力増進に関する研究)』(世宗研究所、2001年)を参照。また、ジェームズ·アワー(James E. Auer)は、「韓日米間における実質上の同盟(virtual Korea-Japan-US

1993年3月12日、北朝鮮が核不拡散条約(Nuclear Non-proliferation Treaty：NPT)からの脱退宣言に端を発した第一次北朝鮮核危機が起きた。この際、同盟国である韓国と日本の利益を代弁すると同時に、NPTおよび国際原子力機構(International Atomic Energy Agency：IAEA)を中心とする核不拡散体制を代表する米国は、米朝交渉に着手し、米朝「枠組み合意」に達することでこの危機を収束した。ここで興味深いのは、この危機の最中である1993年7月に訪韓したビル·クリントン(Bill J. Clinton)米大統領が、韓国国会の演説で「複数の装甲板を重ね合わせたもの(overlapping plates of armor)」とメタファーを用いて新たな安全保障体制を提唱したことである[7]。これは、新たな安全保障体制が単に米国との二国間の同盟関係だけではなく、複数の制度を重ね合わせた重層的構造をもつことを示唆していた[8]。

この文脈から、1995年に米朝「枠組み合意」に基づき韓半島エネルギー開発機構(Korean Peninsula Energy Development Organization：KEDO)[9]が誕生したことと、1999年に対北朝鮮政

alliance)は、北朝鮮を抑止するとともに、さらに中国およびASEAN諸国の責任のある行動を促すためには、効果的な地域同盟としてのモデルになるべきである」と述べている。インタビュー(E-mail)、2009年3月7日。

7) President Clinton,"Fundamentals of Security for a New Pacific Community：Address before the National Assembly of the Republic of Korea, Seoul, South Korea, July 10, 1993,"U.S. Department of State Dispatch, vol. 4, no. 29, July 19 1993, pp.509-12.

8) 倉田秀也「朝鮮問題多国間協議の『重層的』構造と動揺－『局地化』『国際レジーム』『地域秩序』」岡部達味編『ポスト冷戦のアジア太平洋』(日本国際問題研究所、1995年)、271－272頁。

9) KEDO에 관해서는 KEDO 홈페이지(http://www.kedo.org/) 참조.

策の調整のために韓日米三国調整グループ(Trilateral Coordination and Oversight Group：TCOG)が生み出されたことは強調されてよい。これらはいずれも韓日米三国間の安保協力に基づき、「平時」から北朝鮮という脅威ないしは不安定要素を平和的に管理しつつ、韓半島ひいては東アジアの安定をもたらしていた[10)]。それゆえ、KEDOおよびTCOGは韓日米「安保協力メカニズム」の一種とみなすことができる。したがって、韓米·日米同盟に続き次々と誕生したKEDOおよびTCOGは、北朝鮮問題をめぐる新たな安全保障体制、すなわち韓日米「安保協力メカニズム」の重層的構造をもたらしたといえる[11)]。

このメカニズムは、北朝鮮を抑止しつつ、北朝鮮の大量破壊兵器(Weapons of Mass Destruction: WMD)とミサイル問題を平和的に解決する最も有効な基本構造とみなされていた。1999年10月に発表された米国の「対北朝鮮政策見直しレポート(Review of United States Policy Toward North Korea)」(「ペリー·レポート」)が提示した「包括的かつ統合的なアプローチ(a comprehensive and integrated approach)」(「ペリー·プロセス」)が、これを裏づけている。

---

10) Joel Wit,"Viewpoint: The Korean Peninsula Energy Development Organization: Achievement and Challenges,"The Nonproliferation Review, Winter 1999. ; James L. Schoff, Tools for Trilateralism: Improving U.S.-Japan-Korea Cooperation to Manage Complex Contingencies(Massachusetts: Potomac Books, 2005).

11) 重層的安全保障構造に関しては、神谷万丈「アジア太平洋における重層的安全保障構造に向かって一多国間協調体制の限界と日米安保体制の役割」『国際政治』115号(1997年5月);東京財団政策研究部「新しい日本の安全保障戦略ー多層協調的安全保障戦略ー」(2008年10月)を参照。

しかし、2002年10月北朝鮮の高濃縮ウラン(Highly Enriched Uranium：HEU)開発計画が発覚したと米国が発表した後、KEDOは同年12月から重油提供を中断した。北朝鮮はこの重油提供の中断を米朝「枠組み合意」の違反であると反発し、2003年1月10日にNPT脱退を宣言し、北朝鮮をめぐる核危機が再度訪れた。その後、同年12月からはKEDOによる軽水炉の建設も中断された。そのため、同年６月の会合を最後にTCOGも公式な幕を閉じた[12)]。かくして、第二次北朝鮮核危機の最中に韓日米「安保協力メカニズム」の重層的構造は徐々に弱体化し、機能不全に陥った。

以上の経緯から、第一次北朝鮮核危機以降北朝鮮の脅威を平和的に解決しつつ、韓半島の安定を維持する基本構造となっていた韓日米「安保協力メカニズム」の重層的構造が、なぜ第二次北朝鮮核危機の最中に崩れてしまったのかという疑問が生じる。本論文では、重層的な韓日米「安保協力メカニズム」を構成していた韓米・日米同盟、KEDO、TCOGなどを制度とみなしたうえで、その制度間の相互作用[13)]に着目しつつ、前述の疑問を構造的に解き明かしていく。その際、冷戦後の韓日米「安保協力メカニズム」の力学を明らかにすることを本

12) James L. Schoff, First Interim Report: The Evolution of the TCOG as a Diplomatic Tool (The Institutional for Foreign Policy Analysis, November 2004), p.1.

13) ここでは、interplayとinteractionを両方とも「相互作用」と訳し、互換的に使う。

論文の目的とする。

第2節 先行研究

本論文が対象とする研究分野は、韓日米三国間の安保協力に関する研究であると同時に韓日米「安保協力メカニズム」としてのKEDOおよびTCOGに関わる。

まず、韓日米三国間も安保協力に関する主要な先行研究には、力学に関する研究と政策提言をする研究に分けられる。その中で、力学に関する主要な研究には、ビクター・チャ(Victor D. Cha)による研究があり、冷戦期における韓日米安保協力を射程におきつつ、とりわけ韓日協力の力学を解き明かしている[14)]。チャは米国の安保へのコミットメントの弱化によって、韓日両国の抱える「見捨てられ(abandonment)」の懸念が両国の協力を促進すると指摘している。しかし、韓日間の防衛交流が94年4月の李炳台国防部長官の訪日から本格的に始まったこと[15)]、1998年10月に金大中大統領と小渕恵三首相が「21世紀に向けた韓日パートナーシップ共同宣言」および「行動計画」を発表

14) Victor D. Cha, Alignment Despite Antagonism: the United States-Korea-Japan Security Triangle(California: Stanford University Press, 1999) ; ビクター・D・チャ『米日韓反目を超えた提携』船橋洋一監訳・倉田秀也訳(有斐閣、2003年)。

15) 東清彦「日韓安全保障関係の変遷－国交正常化から冷戦後まで」『国際安全保障』(2006年3月)、103頁。

し、これまでの防衛交流を公式に文書化しつつ両国の安保協力関係を幅広く強化したこと、その安保協力の強化の一環として翌年9月に韓国海軍と海上自衛隊が始めて災害救助捜索訓練を実施したことなどは、チャが提示する力学によっては説明できない。いずれの時期においても、米国のコミットメントが堅固であったからである。つまり、韓日両国が「見捨てられ」の懸念を抱えることがほとんどなかったにもかかわらず、両国間の協力は増進した[16)]。ゆえに、チャの論理は冷戦期には適用できるものの、冷戦後においてはその限りではない。

他方、政策提言をする研究には、ラルフ・コッサ(Ralph A. Cossa)、マイケル・グリーン(Michael J. Green)、金泰孝(キム・テヒョ)、山口昇等による研究がある。コッサは、韓日米三国間の安保協力は地域の安定維持において長期的効果を持つものであると述べ、その重要性を訴えている[17)]。グリーンは、韓日米三国間の安保協力は米国を中心とする同盟網を強化するとともに、韓半島の平和的な南北統一のために不可欠であると述べ、その重要性を強調している[18)]。金泰孝は、冷戦後の韓日米

16) 米国はEASR95及びEASR98という報告書を通じ、「アジア太平洋地域に10万の米軍を駐留し続けること」を明記している。U.S. Department of Defense, The United States Security Strategy for the East-Asia Pacific Region(Washington D.C., 1995); DoD, The United States Security Strategy for the East-Asia Pacific Region(Washington D.C., 1998).

17) Ralph A. Cossa,"US-ROK-Japan: Why a 'Virtual Alliance' Makes Sense," The Korean Journal of Defense Analysis, Vol.XII, No.1, Summer 2000, p.68.

18) Michael J. Green, Japan-ROK Security Relations: An American

三国の安保協力はより必要性を増していると指摘したうえで、韓日米三国が北朝鮮および中国との競争にいかに対応していくべきなのかを述べている[19]。山口も、韓日米三国間安保協力は中国の台頭を牽制すると同時に、中国との協力をも促すことができるとその必要性を訴えている[20]。しかし、ここで指摘すべきは、以上のいずれの研究も、韓日米三国間における安保協力の重要性と必要性、あるいは政策提言までは述べられているものの、その安保協力に関わる力学までは明らかにしていないことである。

他方、KEDOとTCOGに関する主要な先行研究には、それらを個別に対象とした研究と双方を対象とした研究に分けられる。まず、TCOGに関する主要な研究には、ジェームズ・ショ

Perspective (FSI Stanford Publications, March 1999); マイケル・ジョナサン・グリーン (Michael Jonathan Green)「米、日、韓三か国の安全保障協力」『Human Security No.2』(1997年)、89-99頁。

19) 김태효(金泰孝)「韓美日 安保協力의 可能成과 限界(韓・日・米安保協力の可能性と限界)」『政策研究シリーズ2002－3』(外交安保研究院、2002年3月)；Tae-hyo Kim,"Limits and Possibilities of ROK-U.S.-Japan Security Cooperation: Balancing Strategic Interests and Perceptions,"Tae-hyo Kim and Brad Glosserman(ed.), The Future of U.S.-Korea-Japan relations: Balancing values and interests(Washington, D.C.: Center for Strategic and International Studies), 2006, pp.1-16.

20) Noboru Yamaguchi,"Trilateral Security Cooperation: Opportunities,Challenges, and Tasks, "in Ralph A. Cossa, ed., U.S-Korea-Japan Relations, op. cit., p.15.

フ(James L. Schoff)[21]、金用浩(キム・ヨンホ)[22]らによる研究がある。以上の研究は、いずれもTCOGが韓・日・米三国の対朝鮮政策を調整する機能を果しつつ、韓日米三国間の安保協力を促進したとその役割を高く評価している。次に、KEDOに関連する主要な研究には、スコット・スナイダー(Scott Snyder)、ジョエル・ウィット(Joel S. Wit)、ミチェル・リーズ(Mitchell B. Reiss)、コッサ、ディーン・ウレットル(Dean Ouellette)、李洙勳(イ・スフン)、シン・ドンイク(신동익)、鄭玉任(ジョン・オクイン)、洪素逸(ホン・ソイル)等による研究がある。以上の研究を踏まえると、KEDOについて、信頼醸成措置[23]、エネルギー分野における多国間機構[24]、

序章

21) James L. Schoff, Tools for Trilateralism, op. cit.; James L. Schoff, First Interim Report, op. cit.; James L. Schoff, Second Interim Report: Security Policy Reforms in East Asia and a Trilateral Crisis Response Planning Opportunity (The Institutional for Foreign Policy Analysis, March 2005).

22) Youngho Kim,"The Great Powers in Peaceful Korean Reunification," International Journal on World Peace, September 2003.

23) Shin Dong-Ik,"Multilateral CBMs on the Korean Peninsula : Making a Virtue out of Necessity,"The Pacific Review 10, No.4, 1997, pp.504-522.

24) Su-Hoon Lee and Dean Ouellette,"Tackling DPRK's Nuclear Issue through Multi-lateral Cooperation in the Energy Sector,"Policy Forum Online(PFO 03-33: May 27, 2003) <http://www.nautilus.org/fora/security/ 0333LeeandOuellette.html#sect2>2009年2月17日アクセス。

国際機構[25]、安全保障レジーム[26]などの見方を提示しつつ、KEDOの重要性および必要性を強調している。しかし、TCOGの研究においても、KEDOの研究においても、それぞれの射程にある事象のみを分析している。また、KEDOにおいては、韓日米三国間の安保協力の機能に着目した研究は稀である。

最後に、TCOGとKEDOを同時に対象とした主要な研究の範

25) 鄭玉任と全ジンホは、「北東アジアにおける安全保障と深く関連している国際コンソーシアムより発展した擬似国際機構」とみなしている。정옥임(鄭玉任)「국제기구로서의 KEDO-각국의 이해관계와 한국의 정책(国際機構としてのKEDO －各国の利害関係と 韓国の政策)」『韓国国際政治』(第28号、1998年)、237－272頁；전진호(ジォン·ジンホ)「동북아 다자주의의 모색：KEDO와TCOG를 넘어서(北東アジア の多国間主義の模索 ：KEDOとTCOGを超えて)」,『日本研究論叢』(第17号2003年)、41－74頁。また、スナイダーとリースは、「経済に限らず政治及び安保の機能を有している国際機構」と見なしている。See, Scott Snyder,"Towards a Northeast Asia Security Community：Implications for Korea's Growth and Economy Development-Prospects for a Northeast Asia Security Framework," Paper prepared for conference"Towards a Northeast Asia Security Community：Implications for Korea's Growth and Economy Development"Held 15 October 2008 in Washington D.C, and sponsored by the Korea Economic Institute(KEI),the University Duisburg-Essen, and the Hanns Seidal Stiftung；See, Scott Snyder,"The Korean Peninsula Energy Development Organization：Implications for Northeast Asian Regional Security Cooperation?,"North Pacific Policy Paper 3, Program on Canada-Asia Policy Studies, Institute of Asia Research, Vancouver：University of British Columbia, 2000；Mitchell B. Reiss, "KEDO: Which Way From Here?,"Asian Perspective, Vol.26, No1, 2002,pp.41-55. コッサと洪素逸は、「制度化された国際機構」と見なしている。Ralph A. Cossa,"The Agreed Framework / KEDO and Four Party Talks：Prospects and Relationship to the ROK' Sunshine Policy,"Korea and World Affairs 23(Spring 1999), pp.45-70; Robert Jervis,"Realism, Neoliberalism, and Cooperation：Understanding the Debate," International Security 24, No.1(Summer 1999), pp.42-63；홍소일(洪素逸)「이례적 현상으로서의 KEDO：핵 확산 금지에 대한 제도적인 접근 방법(異例的な現象としてのKEDO：核拡散禁止に対する制度的接近方法)」『전략연구(戦略研究)』(第29号、2003年)。

26) 小野正昭「安全保障機関としてのKEDOの重要性－北朝鮮原子炉発電所建設の現状と課題」『世界』(岩波書店、1995年5月)、92－103頁。

疇には、菊池努、ジョン・ジンホ(전진호)などによる研究がある。菊池努による研究は北朝鮮の核危機に関連する諸制度の一部として、TCOGおよびKEDOを捉えつつ、双方ともに韓日米安保協力に関わる制度として重要な役割を果したと述べている。しかし、菊池努の研究は6者会談に重点をおいており、韓日米三国間の安保協力関係までは明らかにしていない[27]。他方、ジョン・ジンホはTCOGとKEDOをいずれも韓日米三国間の安保協力の機能を果していたものとみなしているものの、より地域的な協力を促進するものとして発展すべきであるという政策提言を目的としており、韓日米三国間の安保協力関係に関わる体系的な研究とは言い難い。

以上のいずれの先行研究においても、韓日米安保協力に関わる事象を分析し、その重要性および改善策などは提示しつつも、冷戦後の韓日米三国間の安保協力における力学に関する研究は稀である。さらに、韓米・日米同盟、TCOG、KEDOからなる重層的な韓日米「安保協力メカニズム」に着目しつつ、その相互作用を明らかにした研究はない。本論文は、このような欠落した視点を補い、韓日米三国間の安保協力関係の力学について新たな視座を提供するものである。

27) 菊池努「北朝鮮の核危機と制度設計：地域制度と制度の連携」『青山国際政経論集』(75号、2008年5月)。

第3節 分析の視座

本論文では「制度(institutions)[28]」という語を用いる際、対象を多少広く捉えることにする。すなわち、組織が存在しなくとも、関係国の間に行動を規制する一定のルールや規範が確認できたときには、それを制度とみなす。言い換えれば、関係諸国の間にある特定の問題領域に関してルールや規範によって規制された一定の行動パターンがみられるときにそこに「制度」が存在しているとみなし[29]、韓米・日米同盟、米朝「枠組み合意」、KEDO、TCOG、「ペリー・プロセス」などをいずれも「制度」として取り扱う。また、オラン・ヤング(Oran R. Young)、ロバート・コヘイン(Robert O. Keohane)、リサ・マーティン(Lisa L. Martin)などの議論を踏まえた山本吉宣の知見に基づ

28) 主要な定義は以下のとおりである。コヘインは「アクターの行動ルールを規定し、活動を束縛し、期待を形成するような(フォーマル、インフォーマル)一連のルール」と述べている。See, Robert O. Keohane, International Institutions and State Power：Essays in international Relations Theory(Boulder: Westview Press, 1989), pp.3-4；ヤングは「社会的な慣行を定義し、その慣行に携わる関係者に役割を与え、それらの役割を有している者の間の相互作用をガイドするゲームのルールあるいは行動規範のセット」と述べている。See, Oran R. Young, International Governance: Protecting the Environment in Stateless Society (Ithaca: Cornell University Press, 1994), p.3；マーティンは「規範、ルール、国際組織の統合された構造」と述べている。See, Lisa L. Martin, ed., International Institutions in the New Global Economy (Cheltenham, U.K.: Edward Elgar, 2005)；ダフィールドは「国際システム、そのシステムのアクター（国家及び非国家)、そして彼らの活動に関わる構成的、規制的、手続き的な規範とルールの比較的に安定したセット」と述べている。See, John S. Duffield,"What Are International Institutions?,"International Studies Review Vol.9, No.1(Spring 2007), pp.7-8.

29) 菊池、前掲論文「北朝鮮の核危機と制度設計」、８頁。

き、「制度」と「レジーム(regime)[30]」を互換的に使う[31]。

ここで指摘すべきは、いままでの制度に関わる研究の主流がある特定の制度に焦点を当ててきたため、複数の制度間の関係を意味する「制度間連携(institutional linkages)」に関わる研究が少なかったことである[32]。すでにふれたように、韓日米三国間の安保協力に関わる制度間の関係を体系的に分析した先行研究も稀である。しかし、ヤングが「一般的に特定の制度には他の制度の枠組との連携が現れ、その影響で制度間の相互作用が生まれる」と指摘したうえで、「機能的な相互依存および

---

30) 「レジーム」という概念について「制度」とは異なる定義を行う論者もいる。例えば、ラギーは「相互の期待、一般的に合意されたルール、規則、計画のセット」と述べている。See, John G. Ruggie, "International Responses to Technology: Concepts and Trends,"International Organization, Vol.29, No.3, Summer 1975, p.569；コヘインとナイは「ルール、規範、行動を管理しその影響を統制する手続きを含む統御装置のセット」と述べている。See, Robert O. Keohane and Joseph S. Nye, Power and Interdependence (Boston: Little, Brown, 1977), p.17；クラズナーは「国際関係およびシステムの特定においてアクターの期待を収斂させる明示的、あるいは黙示的な原則、規範、ルール、意思決定の手続きのセット」と述べている。See, Stephen D. Krasner,"Structural Causes and Regime Consequences: Regimes as Intervening Variables,"in Stephen D. Krasner, ed., International Regimes (Ithaca: Cornell University Press, 1983), p.2.

31) 山本吉宣は、ヤングもコヘインも「例えばレジームという制度(institutions such as regimes)」という言い方を指摘し、マーティンは「国際制度を規範、ルール、国際組織の統合された構造」と見なしつつ、制度とレジームを区別なく用いると述べている。山本吉宣『国際レジームとガバナンス』(有斐閣、2008年)、33－42頁。

32) Oran R. Young, Governance in World Affairs (Ithaca: Cornell University Press, 1999), p.163；Kal Raustiala and David G. Victor,"The Regime Complex for Plant Genetic Resources,"International Organization 58, Spring 2004, p.278·295；1990年半ば以降、制度間連携に関わる研究が開始されたが、これを「レジーム研究の第三の波」と呼ぶ。See, Fariborz Zelli,"Regime Conflicts in Global Environmental Governance,"Paper presented at 2005 Berlin Conference on the Human Dimensions of Global Environmental Change, 2-3 December 2005, p.2.

制度の密度が増えるほどに制度間の相互作用も増えてゆく」と述べているように[33]、関連する制度が増えるにつれ、制度間の相互作用に関わる研究の重要性および必要性も増していく[34]。ゆえに、本論文は、KEDO、TCOGなどの誕生が重層的な韓日米「安保協力メカニズム」をもたらしたことに着目しつつ、それらの相互作用を分析する。

本論文では、特定の制度の間で、「互いに影響しあう」とき、それを制度間の相互作用と見なし、その相互作用の土台となっている制度間における連結状態を「制度間連携」と捉える。これについて、ヤングは、「制度間連携」について、①埋め込み型(embedded)、②入れ子型(nested)、③重複型(overlapping)、④クラスター型(clustered)の四つに区分し、概念化している[35]。第一に、「埋め込み型」制度間連携とは、国家主権のような、明示的に示さなくても一般的に合意されている原理や慣行から影響を受けて特定の制度が生まれる場合の制度間の関係を指す。例えば、主権国家体系という基本的規範があり、それに基づいて貿易や安全保障の分野に関する制度が

---

33) Oran R. Young, op. cit., 1999, pp.163－164 ; Oran R. Young, The Institutional Dimensions of Global Environmental Change: Fit Interplay and Scale (Cambridge, Massachusetts: MIT Press, 2002), p.111 ; Kal Raustiala, op. cit., p.278.

34) Kal Raustiala, op. cit., p. 278.

35) Oran R. Young,"Institutional Linkage in International Society: Polar Perspectives,"Global Governance 2, January-April 1996, pp.1-24 ; Oran R. Young, op. cit., 1999, pp.165-188 ; 菊池、前掲論文「北朝鮮の核危機と制度設計」、32-50頁。

形成されるというものである[36]。また、国家間の交渉では少なくとも相手の国家の存在を事実上承認することが前提になるが、この場合もこの類型に相当する[37]。したがって、本論文では「埋め込み型」を国家間交渉のベースになっているものと捉え、分析対象からは除外する[38]。

第二に、「入れ子型」制度間連携とは、機能的かつ地理的に制限されている特定の合意がより大きな制度の枠組みに組み込まれている場合の制度間の関係である。例えば、韓米相互防衛条約、日米安全保障条約、IAEAの規範が国際連合(以下、国連)憲章から供給されている場合がこの範疇に入る[39]。また、「入れ子型」では国際制度から地域制度への規範やルールの提供が一般的であるが、「入れ子型」を広く解釈すると、

序章

36) 山本、前掲書、151頁。

37) 菊池、前掲論文「北朝鮮の核危機と制度設計」、34頁。

38) 山本は埋め込み型と入れ子型は「区別が難い」と述べうえで、「構成的ルール」のセットとしての制度に関して垂直的な関係があるものを「埋め込み型」と捉え、その反面「規制的ルール」のセットとしての制度に関して垂直的な関係があるものを「入れ子型」と見なしているが、この区別も曖昧である。山本、前掲書、151－152頁。

39) 韓米相互防衛条約の第1条によると、「締約国は(中略)武力による威嚇又は武力の行使を、国際連合の目的又は締約国が国際連合に対して負っている義務と両立しないいかなる方法によるものも慎むことを約束する」と記している。「米韓相互防衛条約」大沼保昭『国際条約集(2006年版)』(有斐閣、2006年)、611頁；日米相互協力及び日米安全保障条約の前文に、「(中略)国際連合憲章の目的及び原則に対する信念並びにすべての国民及びすべての政府とともに平和のうちに生きようとする願望を再確認し(中略)」と記した上で、第1条に、「国連連合憲章に定めるところに従い、それぞれが関係することのある国際紛争を平和的手段によって国際の平和及び安全並びに正義を危うくしないように解決し(中略)」と定めている。「日米相互協力及び安全保障条約」大沼、前掲書、593頁。

「入れ子」の関係を通じて地域制度が国際制度の維持及び強化のために、新しい規範やルール、プログラムを提供する場合もある[40]。例えば、米朝「枠組み合意」とKEDO(地域制度)が、不拡散の見返りの提供を想定していないNPTおよびIAEA(国際制度)を補完したことが挙げられる[41]。

第三に、「重複型」制度間連携とは、異なる目的で別個に生まれた複数の制度が、互いに相当な影響力を行使しあいながら事実上交差している場合の制度間の関係である[42]。また、これは機能的に交差している現象から導き出された関係であるため、水平的な関係だけではなく垂直的な関係でも成り立つ。例えば、本論文の主要分析対象とする韓米·日米同盟、KEDO、TCOGは何れも韓日米三国間の安保協力の機能をもっており、この範疇に相当する。また、NPTおよびIAEAと「韓半島の非核化に関する共同宣言(以下、南北非核化共同宣言)」も、韓半島における核不拡散体制の機能を担っているがゆえに、このタイプに該当する。

最後に、「クラスター型」制度間連携とは、特定の問題を解決するためにパッケージに用いられている複数の制度間の関

40) 菊池、前掲論文「北朝鮮の核危機と制度設計」、36頁。

41) この場合は、新しい「プログラム」を提供している例である。

42) 山本はこれ(overlapping)を「交差的な関係」と称している。山本、前掲書、148頁。

係を指す。すなわち、それぞれ異なる機能分野ごとに個別の制度が形成されているが、それがより包括的なパッケージとして全体を形作る場合の制度間の関係である[43]。したがって、垂直的関係においても、水平的関係においてもみられる構造である。例えば、NPTおよびIAEA(核不拡散体制)、韓米・日米同盟(軍事力による抑止)、KEDO(核問題の解決)、TCOG(核及びミサイル問題の解決)などはそれぞれ異なる機能を抱えつつも、相互に関連し北朝鮮問題に携わる全体像を形成していたのはこの類型に当たる。ここで指摘すべきは、北朝鮮問題のような特定の問題に関わる制度間連携を射程にいれたとき、関連する制度は基本的に「クラスター型」の範疇に入ることである。それゆえ、本論文は北朝鮮問題に関わる「クラスター型」の研究であるといってよい。

したがって、本論文では北朝鮮問題をめぐる「クラスター型」という枠の中にある「入れ子型」と「重複型」の分析に限定する。とりわけ、韓日米三国間の安保協力の機能をもつ制度間の相互作用を焦点に分析を行う。その際、「重層的構造」と「重複型」はいずれも機能が交差する制度間の関係を指しているがゆえに、ここでは互換的に使う。

さて、制度間の「相互作用」においては、二つの視座から

43) 菊池、前掲論文「北朝鮮の核危機と制度設計」、34頁。

序章

分析を行う。まず、制度間の相互作用は「相互補完」的なものと「相互に矛盾」するものがあるという一般的な仮説に着目する[44]。例えば、「重複型」は機能的に交差しているので、基本的には「相互補完」的な効果を生み出す。しかし、争点をめぐる関係国間の「認識の齟齬[45]」が顕在化し、関係国がそれぞれ「フォーラム・ショッピング(forum shopping)[46]」を行うと、制度間の相互作用が「相互に矛盾」する方向に向かう。

また、本論文は北朝鮮問題をめぐる制度を取り扱っているため、その制度間の相互作用をより具体的に分析するためには、関連する制度と北朝鮮との関係を明らかにする必要がある。したがって、関連する制度が北朝鮮という脅威ないしは不

---

44) ここで言う「相互補完」と「相互矛盾」という用語は山本の知見による。山本、前掲書、142頁；ヤングは「有益なもの(beneficial)と相反するもの(mutual interference)」と区分する。See, Young, op. cit., 1999, p.12；ストッケは「肯定的な影響(positive impacts)と否定的な影響(negative impacts)」と区分する。See, Olav Schram Stokke,"The Interplay of International Regimes: Putting Effectiveness Theory to Work,"The Fridtjof Nansen Institute Report 14(2001), p.3；クリスティンは「シナジー効果(synergetic effects)と対立効果(conflicting effects)」と区分する。See, Rosendal G. Kristin,"Impacts of Overlapping International Regimes: The Case of Biodiversity,"Global Governance 7(January-March 2001), p.97.

45) 例えば、レイモンド・コーエン(Raymond Cohen)は、脅威認識を「政策決定者の立場で特定要因が国家に被害になりうると予想される期待」と述べ、国家ごとに脅威認識が異なりうることを示している。Raymond Cohen, Threat Perception in International Crisis (Madison: The University of Wisconsin Press, 1979), p.4.

46) ロースティアラは、「フォーラム・ショッピングとは、アクターが自己利益を最大限するために最も有利なフォーラムを選択しようとするもの」と述べている。また、彼は、フォーラム・ショッピングが行われる土台となるものを「制度複合体(regime complex)」と称している。ここでいう「制度複合体」とは、多数の制度が重なり合って構成されている集合体を指しており、本論文の重層的な韓日米「安保協力メカニズム」がこれに該当する。Kal Raustial, op. cit., p.277, p.280, p.299.

安定要素を「外部化」するのか「内部化」するのかというもう一つの視座を取り入れて事象の分析を行う。

脅威の「外部化」とは、脅威を制度の枠外におきつつ、圧力をかけて強制的に脅威を抑えようとすることである。他方、脅威の「内部化」とは、脅威を制度の枠内においてその原則·規範·ルールの共有を求めつつ、その脅威を和らげようとすることを指す[47]。この視点によれば、北朝鮮を「内部化」するのか「外部化」するのかは、関連する制度に北朝鮮が含まれているのか否かに左右されるといってよい。例えば、韓米および日米同盟は北朝鮮をその枠外におきつつ、武力行為を抑止する仕組みであり、北朝鮮を「外部化」する制度である。また、米朝「枠組み合意」は北朝鮮をその枠内において、北朝鮮が核施設の凍結·解体およびNPTに復帰する代わりに、米国が重油提供および軽水炉支援などを通じて北朝鮮に関与(engagement)する仕組みであり、北朝鮮を「内部化」する制度とみなしてよい。

しかし、北朝鮮をめぐる他の制度をみると、このように北朝鮮を制度の枠内に入れるか否かだけでその制度を北朝鮮の「外部化」と「内部化」に区別することは容易ではない[48]。例

47) 山本吉宣「協調的安全保障の可能性―基礎的な考察」『国際問題』(1995年8月)、3―4頁。

48) 倉田によると、「朝鮮問題(韓半島問題)に関する多国間協議(制度)につい

えば、KEDOは北朝鮮を枠外においているが、北朝鮮に重油提供および軽水炉支援を行いつつ、関与していく機能をもっていることから判断すると、北朝鮮を「外部化」しているとは言い難い。すなわち、KEDOは北朝鮮を「外部化」する構造をもちながら、「内部化」する機能を有している制度とみなしてよい。また、TCOGも北朝鮮を制度の枠外においているが、KEDOおよび米朝「枠組み合意」を支えており、この連携を通じて北朝鮮に関与する機能を有している。それゆえ、TCOGはKEDOと同様に、北朝鮮を「外部化」する構造をもちながら、「内部化」する機能をも有している制度であるといえる。したがって、本論文では、北朝鮮をめぐる制度を分析する際、機能的な側面と構造的な側面をともに考慮しつつ、北朝鮮の「外部化」と「内部化」を論じる。

以上を踏まえつつ、本論文での分析は次のような順序で行う。まず、北朝鮮問題をめぐる制度間の関係を「入れ子型」および「重複型」制度間連携に位置づける。特に、韓米·日米同盟、KEDO、TCOG、「ペリー·プロセス」を中心にその関係を明らかにする。次に、制度間の相互作用が「相互補完」的に動いているのか「相互矛盾」に動いているのかをそれぞれ

て、北朝鮮を『内部化』するか『外部化』するかは、その協議(制度)に北朝鮮が含まれているかだけではなく、その協議(制度)がもつ機能と北朝鮮との関係から判断せざるをえない(括弧:引用者)」と述べている。倉田秀也「北朝鮮の『核問題』と盧武鉉政権―先制行動論·体制保障·多国間協議」『国際問題』(2003年5月)、22頁。

分析しつつ、その理由を明らかにする。その際、関連する制度が北朝鮮を「内部化」するか「外部化」するかという視座を取り入れて分析を補う。以上から、重層的な韓日米「安保協力メカニズム」が、第二次北朝鮮核危機の最中に崩れた理由を明らかにする。同時に、冷戦後における重層的な韓日米「安保協力メカニズム」の力学を明らかにする。

序章

第4節 論文の構成

本論文は、4章から構成される。第1章から第4章までは序章で提示した分析枠組みを用い、事例の分析を行う。第1章では第一次北朝鮮核危機を中心に核不拡散制度の制度間連携を探りつつ、それをめぐる韓日米三国間の安保協力関係を明らかにする。第2章では、KEDOの誕生が、北朝鮮を「外部化」しつつ、「内部化」する重層的な韓日米「安保協力メカニズム」をもたらしたことを明らかにする。そのうえで、1996年9月に発生した北朝鮮の潜水艦侵入事件をめぐる韓日米三国間の対応の相違を探りつつ、北朝鮮の通常兵器による行動に対する三国間の利害の齟齬が、前述の重層的構造の軋轢をもたらしたことを明らかにする。第3章では、1998年8月に発生した北朝鮮の「テポドン－1」ミサイル発射実験をめぐる韓日米三国の対応の相違を分析しつつ、北朝鮮の弾道ミサイルに対する三国間の利害の齟齬が、前述の重層的構造に軋轢をもたらしたことを明らかにする。さらに、米朝「枠組み合意」およびKEDOを維持すると同時に、北朝鮮の弾道ミサイル問題という新たな問題領域を取り扱うために生まれたTCOGおよび「ペリー・プロセス」が重層的な韓日米「安保協力メカニズム」をより活性化したことを明らかにする。第4章では、9·11テロ以降の米朝「枠組み合意」、KEDO、TCOGが消滅する過程を中心に述べる。その際、韓米·日米同盟、KEDO、TCOG間の相互作用を明らかにする。終章では、第4章までの議論を踏まえつつ、韓日米「安保協力メカニズム」の力学を明らかにする。そして、今後の韓日米「安保協力メカニズム」のあり方を提示した上で、今後の課題を示してから本論文を締めくくる。

第1章

第一次北朝鮮核危機と韓日米関係

本章では、第一次北朝鮮核危機を核不拡散制度の危機でありながら軍事的危機であるという二面性をもつ危機とみなしたうえで、韓米·日米同盟による抑止力の強化をベースにしながら、同盟国である韓日両国間の利益を代弁すると同時に、NPTおよびIAEAを中心とする核不拡散制度を代表する立場である米国が米朝交渉に着手し、米朝「枠組み合意」に達することでこの危機を収束したことを明らかにする。また、これをもとに、北朝鮮を「外部化」する構造や機能を維持しつつ、「内部化」する機能を有する重層的な韓日米「安保協力メカニズム」が生まれるようになる過程を明らかにする。

第1節 北朝鮮のNPT脱退宣言と米朝高官協議（第1ラウンド）

第1項 韓半島をめぐる核不拡散の制度間連携の起源と挫折

北朝鮮は、1985年12月12日にNPTに加盟し、1992年1月30日にIAEAとの保障措置協定(Safeguard Agreement)に署名した[1]。このような北朝鮮の一連の動きは、当時国際的な懸念となっていた自国の核兵器開発疑惑問題[2]に対し、国際的な枠組み(国際制度)に組み入れ解決しようとする取り組みに応じるものであった。同時に、その見返りとして米国と日本から経済的支援および国交正常化を得ようとしたものであった[3]。

そして、1991年12月30日に韓国と北朝鮮(省略して記述する時は、「南北」と表記)は「核兵器の試験、製造、生産、受入、保有、貯蔵、配備、使用をしない(第１条)」、「南北核統制委員会が規定

---

1) INFCIRC/403, May 1992.

2) 北朝鮮核兵器疑惑問題の経緯に関する詳細は、ドン·オーバードーファー『二つのコリアー国際政治の中の朝鮮半島ー』(共同通信社、1998年)、294ー329頁；イ·ヨンジュン『北朝鮮が核を発射する日ーKEDO政策部長による真相レポート』辺真一訳(PHP研究所、2004年)、90ー99頁；武貞秀士「米朝合意と今後の北朝鮮の核疑惑問題」『新防衛論集(第23巻第3号)』(1996年1月)、81頁;전현준(ジョン·ヒョンジュン)編「10·9한반도와 핵(10·9韓半島と核)」(イルム、2006年)、13ー26頁を参照。なお、北朝鮮の核兵器開発の論理については、福原裕二「北朝鮮の核兵器開発の背景と論理」吉村慎太郎·飯塚央子『核拡散問題とアジアー核抑制論を越えてー』(国際書院、2009年)、63ー82頁を参照。

3) オーバードーファー、前掲書、309頁。

する手続きと方法で相互査察を実施する(第4条)」などが盛り込まれている南北非核化共同宣言を打ち出した[4]。この宣言を南北間(韓半島)に限定された核兵器拡散を防止するための制御措置と捉えれば、核不拡散体制に関わる地域取り決めと位置づけられる。そうだとすれば、NPT及びIAEAと南北非核化共同宣言との関係は、韓半島の核不拡散の統御機能を共通に担っている「重複型」制度間連携とみなすことができる。これが韓半島をめぐる核不拡散の制度間連携の始まりであった。この連携は相互補完的に作用していけば、「二重査察構造[5]」の回路を起動させる効果をもたらすことができるはずであった。

しかし、南北の核統制共同委員会による相互査察協議は、査察の範囲、頻度、方法などの様々な争点をめぐって、南北間の意見の対立が続いた[6]。結局、韓国の1993年韓米合同軍事演習「チームスピリット」の実施発表に北朝鮮が反発して[7]、22回に及ぶ協議を重ねた後、1993年1月に核統制共同委員会は幕

---

4) 「南北非核化共同宣言」の詳細は、宇野重昭・別枝行夫・福原裕二編『日本・中国からみた朝鮮半島問題』(国際書院、2007年)、233－234頁を参照。

5) 「二重査察構造」とは、国際制度(IAEA)による査察だけではなく、当事者間の局地的な相互査察も加えられている構造を指す。倉田秀也「北朝鮮の『核問題』と南北朝鮮関係－『局地化』と『国際レジーム』の間」『国際問題』(1993年10月)、50－52頁。

6) イ・ヨンジュン、前掲書、108頁；「相互査察」の南北間の見解の相違点については、倉田前掲論文「北朝鮮の『核問題』と南北朝鮮関係」、52－53頁を参照。

7) 北朝鮮は、「南朝鮮当局がチームスピリット共同軍事演習の強行実施を公式発表した事実は七千万民族の平和統一志向に対する耐えられない挑戦であり、共和国北部に対する悪辣な挑発である」とチームスピリット実施に関する韓国政府の公式発表を強く批判している。『労働新聞』1993年1月27日。

を閉じた[8]。こうして、南北非核化共同宣言は実行段階まで至らずに機能不全に陥ってしまった。

他方、IAEAの特別査察(special inspection)[9]を要求する決議に対し、1993年3月12日北朝鮮は政府声明で「これはわが共和国の自主権に対する侵害であり、かつ内政に対する干渉であり、我々の社会主義を圧殺しようとする敵対行為である」と強く非難した上で、「国の最高利益を守護するための措置としてやむを得ず核兵器拡散防止条約から脱退するということを宣布する」と宣言した[10]。この北朝鮮のNPT脱退宣言により、韓半島の核兵器不拡散に関わる両輪が機能不全になりかねない危険が差し迫った。したがって、NPT脱退宣言に端を発した第一次北朝鮮核危機は、北朝鮮の核兵器保有およびその拡散による「軍事的危機」であると同時に、「制度の危機」でもあったといえる。

---

8) イ·ヨンジュン、前掲書、110頁。

9) 「特定査察(ad hoc inspection)」とは、保障措置協定締結後に申告された原子力活動に関する情報について、それが正確かつ完全であるかを検認するために実施する一連の査察であり、この特定査察が完了した施設ごとに、原子力活動が軍事転用されていないことを検認するために定期的に実施する査察を「通常査察(routine inspection)」という。さらに、当該国より申告された情報や査察を通じて得た情報では原子力活動の軍事不転用を検認できない場合などに、当該国の同意を得て追加的な情報入手や場所への接近を行う査察を「特別査察(special inspection)」という。

10) 「민족의 자주권과 나라의 최고리익을 수호하기 위하여 자위적조치를 선포한다 – 조선민주주의인민공화국 정부 성명(民族の自主権と国の最高利益を守護するために自主的措置を宣布する－朝鮮民主主義人民共和国政府声明)」『労働新聞』1993年3月13日。

この危機を打開するため、IAEAは北朝鮮の保障措置協定違反を認定する決議を採択し[11]、IAEA憲章第12条C項[12]に従って北朝鮮の不遵守(non-compliance)行為を国際連合安全保障理事会(以下、国連安保理)に報告した。これを受けて、国連安保理は1993年4月、IAEAに北朝鮮と改めて対話を続けることを促す議長声明[13]を発表し、引き続き同年5月には北朝鮮にNPT脱退の再考を呼びかける国連安保理決議825[14]を採択した。しかし、安保理理事国の15カ国の中、中国とパキスタンが棄権し、ロシアも制裁には消極的であったため、国連が北朝鮮核問題を効果的に取り扱うことができなくなった。かくして、北朝鮮核問題をめぐって南北非核化共同宣言とNPTの連携から始まった一連の「制度間連携」の動きには限界が現れた。

この状況の下、1993年5月末、北朝鮮による「ファソン」(3発)と「ノドン」(1発)の発射実験も行われた[15]ものの、同年6月2日核不拡散体制の維持及び強化を望んでいた米国[16]が北朝鮮と

11) GOV/2645, 1 April, 1993.

12) IAEAの憲章第12条(機関の安全措置)C項に従って、IAEAの理事会は安全措置協定の違反行為につき国連安保理及び総会に報告する権限をもつ。「Statute of the IAEA」IAEAホームページ<http://www.iaea.org/About/statute_text.html> 2009年5月16日アクセス。

13) S/25562, 8 April 1993.

14) S/825, 11 May 1993.

15) 道下徳成「北朝鮮のミサイル外交と各国の対応ー核外交との比較の視点から」小此木政夫編『危機の朝鮮半島』(慶應義塾大学出版会、2006年)、73ー74頁。

16) クリントン米大統領は、選挙キャンペーンから「不拡散体制」を強化するのを「最大の国家安全保障アジェンダ」であると主張してきた。Joel S. Wit, Daniel B. Poneman, Robert L. Gallucci, Going Critical-The First

の交渉に着手し、米朝高官協議第１ラウンドが開かれた。その結果、北朝鮮のNPT脱退宣言の効力を発する前日の同月11日、「米朝共同声明」が発表され、同脱退宣言が留保された。ここで、米朝双方は、①核兵器を含む武力による威嚇および武力の行使をしないことを保証、②非核化された韓半島の平和と安全を保証、③韓半島の平和的統一を支持することを含む「三原則」で合意し、その見返りとして北朝鮮が「NPTからの脱退効力(effectuation)を必要と認める限り、一方的に臨時停止させる(suspend)」とした[17]。こうして、北朝鮮のNPT脱退宣言に端を発した第一次北朝鮮核危機はいったん小康を取り戻した。

North Korean Nuclear Crisis (Washington, D.C. Washington, D.C.: Brookings Institution Press, 2004), p.18. また、クリントンは1993年9月27日に行われた国連総会で演説し、「私は不拡散を我が国の最も重要な政策の一つとして推進している」と述べていた。The White House,“Adress by the President to the 48th Session of the United Nations General Assembly,”The United Nations, New York, September 27, 1993. <http://clinton6.nara.gov/1993/09/1993-09-27-presidents- address-to-the-un.html>2009年10月5日アクセス。そして、1993年10月に公表されたReport on the BOTTOM-UP REVIEWに、「核兵器、化学兵器、生物兵器などのWMDの拡散を冷戦後の新たな最大の脅威」として取り上げたうえで、その不拡散の重要性を強調している。Les Aspin, Report on the BOTTOM-UP REVIEW, October 1993 <http://www.fas.org/man/docs/bur/part01.htm>2009年7月18日アクセス。

17) “U.S.－North Korean Joint Statement, Geneva, June 11, 1993,”Joel S. Wit, ed., op. cit., pp.419－420.「조선민주주의인민공화국 - 미합중국 공동성명발표(朝鮮民主主義
人民共和国－米合衆国共同声明の発表」『労働新聞』1993年6月13日。

第2項 新たな「米朝関係」の萌芽と韓日米三国間の安保協力

ここで注目すべきは二つある。まず、第一次北朝鮮核危機によって新たな米朝関係が生まれたことである。1988年12月から米国と北朝鮮は北京チャンネルを通じて大使館の政治担当公使の接触を開始していたが、米国は政府高官レベルの接触は避けてきた[18]。1992年1月のアーノルド・カンター国務次官(政治担当)と金容淳(キム・ヨンスン)朝鮮労働党書記(国際問題担当)との会談は例外的なものに過ぎなかった[19]。すなわち、この会談は北朝鮮をIAEA との保障措置協定の署名に誘導するため、米国が取引材料として用いた極めて限定的なものにほかならなかった[20]。したがって、第一次北朝鮮核危機によって米国は北朝鮮との直接交渉への軌道修正を明らかにし、さらに明文化したといってよい。それゆえ、前述の「米朝共同声明」は新たな米朝関係の最初の産物という意義をもっている。ただし、この時点で米国が北朝鮮との交渉に着手したのは、あくまでNPTおよびIAEAを代表する立場として核兵器不拡散制度を維持するためであった。このため、クリントンは米朝交渉の代表

18) 金栄鎬「韓国の対北朝鮮政策の変化：1998年－1994年」『アジア研究(Vol.48, No.4)』(October 2002)、8頁。

19) 元米国務省担当官ケネス·キノネスの証言によると、米朝高官協議第一ラウンド以前の米朝接触は1982年からの「笑顔外交」と1988年からの「穏健なイニシアティブ」による限定的なものしなかったと述べている。ケネス·キノネス『北朝鮮－米国務省担当者の外交秘録』山岡邦彦·山口瑞彦訳·伊豆見元監修(中央公論新社、2000年)、32－64頁。

20) Joel S. Wit, ed., op. cit., p.10.

に東アジア・太平洋担当者ではなく、ロバート・ガルーチ(Robert L. Gallucci)政治・軍事問題担当国務次官補を任命したと思われる。したがって、「米朝共同声明」はNPTという核不拡散制度の危機、すなわちNPT加盟国の中から最初の脱退国が出ることを阻止したものという第一義的な意味をもっている。

また、「米朝共同声明」で興味深いのは、米国が、非核兵器国に対して核兵器国が核の脅威を与えず、また使用しないことを意味する「消極的安全保証(Negative Security Assurance：NSA)[21]」という一般原則を、北朝鮮との二国間関係に読み換えて例外的に与えたことである[22]。これは、北朝鮮がNPT脱退宣言の際、「米国は核兵器国として、(中略)我々(北朝鮮)に対する核脅威を継続している(括弧：引用者)」と述べたうえで、「米国が我々に対する核脅威を中止」することをNPT復帰の条件の一つとして取り上げたことに起因する。それゆえ、前述の「米朝共同声明」は、北朝鮮のNPT脱退留保と米国のNSA付与との交換であったといってよい。また、北朝鮮は引き続き米国にNSAをはじめとする安全保証の公約を強く求めており[23]、NSA

---

21) See, Joseph F. Pilat"Reassessing Security Assurances in a Unipolar World,"The Washington Quarterly (Spring 2005), pp.159-170; 浅田正彦「『非核兵器国の安全保障』論の再検討」『岡山大学法学会雑誌』(1993年10月)を参照。

22) 倉田、前掲論文「北朝鮮の『核問題』と盧武鉉政権」、16頁。

23) 1992年3月8日付の『ニューヨーク・タイムズ』によると、ジョージ・H・W・ブッシュ(George H.W. Bush)政権から、米国は、北朝鮮、イラクでの核兵器および他の大量破壊兵器の拡散を防止するため、必要であれば使用できる軍事作戦の計画までもっていると報じている。北朝鮮が米国にに関連する条項が後述する米朝「枠組み合意」を含む米朝協議関連文書に盛り込まれることになる。

見方を換えれば、この時点を境目にして、北朝鮮問題の主軸が南北関係から米朝関係に入れ替わったといっても過言ではない。この変化は、「当事者原則[24]」により南北を主軸に韓半島問題(朝鮮問題)の解決を強く求めていた盧泰愚前政権とは違って、北朝鮮問題の解決に資するのであれば、韓米間の緊密な協力に基づいた米朝交渉に同意した金泳三政権の判断によるものであった[25]。しかし、この変化が、韓国が韓半島問題の解決から疎外されるのではないかという疎外感を募らせたことも否めない。「米朝共同声明」の直後、金泳三大統領が『ニューヨーク・タイムズ』とのインタビューで「米国は北朝鮮に引きずられてはならない[26]」と批判を加えたことが、これを裏づけている。さらに、北朝鮮の対米傾斜はこの韓国の疎外感を促した。ただし、ここでいう疎外感とは、スナイダー(Glenn H. Snyder)が唱えている「見捨てられる(abandonment)懸念」、すなわち米国が同盟関係を解消する、あるいは同盟上の公約を履行しないの

NSAを要求し続けていることは、前述の米国の軍事作戦計画の存在に起因する。Patrick E. Tyler,"U.S. Strategy Plan Calls for Insuring No Rivals Develop,"The New York Times, March 8, 1992.

24) 韓半島問題の解決はあくまでも南北韓の当事者に委ねねばならないとする原則である。노태우(盧泰愚)「노태우전대통령육성회고록(盧泰愚前大統領肉声回顧録)」『月刊朝鮮』(1999年8月号)、386－389頁。

25) インタビュー(国際政策研究院の事務室にて筆者が実施)、2009年7月29日。

26) "Seoul's Leader Says North Is Manipulating U.S. on Nuclear Issue,"The New York Times, July 2, 1993.

ではないかという懸念[27]とは言い難い。なぜならば、後述のように、その当時の韓米同盟による韓米連合軍は依然として断固たる体制を維持していたからである。したがって、その当時の韓国の疎外感をあえていうなれば、北朝鮮との諸問題、特に南北統一問題をめぐる論議に韓国が排除されるのではないかという「放置される懸念」というべきであろう。

冒頭にふれた韓国国会の演説で、クリントン大統領が非核化された韓半島の実現のため、国際制度からの査察だけではなく南北非核化共同宣言に基づく相互査察の必要性を言及した。これは韓国も北朝鮮核問題の当事者であることを示し、韓国の疎外感を和らげようとするものであった。また、米国が韓国との連携を重視しつつ、これ以降の北朝鮮との合意に常に南北対話に着手することを求める項目を盛り込もうとする努力を重ねた理由も同様であった[28]。その当時、外交部長官を務めた韓昇洲は、「米国が米朝枠組み合意に南北対話の条項を盛り込むことを北朝鮮に強く求めたため、米朝枠組み合意の最終調印が2週間ほど遅れてしまったことからもわかるように、米朝協議は韓米の緊密な協力に基づいて行われた[29]」と述べて

---

27) Glenn H. Snyder, Alliance Politics(Ithaca: Cornell University Press, 1977), pp.180-186: Glenn H. Snyder,"The Security Dilemma in Alliance Politics,"World Politics, Vol. 36, No. 4, July 1984, pp.461-495.

28) 道下徳成「北朝鮮の核外交：その背景と交渉戦術」『海外情報』(1995年10月)、46頁。

29) インタビュー(国際政策研究院の事務室にて筆者が実施)、2009年7月29日。

いる。このような韓米の緊密な協力に基づいた米朝交渉は、韓国が韓半島問題の当事者としての立場の維持を保障してくれると同時に、上述の疎外感を和らげるものであった。

もう一つ注目すべきは、韓日米安保協力関係である。北朝鮮の核問題が浮上してから韓日米三国間の安保協力は本格化された。1991年11月2日、最初に韓日米三国は政策企画協議会を開き、北朝鮮の核開発に対する共同対処に合意した上で、金日成死後の北朝鮮の変化を含む中長期的な共同外交政策の方向を論議した。また、事後必要な事案が起こった場合、随時に同協議会を設けることにも同意した[30)]。この同意は北朝鮮核危機が発生すると、直ちに機能を発揮した。第一次北朝鮮核危機の直後である1993年3月22日、韓日米がニューヨークで三カ国間の協議を行い、国連安保理で北朝鮮のNPT脱退宣言問題を扱えるように準備したのである[31)]。

その後も、後述するように、韓日米三国は緊密な連携をとりながら、北朝鮮の核問題解決に取り組んだ。ガルーチ米北朝鮮問題担当大使は下院での証言で、「第一次北朝鮮核危機の際、同盟国である韓国と日本と緊密な協議を行いつつ、アメリカの

30)「한미일,북한핵 공동대응 합의(韓日米、北朝鮮の核に対し共同対応合意)」『朝鮮日報』1991年11月3日。

31) James L. Schoff, First Interim Report, op. cit., p.28.

政策を実行した」と述べた上で、「20年間にわたる政府での経験の中、これらの協議に比べるものがないほどであった」とその当時の韓日米の緊密な協力を強調していた[32]。また、その当時日本の総合外交政策局長を務めた柳井俊二も、「米国のガルーチ国務次官補とか韓国の金三勲核問題大使と３者協議をしょっちゅうやっていました[33]」と振り返っている。

第2節 米朝高官協議(第2ラウンド)と軽水炉支援計画

第1項 北朝鮮の軽水炉支援要求と制度間連携への試み

米朝高官協議第１ラウンドに続き、1993年7月14日に第２ラウンドがジュネーブで再開された。北朝鮮側の代表姜錫柱第一外務次官は「もし国際社会が提供してくれるのであれば、北朝鮮はエネルギー需要を満たすため、現在の原子力開発計画全体を、より近代的で核拡散の懸念が少ない軽水炉に転換する考えがある[34]」と表明した上で、軽水炉支援の費用につき、「米国

---

32) Robert L. Gallucci,“The U.S.-DPRK Agreed Framework,”House International Relations Committee Subcommittee on Asia and the Pacific, February 23, 1995<http://www.globalsecurity.org/wmd/library/congress/1995_h/950223gallucci.htm>2009年5月7日アクセス。

33) 五百旗頭真·伊藤元重·薬師寺克行『外交激変－元外務省事務次官柳井俊二』(朝日新聞社、2007年)、134頁。

34) オーバードーファー、前掲書、339頁。

が無利子の借款を用意してくれるなら北朝鮮は全額返済する[35]」と述べた。この北朝鮮の提案により、軽水炉に関わる争点が新たな米朝間の取引材料に加わった。この北朝鮮による軽水炉提供の提案から後述するKEDOが芽生えたといってよい。

米朝双方の6日間の協議は、具体的な合意までは至らなかったものの、「双方が6月11日の米朝共同声明の原則を再確認」した上で、双方は「北朝鮮への軽水炉導入」に関する討議及び米朝間の「全般的な関係改善」を築くための会談を「2カ月以内」に実施することに合意した[36]。また、北朝鮮は南北対話およびIAEAとの交渉を早期に実施する意思をもっていることを示した。

ここで興味深いのは、米朝が南北非核化共同宣言の重要性を再確認したことである[37]。この脈絡からみると、ここでいう南北対話は南北非核化共同宣言の実行のために行われてきた南北核統制委員会による交渉の再開も含まれているに違いない。そうだとすれば、米国は南北非核化共同宣言とIAEAの機

35) キノネス、前掲書、214頁。

36) "Agreed Statement Between the U.S.A. and the D.P.R.K., Geneva, July 19, 1993,"Leon V. Signal, Disarming Strangers：Nuclear Diplomacy with North Korea(Princeton University Press, Princeton, New Jersey),pp.260-261；「제네바조미회담에 관한 보도문 발표(ジュネーブ朝米会談に関する報道文発表)」『労働新聞』7月21日。以後、「米朝合意文」に関する引用はこの文献による。

37) 「米朝高官協議第二ラウンド(1993年7月14-19日、ジュネーブ)終了後に発表された米国側のプレス·ステートメント」キノネス、前掲書、485頁。

能を両方とも働きかけ、「重複型」制度関連系の相互補完的な効果を最大限に生かそうと試みたといってよい。姜錫柱が「主権擁護を繰り返し、政治的理由によってIAEAを背後から操っているとして米国を非難し、南北対話の再開に向けての協力で韓国を信じることはできない[38]」と主張し続けたにもかかわらず、ガルーチが最後までこの項目を合意文に組み入れた理由もここにあると考えられる。

第2項 制度間連携の挫折と戦争の危機

第2ラウンド以降の当事者の関係は重なりあういくつかの組み合わせからなっていた。すなわち、米国と北朝鮮の他、韓国と北朝鮮、北朝鮮とIAEAが加わっていた。したがって、北朝鮮との協議の成功とは、この全ての組み合わせが同時に回復しなければならないことを意味した[39]。しかし、金日成が1994年の「新年の辞」で「朝鮮半島(韓半島)における核問題はあくまでも朝米(米朝)会談を通じて解決しなければなりません(傍点および括弧：引用者)[40]」と述べ、対米傾斜を明らかにした。金日成の「新年の辞」に示された通り、北朝鮮が対米関係に傾斜していたため、米朝協議以外の二つの組み合わせの進展は期待で

38) キノネス、前掲書、216頁。

39) オーバードーファー、前掲書、348頁。

40) 「신년사(新年の辞)」『労働新聞』1994年1月1日。

きない状況に陥った。したがって、米朝間、南北間、IAEAと北朝鮮の間で協議を重ね続けたが、三つの組み合わせの全ての条件が満たされることは極めて困難であった[41]。

このため、第3ラウンドの見通しは立たないまま先送りされ、かつ戦争の危機感まで徐々に高まってきた。その中、1994年3月19日南北実務者会談で北朝鮮代表朴英洙は「ソウルは遠くありません。戦争が起こればソウルは火の海になってしまいます(傍点：引用者)[42]」と発言し、同年5月初旬にはIAEAの監視なく使用済み核燃料棒の取り出しを開始した。また、同年6月3日米朝交渉の北朝鮮代表姜錫柱は「北朝鮮に対する経済制裁を採択した時点で宣戦布告と見なす[43]」と発言した。これを受け、同年6月3日韓日米三国はワシントンで協議を開き、国連安保理に対し北朝鮮に対する経済制裁を考慮にいれるように要求する声明を発表し[44]、同月10日にIAEA理事会が北朝鮮に対する経済制裁の決議を採択すると、同月13日北朝鮮はIAEAから脱退を宣言した。

41) 北朝鮮が南北対話に積極的ではなかった理由につき、倉田は「これ(北朝鮮のNPT脱退宣言の撤回問題)が当事者の間で議論されれば、核問題を米国との間で協議するという北朝鮮の主張は説得力を失うからである(括弧：引用者)」と述べている。倉田、前掲論文「朝鮮問題多国間協議の『重層的』構造と動揺」、273頁。

42) オーバードーファー、前掲書、356頁。

43) イ・ヨンジュン、前掲書、246頁。

44) James L. Schoff, Tools For Trilateralism, op. cit., A:2.

かくして、北朝鮮は核兵器開発疑惑が解消されないまま、「NPTからの脱退を留保」している特殊な立場で、かつIAEAからも脱退し、しかも南北非核化共同宣言も1993年1月以降再度機能せずに停滞していたため、韓半島をめぐる核不拡散の「重層型」制度間連携は機能麻痺の状態に陥ってしまった。言い換えれば、これは第2ラウンド以降の米国の制度間連携への試みが失敗に終わったことを意味していた。また、核不拡散の制度間連携だけではなく、米朝間、南北間の政治及び外交的チャンネルの機能も停止しており、北朝鮮の核問題をめぐる韓半島の情勢は一気に対北朝鮮制裁論に傾き、戦争の危機が一気に高まった。米国がこの苦境を打開するために、北朝鮮の核施設に対する攻撃という残りの「オプション[45]」を選択する可能性が濃厚になったのである。1994年6月、クリントン米大統領との電話会談で、金泳三大統領が「韓半島を戦場とするのは絶対できません。(中略)私は我が歴史と国民に罪を犯すことはできません[46]」と述べたことからその当時の緊迫した状況を読み取ることができよう。

45) See, Ashton B. Carter, William J. Perry, Preventive Defense: A New Security Strategy For America(Brookings Institution Press, 1999), pp. 123-130; Joel S. Wit, ed., op. cit., pp.208-214.

46) 김영삼(金泳三)『김영삼 대통령 회고록(상) (金泳三大統領回顧録(上))』(朝鮮日報社、
2001年)、317頁。

第3節 米朝高官協議(第3ラウンド)と米朝「枠組み合意」

この緊迫した状況の中、ジミー・カーター(James E. Carter)元米大統領が電撃的に 訪朝し、金日成との会談が行われた[47]。その会談で、米朝高官協議第3ラウンドが終了するまで核開発計画を一時「凍結」すること、二人のIAEA査察官の寧辺残留、さらに南北首脳会談の実施にも同意した[48]。かくして、第一次核危機をめぐる米朝および南北関係、IAEAと北朝鮮との関係が相互に連携する力学が回復され、韓半島は戦争の緊迫からいったん解放された。しかし、同年7月8日の金日成の死去により、25日から予定されていた史上初の南北首脳会談は取り消された。さらに、韓国政府が金日成の死去に対する弔意を示さず、否定的に評価する公式見解を発表したため、その後の南北関係は再び冷却し[49]、北朝鮮問題をめぐる上述の力学から南北関係は再び外された。

他方、北朝鮮は金日成・カーター会談で提示された方針を金日成の「遺言」と受け止め、米朝高官協議第3ラウンドに臨

47) 「미합중국 전 대통령 지미 카타 일행이 15일 평양에 도착했다(米合衆国前大統領ジミーカーター一行が15日平壌に到着した)」『労働新聞』1994年6月16日。

48) Marion Creekmore, Jr., A Moment of Crisis: Jimmy Carter, the Power of a Peacemaker, and North Korea's Nuclear Ambitions(New York: Public Affairs), pp.153-176; Joel S. Wit, ed., op. cit., p.232.

49) 小針進「金泳三政権下・韓国の対北朝鮮姿勢」『海外事情』(1995年10月)、27−28頁。

第1章 第一次北朝鮮核危機と韓日米関係

み、1994年10月21日に米朝「枠組み合意」が署名された[50]。その結果、1993年3月12日北朝鮮のNPT脱退宣言後16ヶ月に及んだ第一次核危機は小康を取り戻した。すなわち、米朝「枠組み合意」[51]で、北朝鮮が黒鉛減速炉による核開発を「凍結(freeze)」し最終的には核関連施設を「解体(dismantle)」する(第Ⅰ-3項)代わりに、米国は「軽水炉(LWR)」及び「重油(HFO)」の提供し(第Ⅰ項)、NSAを供与する(第Ⅲ-1項)[52]と合意され、第一次北朝鮮核危機には一応の終止符が打たれたのである。この合意を受け、同年11月18日、北朝鮮が寧辺の核関連施設を全面凍結した後、同月28日、IAEAがこれを確認した。

米朝「枠組み合意」をめぐる賛否両論及び各国の反応は様々であった[53]。特に、北朝鮮の「過去の核兵器開発疑惑に対する検証[54]」を先送りしたことに対しては多くの批判があった。

---

50) 同上。

51) "Agreed Framework between the United States of America and the Democratic People's Republic of Korea, October 21, 1994, Geneva," Joel S. Wit, ed., op. cit., pp.421-423.;「조선민주주의인민공화국과 미합중국 사이의 기본 합의문(朝鮮民主主義人民共和国と米合衆国間の基本合意文)」『労働新聞』1994年10月23日。以後、米朝「枠組み合意」に関する引用はこの文献による。

52) 米朝「枠組み合意」の第Ⅲ-1項によると、「米国による核兵器の威嚇とその使用がないよう、北朝鮮に公式の保証を与える」と記している。

53) 賛否両論については、See, W. Thomas Smith Jr, The Korean Conflict (A Member of Penguin Group (USA) Inc, 2004), pp.176-178；各国の反応については、武貞 前掲論文「米朝合意と今後の北朝鮮の核疑惑問題」、90-93頁；オーバードーファー、前掲書、417-419頁を参照。

54) 米朝「枠組み合意」の第Ⅳ-3項によると、「重要な原子炉機器が提供される前の時点で、北朝鮮はIAEAとの保障措置協定(INFCIRC/403)を完全に遵守する」と記している。

しかし、その当時の観点から見る限り、韓半島での戦争可能性および北朝鮮の核兵器開発による地域の不安定を減らしたこと、核不拡散体制の維持に貢献したこと[55]は意義のある成果とするべきである。米朝「枠組み合意」の署名を公にした記者会談で、クリントン米大統領は「この合意によって、米国、韓半島、さらに世界をより安全になる」と強調し、ガルーチが「この合意(米朝枠組み合意)は、北朝鮮が我々の不拡散利益に資する重大なものを提供するものである」と指摘したことは強調されてよい[56]。

ここで注目すべきは、二つある。第一に、韓半島をめぐる核不拡散の「重複型」制度間連携の再構築に関わる試みが含まれていたことである。この試みは、米朝「枠組み合意」の第3-2項に「北朝鮮は南北の非核化共同宣言の履行に向けた取り組みを一貫して行う」と定められていると同時に、第4項に「双方は国際核不拡散体制の強化に向けて共同する」と記されていることから読み取ることができる。すでにふれたように、南北非核化共同宣言とNPTは韓半島をめぐる核不拡散の「重複型」制度間連携であり、「二重査察」という相互補完的な効果が期待されていた。しかしながら、北朝鮮による南

55) 米朝「枠組み合意」の第Ⅳ-1項によると、「北朝鮮はNPT加盟国として止まり、同条約の保障措置協定の履行を認める」と記している。

56) "North Korea Pact Contains U.S. Concessions; Agreement Would Allow Presence of Key Plutonium-Making Facilities for Years,"The Washington Post, October 19, 1994.

北核統制委員会協議の拒否、NPT脱退宣言、IAEA脱退などを含む一連の北朝鮮の行動のため、この「重複型」制度間連携の相互補完的な効果は期待し難くなっていた。したがって、米朝「枠組み合意」を通じて、韓米両国はこの「重複型」制度間連携の再構築を望んでいたといってよい。

第二に、米朝間の根強い不信感を緩和した合意ということである。クリントン米大統領は米朝間の根強い不信感を直視し、米朝「枠組み合意」の正式な調印が行われる前日の1994年10月20日金正日宛先の「保証書簡(letter of assurances)[57]」を出すことによって、米国への信頼を北朝鮮に呼びかけていた。確かに、この書簡に、「私は、代用エネルギーが北朝鮮の責任ではない他の諸理由によって提供されなくなる場合、アメリカ合衆国議会の承認の下、アメリカ合衆国が直接担当して提供するようにするでしょう(傍点：引用者)」と述べ、議会からの制限がありうることをも示していた。しかし、クリントン大統領自ら、米国の米朝「枠組み合意」履行の意思を強く訴えたことが、北朝鮮の米国に対する根強い不信感を和らげると同時に、米朝「枠組み合意」の成立にも貢献したに違いない。米朝「枠組み合意」の前文にこの保証書簡について言及されてい

57) Bill J. Clinton,"US President Bill Clinton's letter of Assurances in Connection with the Agreed Framework between the United States of America and the Democratic People's Republic of Korea,"Washington, October 20, 1994；「친애하는 지도자 김정일 동지께 미합중국 대통령이 담보서한을 보내여 왔다(親愛なる指導者金正日同志に米合衆国大統領が保証書簡を送ってくれた)」『労働新聞』1994年10月23日。

ることが、これを裏づけている。

第4節 韓米·日米同盟と米朝交渉間の相互作用ー「外部化」+「内部化」の萌芽

すでにふれたように、北朝鮮のNPT脱退宣言に端を発した第一次北朝鮮核危機は、北朝鮮の核兵器開発疑惑による「軍事的危機」であると同時に、NPTおよびIAEAにおける「制度的危機」であった。それゆえ、第一次核危機をめぐる韓日米三国の対応は、この二つの脅威に応じて評価することができる。

まず、軍事的危機に対する対応である。北朝鮮の核問題が徐々に高まるにつれ、米国防総省による東アジア戦略構想(East Asia Security Initiative：EASI)[58]で定められていた在韓米軍の削減(2段階以降)および韓米連合司令部(ROK-U.S. Combined Forces Command: CFC)の解体を延期し、依然として確固たる韓米同盟の結束が維持できた[59]。また、韓国は1991年の韓米定例安全保障協議会(SCM)で、戦時支援協定(Wartime Host Nation Support:

58) EASIには、「第1段階(91-93年)で在韓米軍約7000人を削減し、第2段階(94-95年)では在韓米軍の主力である第2歩兵師団の再編およびCFCの解体を検討し、第3段階(96-2000年)では作戦統制権を韓国軍に移管する」と定められている。U.S. Department of Defense, A Strategic Framework for the Asian Pacific Rim: Looking toward the 21st century, DoD Report to the Congress, Washington, D.C., April 1990, pp.15-17。

59) 1991年11月の第23回韓米定例安全保障協議会(SCM)で韓米両国が合意。“The 23rd Security Consultative Meeting Joint Communiqué,”Korea and

WHNS)を米国と結び、92年12月に発効した。このWHNSの発効により、有事の際の迅速な米軍増派を明文化した上で、韓国は米軍の補給部隊の前線展開、配備までの間、民間資産を徴発して増援軍を物質的に支援する体制を確立した[60]。さらに、危機が高潮するにつれ、韓米連合軍はパトリオット・ミサイル(PAC-2)およびアパッチ攻撃ヘリコプター大隊などを配備するとともに、戦争が勃発すると増援する部隊を韓半島付近に待機させた[61]。他方、日本も韓半島の「戦時」の際、韓米連合軍の増援を効率的に行うための緊急立法を検討した[62]。当時の石原信雄官房副長官は「北朝鮮の核が日本に向いていた。海上封鎖に当たるアメリカの海軍に対してどの程度、後方支援、協力ができるか。日米安保条約との関係はどうなるのかという議論をした」と証言している[63]。また、1994年4月の愛知和男防衛庁長官と李炳台(イ・ビョンテ)国防長官の会談で(韓国国防長官の初め

World Affairs, Vol.15, No.4(Winter, 1991), pp.780-781.また、その変更内容は、See, U.S. Department of Defense, Office of International Security Affairs, A Strategic Framework for the Asian Pacific Rim: A Report to the Congress, July 1992.

60) 유재갑(ユ·ゼカプ)「주한미군에 대한 한국의 입장(在韓米軍に対する韓国の立場)」
백종천편(白鍾天編)『분석과 정책:한미동맹 50년(分析と政策：韓米同盟の50年)』(セゾン研究所、2003年)、312頁；「同盟タブーなき防衛協力ー世界の機構検証」『読売新聞』
1996年10月5日。

61) Don Oberdorfer, The Two Korea: A Contemporary History (Massachusetts: Basic Books, 2001), pp.312-313.

62) 読売新聞安保研究会『日本は安全かー「極東有事」を検証する』(廣済党、1997年)、25頁。

63) 「北の核疑惑に大揺れ」『読売新聞』1996年9月22日；御厨貴·渡辺昭夫『首相官邸：内閣官房副長官石原信雄の2600日』(中央公論新社、2002年)、162-168頁。

ての訪日)、両防衛首脳は北朝鮮の核問題への対応を中心に意見を交換し、北朝鮮核問題の解決に韓日米三国間の緊密な協調が欠かせないとの意見で一致した[64]。このように、第一次北朝鮮核危機の際、韓日米三国は韓米·日米同盟に基づく三国間の協力を維持および強化しつつ、韓半島の戦時における備えに対し積極的に取り組んだ。

第二に、NPTおよびIAEAの制度的危機に対する対応である。その制度的危機を打開するため、NPTおよびIAEAを代表する米国が米朝交渉に着手し、米朝「枠組み合意」に署名することで第一次核危機は小康を取り戻した。米朝「枠組み合意」は、北朝鮮をNPTの体制の枠内にとどまらせるとともに、IAEAの保障措置協定の段階的な履行を北朝鮮に促したものであった[65]。それゆえ、米朝「枠組み合意」はNPTおよびIAEAを中心とする核不拡散制度の維持に貢献したといってよい。他方、米国が同盟国である韓国と日本の利益を代弁する立場で米朝交渉に取り組んだ側面をも有していた。金泳三大統領は「1993年11月の韓米首脳会談でクリントン米大統領は私に北朝鮮との関係は必ず事前に韓国の大統領と相談すると約束し、この約束を私の在任中ずっと守ってくれた」と述べたうえで、「米朝交渉は実質的には韓米両国と北韓との交渉であ

64)「北朝鮮『核』話し合いで解決」『日本経済新聞』1994年4月27日。

65) 倉田秀也「北朝鮮の米朝『枠組み合意』離脱と『非核化』概念」黒澤満編『大量破壊兵器の軍縮論』(信山社、2004年)、128頁。

った」と振り返っている[66]。柳井俊二元日総合外交政策局長も、第三ラウンド米朝高官協議の際、韓日米三国間の協力が緊密に行われたと証言している[67]。したがって、米朝「枠組み合意」は単なる米朝二国間関係の産物ではなく、韓日米三国間の協力の産物であったといえる。

ただし、ここで指摘しておくべき点は、米朝交渉は当面の危機を収束させたものの、それと同時に北朝鮮の対米傾斜をも助長したため、北朝鮮問題の当事者である南北関係の重要性が相対的に低下したことである。米朝関係は、最初の第1ラウンドでは核不拡散制度の維持に限定したものであったが、米朝「枠組み合意」に至り、政治および経済的関係正常化まで幅広く取り扱う関係になった。それゆえ、北朝鮮問題の主軸が南北関係から米朝関係に入れ替わったのである。しかも、この新たな米朝関係は北朝鮮の対米傾斜を助長した。この北朝鮮の対米傾斜は韓国を北朝鮮問題の当事者として認めず、米国との交渉のみを追求しようとする試みにつながり、南北対話の遅滞をもたらしたことは否定できない。1994年4月28日北朝鮮が

66) 김영삼(金泳三)、前掲書、340-341頁；韓昇洲元外交部長官は、「第一次北朝鮮核危機の際の米朝交渉は韓米の緊密な協力を中心に行われてきたが、軽水炉支援に日本が参加することになってからは日本の協力の比重も増えてきた。それゆえ、米朝枠組み合意は、韓日米三国間の協力の産物と置き換えることができる」と証言している。インタビュー(国際政策研究院の事務室にて筆者が実施)、2009年7月29日。

67) 五百旗頭真·伊藤元重·薬師寺克行、『外交激変』、142－143頁。

「新しい平和保障体系[68]」を提案し、「朝鮮半島(韓半島)の停戦協定に代わる新平和保障体系は、わが国と米国との間で解決する問題であり、南朝鮮(韓国)は参加する資格も名分もない(括弧：引用者)[69]」と述べ、韓国を完全に当事者として排除しようとしたことが、これを裏づけている。かくして、第一次北朝鮮核危機以降の北朝鮮問題を解決する際に、米朝交渉は中核とならざるを得なくなった。

要するに、韓米·日米同盟を基盤とする韓日米三国間の安保協力を強化しつつ、三国は北朝鮮に抑止力を行使していた。それを基盤にしつつ、韓国と日本の利益を代弁すると同時に、NPTおよびIAEAを代表する米国が、北朝鮮との交渉に着手し、米朝「枠組み合意」に署名することで軍事的危機および制度的危機はいったん終息した。すなわち、同盟を通じて北朝鮮を「外部化」しつつ、米朝交渉を通じて北朝鮮を「内部化」した韓日米三国間の協力によって、第一次北朝鮮核危機は終止符が打たれたのである。ゆえに、北朝鮮を「外部化」しつつ、「内部化」する機能をともに有している重層的な韓日米「安保協力メカニズム」がここから芽生えたことは強調されてよい。

68) 「미국은 우리의 평화 제안에 응해 나와야 할 것이다 / 조선민주주의인민공화국 외교부 성명
(米国は我々の平和提案に応じるべきである/北朝鮮外務省声明)」『労働新聞』1994年4月29日。

69) 「외무성 담화문(1995.2.25)(北朝鮮外務省談話文)」『労働新聞』1995年2月27日。

第1章 第一次北朝鮮核危機と韓日米関係

第2章

北朝鮮の潜水艦侵入事件と韓日米関係

本章では、まず米朝「枠組み合意」にから生まれたKEDOが韓米·日米同盟と連携しつつ、北朝鮮を「外部化」しながらも、「内部化」する重層的な韓日米「安保協力メカニズム」をもたらしたことを明らかにする。そのうえ、1996年9月18日に発生した北朝鮮の潜水艦侵入事件をめぐる韓日米三国の対応を分析しつつ、北朝鮮の通常兵器に対する脅威認識および利害の齟齬が前述の重層的なメカニズム内での三国間の協力関係に軋轢をもたらしたことを明らかにする。

第1節 KEDOの複合的意味

第1項 重層的な韓日米「安保協力メカニズム」の起源

すでにふれたように、KEDOの起源は米朝高官協議の第2ラウンド(1993年7月14日から19日まで)で北朝鮮が軽水炉支援を要求した時点まで遡る。その後、第3ラウンドが進められる中、1994年8月15日第49周年光複節記念式で、金泳三大統領は「北朝鮮が核の透明性を保証すれば、軽水炉の建設を含む平和的核エネルギー開発に我が資本と技術を支援する用意がある[1]」と述べ、軽水炉の支援意思を明らかにした。また、同年9月20日、金泳三大統領はクリントン米大統領に送った親書で「私は韓国型軽水炉の採択と北朝鮮の核透明性を保証することを前提として対北軽水炉支援に韓国が中心的な役割を果たす」と示し、北朝鮮への軽水炉支援を公式に保証した[2]。その当時、日本の村山首相もクリントン米大統領に書簡を出し、北朝鮮に対する軽水炉支援参加への積極的姿勢を示したという[3]。このような韓国と日本の軽水炉支援に対する協力意思表明を受け、クリントン米大統領は、「日米韓三国で協力してこの問題に

1) 大統領秘書室『金泳三大統領演説文集(第2巻)』(政府刊行物製作所、1995年2月25日)、330頁。

2) 김영삼(金泳三)、前掲書、344頁。

3) 「일、대북관계 개선 포석/『코리아에너지개발기구』참여 배경(日、対北朝鮮関係改善の布石/『コリアエネルギー開発機構』参与背景)」『世界日報』1994年9月24日。

あたりたい」と述べ、KEDOにおける韓日米三国の協力に強い期待を表明した[4]。また、1994年10月18日米朝「枠組み合意」の最終署名の直前の記者会談で、ガルーチは今後軽水炉支援で韓国と日本が中心的な役割を果たすと公に明らかにした[5]。したがって、韓日両国の軽水炉支援に対する意思表明は、米朝「枠組み合意」の最終署名を助長するとともに、これによりKEDOの軽水炉支援事業において韓日米三国が中心的な役割を果たすことになった。

米朝「枠組み合意」を受け、1994年12月16日、韓日米三国はサンフランシスコで協議を開き、KEDOの設立と米朝「枠組み合意」の履行について初めて意見を交わした[6]。その後、韓日米三国は軽水炉支援を実施するための「韓半島エネルギー開発機構の設立に関する協定(以下、KEDO設立協定)[7]」を作成する協議を重ねた。その結果、1995年3月6日、KEDO設立協定案の骨子が公表され、引き続き同年3月9日、韓日米三国がKEDOの原加盟国として本協定に署名し、KEDOは正式に誕生した。

4) 春原剛『米朝対立－核危機の十年』(日本経済新聞社、2004年)、204頁。

5) “Clinton Approves A Plan To Give Aid To North Korans,”The New York Times, October 19, 1994.

6) James L. Schoff, Tools For Trilateralism, op. cit., A:2.

7) “Agreement on the Establishment of the Korean Peninsula Energy Development Organization,”경수로사업지원기획단(軽水炉事業支援企画団)『대북 경수로사업 관련 각종 합의서(対北朝鮮軽水炉事業関連各 種合意書)』(スラブル印刷社、1998年)、23－36頁。

その後、同年6月にクアラルンプールにおける米朝協議で、韓国型の軽水炉を提供すること、本件プロジェクトにおいては韓国が中心的な役割を果たすことなどを含む米朝合意がなされた[8]。このクアラルンプール米朝合意に対し、クリントン米大統領は声明を通じ、「韓国と日本などの友邦との緊密な協議を通じて成し遂げられたこの合意は北朝鮮の危険な核施設の凍結を持続させてくれるものである[9]」と述べ、韓日米三国の協力に基づきこの合意が成立されたことを誇示した。この合意に続き同年12月、KEDOと北朝鮮との間に「軽水炉供給協定[10]」が締結され、KEDOの軽水炉支援事業が本格的に始まった。

以上のように、韓日米三国の協力の下で米朝「枠組み合意」から生まれたKEDOは三国間の緊密な協力の下で運営されており、三国間の安保協力の機能を有する安全保障制度の一種とみなすことができる。梅津至元KEDO事務局次長は、日本は「日米韓協力のモデル・ケース」としてKEDOに積極的に参加していたと述べ[11]、これを裏付けている。したがって、KEDO

8) "Joint U.S.-DPRK Press Statement,"Kuala Lumpur, June 13, 1995, 軽水炉事業支援企画団、前掲書、15－17頁。

9)「한국형-한국 주도 확인(韓国型-韓国主導の確認)」『朝鮮日報』1995年6月15日。

10) "Agreement on Supply of a Light-Water Reactor Project to the Democratic People's Republic of Korea between the Korean Peninsula Energy Development Organization and the Government of the Democratic People's Republic of Korea,"軽水炉事業支援企画団、前掲書、49－77頁。

11) 梅津至「朝鮮半島エネルギー開発機構(KEDO)の活動と今後の課題」『国際問題』(1996年4月)、26頁。

は韓米·日米同盟とともに、重層的な韓日米「安保協力メカニズム」をもたらしたといえる。

第2項 北朝鮮「外部化」と「内部化」—韓日米の脅威認識·利害の共有

序章で若干ふれたように、KEDOは北朝鮮を構造的に「外部化」しつつ、機能的に「内部化」していた。KEDOは北朝鮮を枠外においていたため、構造的に北朝鮮を「外部化」していたのである。また、マイケル·グリーン元国防総省特別補佐官(アジア·太平洋局)が「1994年に起こった北朝鮮の核兵器疑惑が、三国関係増進の刺激となり、韓半島エネルギー開発機構(KEDO)の設立へ向けてのプロセスに弾みがついた[12]」と述べていたように、韓日米三国の北朝鮮の核兵器に対する脅威認識の共有がKEDOにおける三国間の協力を促していた。さらに、KEDOは韓米·日米同盟のように抑止を通じて圧力をかけることはできないものの、北朝鮮にとってKEDOの解体あるいは事業の遅延は重油および軽水炉支援を失うことになり、これが圧力と同様な効果をもたらしていた[13]。

---

12) マイケル·グリーン、前掲論文「米、日、韓三か国の安全保障協力」、93頁。

13) 倉田、前掲論文「北朝鮮の『核問題』と盧武鉉政権」、21頁。

他方、KEDOは北朝鮮の核の脅威を管理(凍結)および削減(解体)しようとしており、機能的に北朝鮮を「内部化」していたといえる。クリントン米大統領は1994年10月18日の記者会談で、米朝「枠組み合意」に対し「北朝鮮を国際社会に組み入れるための重要なステップになると高く評価する[14]」と述べ、その手段の一つとして北朝鮮を「内部化」しているKEDOの機能の重要性を示していた。また、このKEDOの機能は、韓半島ひいては東アジアにおける安定の維持を求めている韓日米三国の共通利害と同様の意味をもつ[15]。このため、韓日米三国の利害の共有はKEDOにおける三国間の協力を促していたといってよい。

以上をみたように、北朝鮮の核兵器における韓日米三国の「脅威認識」の共有と韓半島ひいては東アジアを含む地域の安定という「利害」の共有が、KEDO内での三国間の協力を促していた。このほか、米国との同盟関係からなる「相互拘束(co-binding)[16]」もKEDO内での三国間の協力を促していた。この相互拘束より韓国と日本がKEDOに対する積極的な役割が期待

14) 春原、前掲書、207頁。

15) 「KEDOの設立協定」の前文には、「(KEDOの活動は)韓半島における平和と安全の維持が最も重要である」と記されている。“Agreement on the Establishment of the Korean Peninsula Energy Development Organization” 軽水炉事業支援企画団、前掲書、23頁。

16) ここでいう「相互拘束」とは「一方が背信して利得を得るというより、実際には双方が規範、ルール、慣行等の束縛を受ける」ことを意味する。土山實男『安全保障の国際政治学ー焦りと傲り』(有斐閣、2005年)、318頁;G. John Ikenberry and Daniel H. Deudney,“Structural Liberalism: The Nature and Sources of Postwar Western Political Order,”Browne Center for International Politics, University of Pennsylvania, May 1996.

されたのである[17]。見方を変えれば、KEDOにおける韓日米三国間の協力は、韓日両国にとって米国との同盟関係の維持および強化に資するものであった。したがって、韓日米三国の脅威認識および利害の共有、同盟関係からなる相互拘束はKEDOと同盟からなる重層的な韓日米「安保協力メカニズム」における三国間の協力を促していたといえる。

第3項 韓日米の利害の齟齬

他方、ここで指摘すべきは、KEDOに対する前述の韓日米三国の共通利害のほか、KEDOに対する個々の異なる利害も存在していたことである。まず、米国にとってKEDOは国際核不拡散制度の維持に資するものであるという側面を有していたことはいうまでもない[18]。また、前述のクリントンの米朝「枠組み合意」に関する評価が示唆しているように、クリントン政権における基本方針であった「関与(engagement)戦略[19]」の一環としてもKEDOは重要な意味を抱えていた。

17) 土山、前掲書、319頁。

18) 梅津至「活動開始から二年半 重要段階に入ったKEDO」『外交フォーラム』(1998年2月)、95頁。

19) See, The White House, A National Security Strategy of Engagement and Enlargement, February 1995; The White House, A National Security Strategy for a New Century, October 1998.

また、韓国にとってKEDOは南北対話と統一後を視野に入れた先行投資という側面ももっていた[20]。すでにふれた1994年8月15日第49周年光複節記念式で、金泳三大統領は韓国の対北軽水炉支援について、「これ(対北軽水炉支援)は、我が民族共同体の未来をともに設計する民族発展共同計画の初の事業(括弧および傍点：引用者)」と述べている[21]。

日本にとってKEDOの参加はその当時海外で浮上していた「核武装論[22]」を払拭する手段の一つである[23]と同時に、日朝

---

20) Ralph A. Cossa, Monitoring the Agreed Framework：A Third Anniversary Report Card, The Nautilus Institution, October 31, 1997.<http://www.nautilus.org/fora/security/
11a_Cossa.html>2009年6月11日アクセス。

21) 大統領秘書室『金泳三大統領演説文集(第2巻)』、328頁；金泳三政権の統一政策は、韓民族共同体建設のための3段階統一方案であった。すなわち、第1段階の「和解·協力段階」で南北が共存共栄しながら平和を定着させ、引き続き第2段階の「南北連合段階」で南北は経済·社会共同体を形成·発展させて政治的統合のための与件を成熟させ、最後の第3段階で南北は「1民族1国家の統一国家」を完成する3段階の統一方案であった。したがって、ここでいう「民族発展共同計画」は、韓民族共同体建設のための第1段階(共存共栄)および第2段階(経済共同体)に相当するものであった。
倉田秀也「3단계 통일방안의 생성과 변용：민족발전공동계획과 다국간 협의(3段階統一方案の生成と変容：民族発展共同計画と多国間協議)」小此木政夫編『김정일과 현대 북한(金正日と現代の北朝鮮)』(乙酉文化社、2000年)、230－232頁。

22) 1990年代の海外における日本核武装論については、神谷万丈「海外における日本核武装論」『国際問題』(1995年9月)、59－73頁；See , Matake Kamiya,"Will Japan go nuclear? Myth and reality,"Asia-Pacific Review, Volume 2, Issue 2, 1995, pp.5-19。自衛隊核武装論は、太田昌克『盟約の闇－「核の傘」と日米同盟』(日本評論社、2004年)、36－70頁を参照。なお、北朝鮮の日本核武装に対する懸念については、「일본의 핵무장화는 위험계선에서 추진되고 있다 (日本の核武装化は危険限界で推進している)」『労働新聞』1994年4月12日を参照。

23) Hiroyasu Akutsu,"Japan's Strategic Interest in the Korean Peninsula Energy Development Organization(KEDO)：a"Camouflaged Alliance"and its Double-Sided Effects on Regional Security,"LNCV – Korean Peninsula: Enhancing Stability and International Dialogue, Roma, 1-2

関係正常化のためのチャンネルの一つを確保する側面を有していた。また、その当時経済摩擦および「樋口レポート[24]」に起因した日米同盟の漂流(軋轢)を食い止めようとする手段の一つでもあった[25]。

したがって、もとよりKEDOに対する韓日米三国の利害の齟齬が顕在化すると、KEDOにおける三国間の協力に軋轢が生じうる可能性が内在していたといってよい。

第4項 米朝「枠組み合意」、NPTおよびIAEAとの関係

次に、KEDOと米朝「枠組み合意」および国際核不拡散制度との関係について考えてみる。小野正昭元KEDO事務局次長は、「米朝枠組み合意につきより単純化していえば、KEDOは人(技術)と金(軽水炉と重油)を提供し、その見返りに北朝鮮は核開

June 2000, pp. 25-31.;この他、海外における核武装論に対する対策として、1993年8月に就任した細川首相は所信表明演説のなかで、NPT無期限延長への支持を正式に表明し、9月の国連総会演説のなかでも日本の政策決定を再度表明している。岩田修一郎「核不拡散·核軍縮と日米関係」『東京家政学院筑波女子大学紀要 第３集』(1999年)、3頁。

24) 「樋口レポート」の構成が、多角的安全保障協力に触れた後に日米安保に言及するようになっていたため、知日派の米国の専門家は日米安保軽視の表れではないかとの懸念を募らせた。福田毅「日米防衛協力における3つの転機－1978年ガイドラインから『日米同盟の変革』までの道程－」『レファレンス』(平成18年7月号)、159－160頁;防衛問題懇談会『日本の安全保障と防衛力のあり方21世紀へ向けての展望』(1994年8月)、13－18頁。

25) Akutsu, op. cit., pp. 25-31.

発を放棄することを意味する」と語っている[26]。このように、KEDOは米朝「枠組み合意」から生まれたものであるため[27]、米朝「枠組み合意」と緊密に連動していた[28]。

ここで指摘しておくべきは、まずKEDOは米朝「枠組み合意」の政治的性格そして限界を共に抱えていたことである。すなわち、米朝「枠組み合意」はあくまで米朝間の政治的取引に基づいた産物であったため、KEDOも単なる財政的コンソーシアムではなく、政治的な性格をもつ安全保障制度の一種であった[29]。これに関連して米朝「枠組み合意」は北朝鮮問題を包括的に取り扱った合意ではなく、核問題に特化したものであった。したがって、ペリーの指摘どおり、米朝「枠組み合意」には「弾道ミサイル問題が欠如している」という限界をもっていた[30]。さらに、南北間の通常兵力に関わる問題についても欠如していた。この限界はKEDO運用上においても悪影響を及ぼしかねないため、もとよりKEDOはその限界を補完できる制度との連携が必要であった。この必要性に応じて、第3章で述べ

26) 小野、前掲論文「安全保障機関としてのKEDOの重要性」、99頁。

27) 米朝「枠組み合意」の第Ⅰ項に、「北朝鮮に提供する軽水炉計画を資金的に支え、計画の供与する国際事業体(an international consortium)を米国主導で組織する」と記されており、これがKEDO創設の根拠になる。すなわち、北朝鮮に1,000メガワット軽水炉2基を支援する「国際事業体」が、韓日米三国を中心とするKEDOに置き換わることになる。

28) Cossa,“Monitoring the Agreed Framework,”op. cit..

29) Reiss, op. cit., pp. 41-55.

30) Dr. William J. Perry, Review of United States Policy Toward North Korea: Findings and Recommendations, October 12, 1999, p.6, p.11.

る「ペリー・プロセス」およびTCOGとの連携が生まれることになったのである。

したがって、米朝「枠組み合意」とKEDOは北朝鮮核問題を取り扱っている地域制度でありながら、KEDOが米朝「枠組み合意」に従属している関係であるがゆえに、二つの制度は「入れ子型」制度間連携であるとみなすことができる。さらにいえば、「入れ子型」制度間連携とはいえ、米朝「枠組み合意」からKEDOへの影響だけではなく、KEDOの行方が米朝「枠組み合意」にも大いに影響を及ぼしているがゆえに、両制度は双方向性の強い「入れ子型」制度間連携を結んでいる。後述する北朝鮮潜水艦侵入事件および「テポドン−1」ミサイル発射によるKEDOの一時的な運営停止が米朝「枠組み合意」に大いに影響を及ぼしていることが、これを裏づけている。

他方、KEDOと国際核不拡散制度との関係についてみると、KEDOは北朝鮮核問題というNPTおよびIAEAを中心とする国際核不拡散制度にとっての脅威に対処する側面を有していた[31)]。すなわち、KEDOは不拡散の引き換えに提供する補償を想定していないNPTおよびIAEAを補完する新しい核不拡散制度という側面を有していた。したがって、KEDOは国際核不拡

31) The Korean Peninsula Energy Development Organization, Annual Report 2001, December 31, 2001, p.1.

散制度との「粘着性[32]」をもつ北朝鮮の核問題に限定した「地域核不拡散制度」と位置づけられる。さらにいえば、KEDOとNPTおよびIAEAの制度間の関係は、KEDOはNPTおよびIAEAの規範を組み入れているがゆえに、「入れ子型」制度間連携である。ただし、KEDOと米朝「枠組み合意」との関係とは違って、KEDOがNPTおよびIAEAを補完している機能をもっているとはいえ、KEDOの行方はNPTおよびIAEAに直接には影響を及ぼしていない。

第2節 北朝鮮の潜水艦侵入事件と韓·日·米の対応

1996年9月12日、ボスワースKEDO事務局長は、上院外交委員会東アジア太平洋小委員会での証言で、「KEDOから北朝鮮に提供される軽水炉2基本体の建設が来年初めに始まる」との見通しを明らかにするとともに、数週間中に建設現場にKEDO

32) ここで言う「粘着性」とは、ある制度の規範やルールをより大きな制度のそれに組み込んでゆくに当たって、制度間の関連性から生まれるものを指す。例えば、地域制度が国際制度から規範や原理、ルールを受ける場合、地域制度はその国際制度との粘着性があるという。「国際核不拡散の粘着性」に関しては、倉田秀也「核不拡散義務不遵守と多国間協議の力学ー国際不拡散レジームと地域安全保障との相関関係」アジア政経学会監修『アジア研究３：政策』(慶応義塾大学出版社、2008年)、71ー99頁;山田高敬「北東アジアにおける核不拡散レジームの『粘着性』とその限界ー米朝枠組み合意およびKEDOに関する構成主義的な分析」大畠秀樹·文正仁共編『日韓国際政治学の新地平ー安全保障と国際協力』(慶應義塾大学出版会、2005年)、252頁を参照。

の駐在事務所を設置する予定であると述べた。また、「建設は韓国企業に主に請け負う」方針を示すとともに、「北朝鮮との交渉は順調に進展している」と強調した[33]。しかし、北朝鮮の潜水艦侵入事件が起きると、KEDOの運営は困難な状況に直面した。

1996年9月18日未明、韓国東海岸の江陵付近で北朝鮮の潜水艦による武装工作員浸透事件が起きた。この事件を受け、韓国はこの北朝鮮潜水艦侵入事件を「明白な対南挑発行為であり、重大な休戦協定違反である」と規定したうえで、直ちに強硬な対応をとった[34]。また、バーンズ米国務省報道官は20日、「重大な停戦協定違反であり、挑発行為」と非難したうえで、「韓国政府がとるあらゆる手段も米政府は支持する」と述べる一方、「米朝枠組み合意は何ら影響を受けていない」と付け加えた[35]。すなわち、米国は、今回の事件に対する韓国の対応に、米朝「枠組み合意」の維持を前提にした全面的支持を示したといってよい。

33) Stephen W. Bosworth,"Holds Hearing On U.S. Policy Toward North Korea,"On East Asian And Pacific Affairs Subcommittee Of The Senate Foreign, 104th Congress, September 12, 1996.

34) 「군수뇌부 속속 도착 "전시 방불" / 북한 잠수정 침투 국방부 표정(軍首脳部続々と到着"戦時とソックリ"/北韓潜水艇浸透国防部表情)」『国民日報』1998年9月18日;"N. Korean Submarine Found Beached Off S. Korea; 11 Bodies Nearby; Massive Search Launched to Find Other Crewmen,"The Washington Post, September 19, 1996.

35) "S. Korean Forces Search for Infiltrators; N. Koreans Believed to Be Wearing Military Uniforms of the South,"The Washington Post, September 21, 1996.

他方、北朝鮮は9月21日、平壌放送を通じ、「ますます重大な段階に至った新戦争挑発行為」と題する論評を伝え、「米国の好戦分子と南朝鮮傀儡の北浸戦争策動は限界点を既に超え、極めて危険千万な段階に至った」と非難し、「手を拱いて見てばかりはいない」と警告した[36]。また、同月23日北朝鮮中央通信は、人民武力省代弁人の談話を発表し、「訓練用小型潜水艦一隻がエンジン故障のため漂流した」ものと釈明し、「(座礁した)潜水艦と、遺体を含む乗組員を即時、無条件で返還」することを要求した[37]。これに対し、同日韓国国防部代弁人は声明で、「事件は単純で偶発的なものではなく、事前に綿密に計画された意図的な挑発事件である」と反論した[38]。さらに、同日国会は、この事件について、北朝鮮を非難する決議案を全会一致で採択したが、同決議文によると、「今回の行為は単純なスパイ行為ではなく、赤化統一を画策する明白な武力挑発行為として決して容認できない[39]」と北朝鮮を強く非難すると同時に、政府に万全の対応を求めた。

このような南北間の非難の応酬が続く中、金泳三大統領は24日、訪韓中の日本の新聞、放送の政治部長と会見し、「憲

36) 「戦争挑発頂点と米·韓国を非難」『読売新聞』1996年9月22日。

37) 『北朝鮮政策動向(1996年 第11号)』(ラヂオプレス、1996年10月)、57頁。

38) 「北朝鮮国防省潜水艦の返還を要求－韓国『意図的』と反論」『読売新聞』1996年9月24日。

39) 「北韓의對南武力挑發行爲에대한決議案(北朝鮮の対南武力挑発行為に対する決議案)」『第181回国会、国会本会議 会議録(第3号)』(国会事務処、1996年9月23日)、3－4頁。

法が保障する大統領の責任において、北に対するあらゆる政策を検討する」と言明し、対北朝鮮政策の全面見直しの意図を示した。さらに、金大統領は10月1日、国軍の日の記念式典演説のなかで、「北韓の挑発は北韓の同胞を助けようとするわれわれの暖かな同胞愛に武力挑発行為に対応したことであり、これは反民族的で反統一的背信行為」と強く批判した上で、対北朝鮮政策の見直しの方針として、第一に軍の機動性と能率性を高めるのに政策の最優先順位を置くこと、第二に北朝鮮の支援は再考すること、第三に政府と軍、そして国民との連帯を強化すること、第四に多角的な国際的努力を並行することを含む四項目を柱とした対応策を明らかにした[40]。また、その後金大統領は国会演説で、「北韓は今回の事件に対し、明示的に是認·謝罪し、同様の挑発行為の再発防止を約束するなどの納得できる措置を取るべきである(傍点：引用者)[41]」と述べ、今回の事件の解決の前提は「北朝鮮の謝罪」と「再発防止の保証」であることを明らかにした。そして、韓国は韓米連合防衛体制の強化などを含む強硬政策に乗り出す代わりに、軽水炉事業作業員の派遣などを含むKEDOに対する支援を凍結した。

この韓国の強硬政策に対し、北朝鮮は報復宣言で脅しをかけようとした。北朝鮮は9月27日、金昌國(キム·チャンクック)代表

40)「확고한 안보는 번영의 토대(確固たる安保は繁栄の土台)」大統領秘書室『金泳三大統領演説文集(第4巻)』(政府刊行物製作所、1997年2月25日)、475頁。

41) 同上、514頁。

は国連総会の演説で、「北朝鮮こそ今回の犠牲者である」とし、「我々には百倍、千倍の報復を行う権利がある」と、韓国に対する武力行使の用意を示した上で、さらに「時間は限られている」とし、報復が差し迫っていることすら示唆した。また、10月2日、在韓国連軍司令部と朝鮮人民軍板門店代表部との秘書長級会談でも、北朝鮮側は潜水艦侵入事件に抗議し、「潜水艦乗務員が死亡したことは、重大な結果を招くだろう」と警告した上で、「近いうちに南朝鮮に報復するつもりなので、米軍は介入するな」と脅迫した[42]。

このような北朝鮮の脅迫は、韓国の強硬路線をより固めた。10月4日、国家安全保障会議を開き、要人や空港、発電所などの警備強化を決めた[43]。また、同月12日国会は、本会議で北朝鮮の報復脅迫を糾弾する決議案を全会一致で採択し、北朝鮮に「無謀な挑発策動を直ちに中断すること」を求めるとともに、政府にも「北韓のいかなる挑発にも断固として迅速に対処できる万全の態勢を強化すること」を要求した[44]。これを受け、韓国政府は、韓米連合軍体制の強化にとどまらず、国際的圧力まで働きかけることを試みた。10月11日、孔魯明(コン・ノミョン)外務部長官は訪韓中のウィンストン・ロード(Winston

42) 김영삼(金泳三)『김영삼 대통령 회고록(하)(金泳三大統領回顧録(下))』(朝鮮日報社、2001年)、244頁。

43) 「潜水艦侵入事件の経過」『朝日新聞』1996年12月30日。

44) 「對北韓警告決議案(対北朝鮮警告決議案)」『第181回国会、国会本会議 会議録(第4号)』(国会事務処、1996年10月12日)、3－4頁。

Lord)米国務次官補(東アジア・太平洋担当)と会談し、北朝鮮のいかなる挑発や軍事的侵入行為にも直ちに対応できるよう韓米連合軍体制を強化することで合意した[45]。また、今回の北朝鮮潜水艦侵入事件とその後の報復発言について、「明白な停戦協定違反で韓半島の安定に背く行為」と規定し、国連安保理での迅速な対応に両国が協調することを明らかにした[46]。その後、国連安保理は同月15日公式協議を行い、この事件に関し、「重大な懸念」を表明する議長声明を全会一致で採択しが、同声明では「停戦協定は、韓半島に新たな平和メカニズムができるまで、引き続き効力を維持しなければならない」と指摘したうえで、北朝鮮に韓半島の緊張を高めるいかなる行動もとらないよう求めた[47]。

事件が国際的圧力まで広がると、北朝鮮は韓国に対する脅しにとどまらず、米朝「枠組み合意」を破棄する意図を明らかにした。北朝鮮の外交部代弁人は10月15日、「事態がこのように広がると米朝枠組み合意の運命は決まったといってもよい」と述べ、潜水艦侵入事件に対する国際的非難と圧力が加えられた場合、核凍結破棄の措置を取ることもあるとした[48]。

---

45) 「"한·미 대북공조 확고하다"("韓米の対北共助確固である")」『ソウル新聞』1996年10月14日。

46) 同上。

47) 「안보리 북 경고 의장 성명/한반도 분단이후 처음(安保理北に警告、議長声明/韓半島
分断以降始めて)」『東亜日報』1996年10月16日。

48) 「연내착공 어려워 완공 1－2년 지연 불가피(年内着工困難1－2年遅延不可

その後も北朝鮮は米朝「枠組み合意」の破棄を示唆する発言を繰り返した[49]。また、「ノドン」ミサイルの発射実験を準備する一方、使用済み核燃料の封印作業を中断するなどの措置をとった。

米朝「枠組み合意」による核兵器およびその運搬手段の不拡散を優先させようとする米国にとって、北朝鮮の対応が懸念を募らせたに違いない。それゆえ、米国は韓国との同盟関係に基づく抑止力の強化を図ると同時に、事件の早期解決のために積極的に米朝交渉にも取り組んだ。米国は米朝協議を通じ、北朝鮮に韓国の求めていた「北朝鮮の謝罪」と「再発防止の保証」を要求した。また、ニューヨークで開かれた米朝実務接触で、李衡哲·外交部米州局長が米国省のマーク·ミントン韓国課長に対し、「潜水艦事件は遺憾である。今後このようなことが起きないようにする」と伝え、米朝関係を潜水艦事件発生前の状況に戻すように要請したい意思を示したが、米国は「謝罪は当事者である韓国政府に対して行なうべきである」と説得した。これに対し、李局長は「検討したい」と答えるにとどまったが、北朝鮮は11月に入って米国に対

避)」『朝鮮日報』1996年10月16日。

49) 例えば、1996年11月15日に朝鮮中央通信は、「朝米基本合意文は危機に瀕している」と題する記事を伝え、その中、「現在、米側が約束を破って基本合意文(米朝枠組み合意)の履行を一方的に遅延させているため、われわれは引き続き時間を浪費することが必要とは感じていない(括弧:引用者)」と指摘している。『北朝鮮政策動向(1996年 第14号)』(ラヂオプレス、1996年12月)、49頁。

し、「韓国に遺憾の意思を表明する用意がある」と伝えた[50)]。その後12月29日、事件から3カ月を経てようやく、北朝鮮は朝鮮中央通信と平壌放送を通じて、「潜水艦事件に対して深い遺憾の意を表する」と述べたうえで、「そのような事件が再び発生しないように努力する」という声明を発表した[51)]。これに対し、韓国も統一院代弁人の声明を通じ、「政府は、北韓が再発防止の約束を履行することによって、信頼回復と緊張緩和に寄与することになることを期待する」と述べ、事実上の謝罪と受け止めた[52)]。かくして、韓国政府は潜水艦事件以降約3カ月間支援凍結を続けてきたKEDOの軽水炉支援事業を再開することを決定したのである。

第3節 韓米·日米同盟とKEDO間の相互作用

すでにふれたように、KEDOは韓米·日米同盟と連動しつつ、北朝鮮を「外部化」する構造や機能をもちながらも、「内部化」する機能をも有する韓日米「安保協力メカニズム」の重層的構造をもたらした。韓日米三国間の脅威認識および利害の共有と同盟関係からなる相互拘束は、このメカニズムに

50)「北朝鮮、『遺憾の意』表明の用意」『読売新聞』1996年11月19日。

51)『北朝鮮政策動向(1997年 第1号)』(ラヂオプレス、1997年1月)、44頁。

52)「북, 잠수함 침투 공식 사과(北、潜水艦浸透公式謝罪)」『韓国日報』1996年12月30日。

おける三国間の協力を促していた。さらに、このメカニズムの相乗効果は、韓日米三国間の安保協力の重要性および必要性を増大させると同時に、三国間の協力が韓半島ひいては東アジアにおける安定の維持という共通利害に資するもの[53]というコンセンサスを定着させたと考えられる。

しかし、今回の潜水艦侵入事件をめぐる前述の韓日米三国の対応をみると、以下の二点が指摘できる。第一に、北朝鮮の行動に対する脅威認識および利害の齟齬が顕在化すると、KEDO内での三国間の協力関係に軋轢が生じることである。北朝鮮の核兵器保有は韓国にとって非対称戦力の確保を意味し安全保障上の重大な脅威であるものの、KEDOの維持が核不拡散につながっても、それは休戦ラインを挟んで対峙している現存の通常兵器からなる脅威削減には短期的に影響を与えていないという認識があった。すなわち、韓国にとっては、核兵器という潜在的脅威より、今回の潜水艦侵入事件のような現存している通常兵器の脅威への対処が安全保障上において重大であったといえる。また、分断国家としての特殊状況に置かれている韓国にとっては、KEDOは南北対話のチャネルの一つであり、統一後の先行投資であるという認識を強くもちつつ、莫大な資金支援(軽水炉支援金の約7割)を行なっていた。したがって、今

53) Woosang Kim and Bon-Hak Koo,"South Korean Perception of Korean Peninsulua Security Issues and the Future of the ROK-U.S. Alliance," Tae-hyo Kim and Brad Glosserman(ed.), op.cit., p.184.

回の潜水艦侵入事件のような北朝鮮の挑発行為は、KEDO支援に含められている南北和解および平和統一の期待という韓国の利害に相反する「反民族的·反統一的背信行為[54]」であった。かくして、韓国はKEDOへの協力を中止し、韓米同盟による抑止力の増強に基づく北朝鮮の「外部化」に傾斜することで、北朝鮮に圧力をかけたのである。

他方、米国は韓国の立場に一定の理解を示しながらも、米朝「枠組み合意」による核の抑止としてのKEDOの維持を望み、韓国の支援の早期再開を望んでいた[55]。これは米国がKEDOを核兵器拡散防止の手段の一つと捉えていたからである[56]。北朝鮮の通常兵器が同盟国である韓国と在韓米軍に影響を与えかねないとはいえ、それよりは北朝鮮の核兵器の保有とその拡散を恐れていたのである。1996年9月19日に行われた日米両国外相·防衛担当閣僚による日米安全保障協議委員会(2+2)会談後の記者会談で、ウォーレン·クリストファー(Warren M. Christopher)米国務長官が「南北対話や人道支援などが今後も続けられるよう、すべての当事者がこれ以上挑発的な行動を取らないように願っている[57]」と発言し、韓国の強硬路線が北朝

54)「확고한 안보는 번영의 토대(確固たる安保は繁栄の土台)」大統領秘書室『金泳三大統領演説文集(第4巻)』、474頁。

55)「米朝改善踏み出し状態」『読売新聞』1996年10月30日。

56) Stephen W. Bosworth,"Korean Peninsula: Pragmatic Multilateralism Is Working,"International Herald Tribune, March 26, 1997.

57) "2 Plus 2 Press Conference Security Consultative Committee With Secretary Of State Warren Christopher, Japanese Foreign Minister

鮮の米朝「枠組み合意」の破棄につながるのを牽制しようとしたのである。また、ペリー国防長官が訓練中の潜水艦が座礁したと述べた北朝鮮の談話に対し、「北朝鮮の潜水艦が通常の訓練中ではなかったことは自明である」と指摘しつつも、「最も重要なことは、今回の事件がエスカレートしないことである」と述べたことも[58]、前述の米国の認識を端的に表している。日本も基本的には米国とほぼ同じ立場を取っていた。9月24日に行われた日米首脳会談で、両首脳が「韓半島で困難(潜水艦侵入事件)があったとしても、KEDOによる北朝鮮の核開発凍結プログラムを推進していくべきである[59]」という方針に意見を一致し、KEDO維持の重要性を訴えることを優先したことが、これを裏づけている。

したがって、北朝鮮潜水艦侵入事件に対する韓日米三国間の脅威認識および利害の齟齬が以上の三国間の対応の齟齬をもたらしたといえる。ただし、ここで看過してはならないのは、韓国が一時的にKEDOへの協力を中止したものの、その後KEDOへの協力を再開し、既存の重層的な韓日米「安保協力メカニズム」に回帰したことである。これは、米国と日本が韓

Yukihiko Ikeda Secretary Of Defense William Perry, And Japanese Defense Minister Hideo Usui,"Benjamin Franklin Room, Washington, DC, September 19, 1996<http://dosfan.lib.uic.edu/ERC/briefing/dossec/1996/9609/960919dossec.html>2009年8月3日。

58) "World News Briefs; North Korea Demands Return of Its Submarine,"The New York Times, September 24, 1996.

59) 「日米首脳会談要旨」『読売新聞』1996年9月25日(夕)。

国の立場に対し一定の理解を示しつつ、韓米·日米同盟による三国間の安保協力関係を堅持することで、韓国に三国間の協力の重要性および必要性を示し、既存の協力メカニズムへの回帰を促したことに起因したと考えられる。

第二に、今回の潜水艦侵入事件をめぐる米朝交渉の役割を振り返ってみると、北朝鮮問題をめぐる様々な制度間連携の調整において米朝協議が中核としての役割を果たしていることを示唆している[60]。これは、第一次北朝鮮核危機以降続いてきた北朝鮮の対米傾斜に起因にしていたことはいうまでもない。米朝「枠組み合意」には、北朝鮮が「この合意が雰囲気を醸成するのに従い、南北対話に取り組む」と謳われていたが、北朝鮮は「雰囲気ができていない」として南北対話を拒否しつつ、米朝交渉に執着してきた[61]。潜水艦進入事件で南北非難の応酬が続く中においても、崔守憲(チェ·スホン)北朝鮮外務省部部長は国連総会の演説で、「朝鮮民主主義人民共和国政府は1994年4月、朝鮮半島の平和と安全を保証するために、古い停戦体系を代わる新しい平和保障体系の樹立を提案したのに続き、今年(1996年)2月には米国の対朝鮮政策と現在の朝米関係水準を考慮に入れ、新しい平和保障体制を展開した朝米の間に暫定協定を締結

60) 菊池によると、「北朝鮮の核問題をめぐる制度間の連携と調整の中心には、米朝二国間関係がある」と述べている。菊池、前掲論文「北朝鮮の核危機と制度設計」、31頁。

61)「ソウルは南北対話なく焦り」『読売新聞』1996年10月24日。

するという画期的な提案をした(傍点：引用者)[62]」と述べていたのである。

他方、KEDOの軽水炉支援凍結は単なる韓国の対北朝鮮政策における強硬路線への変更という意味だけではなく、北朝鮮の米朝「枠組み合意」の破棄による核開発の再開につながりかねないという意味をももっていた。ゆえに、後者に最も懸念を募らせていた米国は北朝鮮との交渉に着手したのである。その結果、米朝交渉で米国は事件解決の条件になっていた「韓国に対する北朝鮮の謝罪および再発防止の表明」を引き出すことに成功した。これによって、KEDOの軽水炉支援事業が再開され、KEDOと同盟からなる重層的な「安保協力メカニズム」の機能も再開されたのである。

62)「유엔은 남조선에 있는 미군이 사용하고 있는 유엔의 이름과 기발을 소환하는 조치를 지체 없이 취해야 한다 (国連は南朝鮮にいる米軍が使用している国連の名前と 旗を送還する措置を直ちにとるべき)」『民主朝鮮』1996年9月29日。

第3章

北朝鮮の「テポドン-1」ミサイル発射と韓日米関係

本章では、1998年8月31日に発生した北朝鮮の「テポドン－1」ミサイル発射実験をめぐる韓日米三国の対応を分析しつつ、北朝鮮の弾道ミサイルに対する脅威認識の齟齬がKEDOと韓米·日米同盟からなる「重複型」制度間連携に軋轢を来したことを明らかにする。そのうえ、米朝「枠組み合意」およびKEDOを維持しつつ、北朝鮮の弾道ミサイル問題という新たな問題領域を取り扱うために生まれたTCOGおよび「ペリー·プロセス」をKEDOと同盟とともに「重複型」制度間連携と位置づけ、この新たな制度間連携の展開過程を明らかにする。その際、この制度間連携が北朝鮮を「外部化」する構造を有すると同時に、「内部化」する機能を有することを明らかにする。

第1節 「テポドン-1」ミサイル発射とKEDO

第1項 日·韓·米の対応 - 日本の「突出」行動

1998年8月31日、北朝鮮は、日本の上空を通過する形で、「テポドン－1」を基礎とした弾道ミサイルの発射実験を行った[1)]。これに対し、同日夜、日本は「本件ミサイル発射は、わが国の安全保障や北東アジアの平和と安定という観点、更には大量破壊兵器の拡散防止という観点から、わが国としては極めて遺憾である[2)]」との官房長官コメントを発表し、北朝鮮側に対してミサイル発射に遺憾の意を直接伝達した[3)]。その後も、日本は「ノドン·ミサイルの開発と今回の北朝鮮の発射したミサイルを併せて考えても、まさに北朝鮮が弾道ミサイルの長射程化を目指して発射実験等を行っているということであるから、それはわが国の安全保障に直接かかわる極めて憂慮すべき行為である[4)]」と声明を発表し、「テポドン－1」ミサイルへの脅威感を表明した。

---

1) 防衛省『日本の防衛(平成21年版)』、37頁。なお、北朝鮮の弾道ミサイルの開発に関する最新の現況は、同上、37-40頁を参照。

2) 「北朝鮮によるミサイル発射実験に関する官房長官コメント」外務省『外交青書第1部(平成11年版)』(大蔵省印刷局、1999年6月)、371頁。

3) 外務省『外交青書第1部(平成11年版)』、9頁。

4) 「報道官会見記録」外務省ホームページ<http://www.mofa.go.jp/mofaj/press/kaiken/hodokan/hodo9810.html#9-D>2009年8月3日アクセス。

このような「テポドン－1」発射による衝撃の最中、日本政府は9月1日に緊急安全保障会議を開いて今後の対応を検討し、国交正常化交渉、食糧等の支援及びKEDOの事業をそれぞれ当面見合わせるなどの方針を打ち出した[5)]。これらの措置に加え、翌日には北朝鮮の高麗航空に与えられていたピョンヤン－名古屋間の貨物チャーター9便の運航許可を取り消し、その後の運航も不許可とすることとした[6)]。日本の国会も同年9月3日、全会一致で「北朝鮮の弾道ミサイル発射に抗議する決議案[7)]」を採択し、北朝鮮を強く非難した。そこで、小渕恵三首相は「北朝鮮によるミサイル発射は我が国の安全保障に直接関わる極めて遺憾な事態であり、我が国としては、食糧支援やKEDOの進行について当分見合わせる考えであります[8)]」と改めて日本の強硬な方針を明らかにした。日本政府は「朝鮮半島エネルギー開発機構（KEDO）については、軽水炉の費用負担で最終的な合意が近づいていた訳(ママ)であるが、昨日の事態(ミサイル発射実験)を踏まえて、我が国として早急に米国、韓国等の理事会メンバーと協議をした上で対応振りを検討したいと考えている状況である(括弧: 引用者)[9)]」と今回のミサイル発射実験とKEDOへの対応を関

5) 「北朝鮮によるミサイル発射を受けての当面の対応にかかる官房長官発表」外務省『外交青書第1部(平成11年版)』、371－372頁。

6) 外務省『外交青書第1部(平成11年版)』、10頁。

7) 「第143回国会衆議院会議録第6号」『官報号外』(1998年9月3日)。

8) 「第143回国会衆議院会議録第7号」『官報号外』(1998年9月3日)、6頁。

9) 「報道官会見記録」外務省ホームページ<http://www.mofa.go.jp/mofaj/press/kaiken/hodokan/hodo9809.html#1-B>2009年8月3日アクセス。

連付けることに慎重な姿勢を示したものの、結局KEDOに対する資金供与を差し控える措置をとった[10]。

当初、ミサイル発射実験の当日である8月31日にKEDO理事国が北朝鮮の軽水炉建設の分担額を定める文書を採択する予定であり、軽水炉建設費用はKEDO理事国の協議で約46億ドルと決定されていた[11]。日本はその内の10億ドルを負担することになっていた[12]。しかし、日本政府は今回のミサイル発射実験を受け、この負担額を定める文書の採択を延期する方針を打ち出したのである。また、高村正彦外相は同年9月20日、ニューヨークで開かれた日米両国外相·防衛担当閣僚による日米安全保障協議委員会(2+2)会談後の記者会談で、「(KEDOに対して)10億ドル以上の資金を全くミサイル発射されなかった時と同じように供出するのは、かえって誤ったメッセージを送ることになる[13]」という日本の立場への理解を求めた。

10) 道下徳成「北朝鮮のミサイ外交と各国の対応ー外交との比較の視点から」小此木政夫編『危機の朝鮮半島』(慶應義塾大学校出版社、2006年)、78−79頁。

11) “U.S. Representative To KEDO,” Press Statement by James B. Foley, Acting Spokesman August 27, 1998<http://secretary.state.gov/www/briefings/statements/1998/ps980827a.html>2009年８月27日アクセス。

12) Ibid..

13) Secretary of State Madeleine K. Albright, Secretary of Defense William Cohen, Japanese Foreign Minister Masahiko Komura, and Japanese Defense Minister Fukushiro Nukaga,“Joint Press Availability following the U.S.-Japan Security Consultative Committee Meeting,”New York, New York, September 20, 1998, As released by the Office of the Spokesman U.S. Department of State<http://secretary.state.gov/www/statements/1998/980920.html>2009年8月14日アクセス。以下の98年9月20日の2+2会談後の記者会見の内容はここから引用。

その反面、韓国は今回のミサイル発射実験の直後国防部代弁人の声明を通じ、「北韓が大量破壊兵器不拡散のための国際的努力が推進されている時点において長距離ミサイルを発射し、韓半島を含む東北アジア地域の平和と安全を阻害することに深刻な憂慮を表明」したうえで、「北韓はミサイル開発を直ちに中断すべきである」と述べ、日本と同様に今回のミサイル発射実験に懸念を募らせた[14)]。このため、韓国は「韓米連合体制をもって北韓に対する24時間監視体制を維持し、テポドンミサイルの戦略化まで3－4年かかることを考慮し、大量破壊兵器対応戦略および部隊運用概念を再検討する[15)]」軍事的対策を整えた。しかし他方、北朝鮮との緊張を高めることは回避したい韓国政府は「既存の対北和解政策には変わりがない」と強調し、既存の対北朝鮮政策の継続を明らかにした[16)]。また、洪淳瑛(ホン·スンヨン)外交通商部長官は9月4日、日本がKEDOへの資金協力を凍結する方針を決めたことに関連し、「KEDOは北朝鮮による核開発を凍結する役割だけでなく、これに対し中長期的には南北対話の窓としても意味がある」と述べ、KEDOに対する日本の協力再開を呼びかけた[17)]。つま

14)「북, 탄도미사일 최초 발사 (北、弾道ミサイル初めて発射)」『韓国日報』1998年9月1日。

15)「국방부 북미사일 대응책 국회 보고(国防部北ミサイル対応策国会報告)」『国民日報』1998年9月3日。

16)「對北、화해정책엔 변함없다(対北和解政策には変わりない)」『韓国日報』1998年9月2日。

17)「日에 경수로 조기 서명 촉구(日に軽水炉早期署名促し)」『東亜日報』1998年9月5日。

り、韓国は日本の強硬な立場に理解を示しつつも、既存の対北和解政策の維持を図ると同時に、日本のKEDOへの協力再開を求めたのである。

他方、米国はニューヨークの米国連代表部で再開された北朝鮮との協議の場で、「テポドン―1」ミサイル発射実験を強行したことに対して「強い懸念」を表明したものの、米朝「枠組み合意」の履行問題などを含む既存の交渉の基本的な枠組は維持する立場を示した[18]。また、マデレーン・オルブライト(Madeleine K. Albright)米国務長官も、1998年9月1日に「北朝鮮の弾道ミサイル発射は、重大な懸念事項である」と指摘したうえで、「我々は北朝鮮の核開発を凍結している米朝枠組み合意を維持しつつ、北朝鮮との交渉を続けていく」と述べ、既存の対北朝鮮政策を維持する方針を表明した[19]。さらに、オルブライト米国務長官は、上述の9月20日の日米安全保障協議委員会(2プラス2)後の記者会談で、今回のミサイル発射実験が日本の安全保障にとって深刻な問題であることについて一定の理解を示しながらも、「KEDOを維持しないとミサイル問題は解決できな

18) 「米『強い懸念』表明」『読売新聞』1998年9月1日(夕)。

19) "Secretary of State Madeleine K. Albright, Interview on ABC-TV"Good Morning America" with Kevin Newman,"Moscow, Russia, September 1, 1998, As released by the Office of the Spokesman U.S. Department of State"<http://secretary.state.gov/www/statements/1998/980901.html>2009年8月13日アクセス; "Secretary of State Madeleine K. Albright, Interview on CNN's "Late Edition" with Wolf Blitzer, Moscow, Russia, September 1, 1998 As released by the Office of the Spokesman U.S. Department of State< http://secretary.state.gov/www/statements/1998/980901a.html>2009年8月13日アクセス。

い」と述べ、日本が早急にKEDOへの協力を再開するよう求めた。米国は今回のミサイル発射実験を安全保障上の重大な懸念とみなし、日本の強硬な対応に同調の姿勢を見せながらも、米朝「枠組み合意」およびKEDOの維持を基盤とする対北朝鮮政策を続ける方針に基づき、日本にKEDOへの協力再開を促したのである[20]。

韓米両国からのKEDOへの協力再開要求のために、日本はKEDOへの協力を再開することを余儀なくされた。同年10月14日の日本国会の答弁で高村外相は、「(北朝鮮の核開発を)やめさせる手段というのは、(中略)KEDOという一つの枠組みなのです。これに今日本とすれば期待をかける以外にない(括弧: 引用者)[21]」と述べたうえで、「KEDOの枠組みは維持するという大方針があるわけでありますから、そういうことがなくたって、その枠組みに悪い影響が出てくるような事態があれば、ほかの判断をしなければいけない[22]」と述べ、KEDOへの協力再開の考えを窺わせた。さらに、同年10月16日の記者会見で、小渕首相は米国および韓国との関係も考慮し、「長くわが国だけ特別な対応

20) 「北 미사일 대응 美日 ‘수위’ 격차(北ミサイル対応、日米の‘水位’格差)」『文化日報』1998年9月2日; 米国は日本にKEDO協力再開を促す一方、他方、人道的支援という名目で北朝鮮に10万トンの食糧支援を行った。“North Korea-Additional Food Assista - nce,”Press Statement by James P. Rubin, Spokesman, September 21,1998<http://secre-tary.state.gov/www/briefings/statements/1998/ps980921.html>2009年9月12日アクセス。

21) 第143回国会衆議院『外務委員会議録第7号』(1999年10月14日)、18頁。

22) 同上、6頁。

を取ることは困難ではないかと思う[23]」と述べ、早期に凍結を解除する方針を明らかにした。その後、同年10月21日、日本政府は、「KEDOは北朝鮮の核兵器開発を阻むための最も現実的かつ効果的な枠組みであり、これを崩壊させることによって北朝鮮に核兵器開発再開の口実を与えてはならないとの考慮の下、KEDO への協力を再開する」ことを発表した[24]。

第2項 同盟とKEDO間の相互作用-ミサイル脅威認識および利害の共有と齟齬の狭間

以上の「テポドン−1」発射実験をめぐる韓日米三国の対応について以下の三点が指摘できる。第一に、今回のミサイル発射実験後、日本がKEDOの協力を凍結した反面、韓米両国は日本のKEDOへの協力再開を求め、KEDO内での三国間協力関係に軋轢が生じたことである。これは北朝鮮の弾道ミサイルに対する脅威認識および利害の齟齬がKEDOに波及したものであった。すなわち、日本は「テポドン−1」発射を自国の安全保障上に直接関わる最も重大な脅威と受け止め、KEDOの北朝鮮を「内部化」する機能に期待することは困難と判断したため、日本はKEDOへの協力を中止し、北朝鮮の「外部化」に傾斜した

23)「小渕首相の会見要旨」『読売新聞』1998年10月17日。

24) 外務省『外交青書第1部(平成11年版)』、10頁。

のである。その反面、韓米両国は日本とは違う脅威認識および利害をもっていたため、日本にKEDO維持の重要性および必要性を誇示しつつ、KEDOへの協力再開を強く求めた。

振り返ってみれば、北朝鮮の弾道ミサイルに対する脅威認識において、韓米両国と日本との間は次のような相違が存在した。米国は「テポドン−1」ミサイルを発射したという最初の判定を変更し、北朝鮮が人工衛星打ち上げを試みたとの公式見解を表明したものの[25]、北朝鮮のミサイル脅威を軽視していたわけではなかった。カートマン韓半島和平担当特使は下院で、「北朝鮮は北東アジアにおける脅威であると同時に、その拡散活動は他の地域、特に南アジアおよび中東地域の不安定をもたらしうる[26]」と述べたように、北朝鮮の地域的な脅威を認識しながらも、大量破壊兵器および弾道ミサイルの拡散にも注意を払っていた[27]。ただし、ここで指摘すべきは、クリントン米大統領が1999年2月26日に行った外交政策に関する演説で、米国が直面する最も重大な課題として拡散、テロ、麻薬、気候

---

25) "US Calls North Korean Rocket a Failed Satellite,"The New York Times, September 15, 1998.

26) Charles Kartman,"United States Policy Toward North Korea,"Before House Committee on International Relations Committee, September 24,1998<http://www.state.gov/www/policy_remarks/1998/980924_kartman_nkorea.html>2009年8月5日アクセス。

27) パルヴェーズ·ムシャラフ(Pervez Musharraf)パキスタン元大統領は回顧録で、1990年代後半に、「北朝鮮の弾道ミサイルを購入するために、パキスタンは北朝鮮との政府間契約を結んでいた」と証言している。Pervez Musharraf, In The Line of Fire: A Memoir(London·New York·Sydney·Toronto: A CBS Company, 2006), p.286.

変動を取り上げていたように[28]、米国にとっては地域的な脅威より、拡散による国際的脅威に重点を置いていたことである。また、オルブライト米国務長官が回顧録で、「北朝鮮の核兵器を製造する能力とその運搬手段である長距離弾道ミサイルとの連携は、極めて重大な懸念であった[29]」と振り返っているように、米国は北朝鮮のミサイル問題を核問題と連携しているものと認識していた[30]。1995年2月に公表された「関与と拡大の国家安全保障戦略(A National Security Strategy of Engagement and Enlargement)」に、すでに「米国にとって最も重大な優先順位は、核兵器および他の大量破壊兵器、そしてその運搬手段である弾道ミサイルの拡散を止めることである[31]」と明記されていたことも、同様の文脈に属する。

28) The White House,"Remarks by the President on Foreign Policy,"Grand Hyatt Hotel San Francisco, California, February 26, 1999<http://www.mtholyoke.edu/acad/intrel/clintfps.htm>2009年8月14日アクセス。

29) Madeleine K. Albright, Madam Secretary(New York: The Easton Press, 2003), p.458.

30) カートマンも、「長距離弾道ミサイルより危険なものは核弾頭を搭載したミサイルである」と述べている。Charles Kartman, "Statement of Charles Kartman,"Recent Developments in North Korea: Hearing Before the Subcommittee on East Asia and the Pacific of Committee on Foreign Relations, U.S. Senate, 155th Congress, Second Session, September 10, 1998, S. HRG. 105-842(U.S Government Printing Office, Washington: 1998), p.4.

31) The White House, A National Security Strategy of Engagement and Enlargement, op. cit., p.13.

他方、韓国は軍事停戦以降、常に韓半島の武力赤化統一を企図する北朝鮮を安全保障上における最も重大な脅威とみなしてきた。1998年10月に発刊された『国防白書1998』によると、「北韓は究極的に共存共栄を追求しなければならない平和統一の同伴者であっても、北韓が対南赤化戦略を放棄しないで、軍事的挑発を継続するほど、我々の生存を脅かす限り、北韓が我々の主敵であるということは、あまりにも明白である(傍点: 引用者)[32]」と明確に記されている。韓国は北朝鮮の短距離弾道ミサイル及び休戦ライン付近に配備されている長射程砲などから安全保障に直接関わる重大な脅威を常に受けている。とりわけ、北朝鮮は、1980年以降から「スカッドB」ミサイル(射程約300Km)、「スカッドC」ミサイル(射程約500Km)を配備しており、すでに韓国全土を射程内に収めていた。北朝鮮のミサイルの射程距離が約1,500Kmにまで伸びたことは、韓国にとって既存の軍事的脅威には「追加的脅威」に過ぎなかった。

以上を踏まえると、韓米両国は、KEDOの機能不全が米朝「枠組み合意」の崩壊に繋がると、核兵器およびその拡散による脅威が増大し、かえって韓半島を含む地域の不安定をもたらすと判断した。さらに、韓米両国は、北朝鮮の弾道ミサイルそのものよりは核弾頭と連結された弾道ミサイルがより危険であると認識していた。ゆえに、「テポドン—1」発射によっ

---

32) 국방부(国防部)『국방백서1998(国防白書 1998)』(1998年10月)、58頁。

て北朝鮮の弾道ミサイルによる脅威が顕在化したからこそ、KEDOの重要性がより一層高まったと判断した。かくして、以上の脅威認識の相違は利害の齟齬にも繋がり、韓米両国は日本にKEDOへの協力再開を強く求めたのである。

しかし、北朝鮮の弾道ミサイルに対し、韓日米三国が脅威認識の相違をみせたものの、安全保障上の重大な脅威として受け止めつつ、三国間の協力を促したことは強調されてよい。1998年9月14日にワシントンで開かれた韓日米三国の高官協議において、韓日米三国は、「今回のミサイル発射実験によって、多段式ロケットによる北朝鮮の中距離ミサイル発射能力が立証されたと認識し、北朝鮮のミサイル開発と輸出などを規制することに相互協力する」と共同声明を発表し、北朝鮮の弾道ミサイル問題に対して韓日米三国が歩調を合わせて対処していく方針を示した[33]。また、同年9月24日に韓日米三国の外相協議後の共同声明を通じ、三国は「テポドン－1」発射を強行した北朝鮮を非難する一方、「北朝鮮の核開発を阻止するための最も現実的かつ効率的なメカニズムとして米朝枠組み合意とKEDOの維持が重要であることを再確認する」とし、またそれと同時に、「対北朝鮮政策における韓日米三国間の緊密な調整が重要であることを再確認した」と発表して、韓日米三

33)「北 미사일 개발수출 규제/ 韓美日 상호 협력키로 (北ミサイル開発輸出規制/韓・米・日相互協力に)」『東亜日報』1998年9月16日。

国間の安保協力の重要性および必要性を明らかにした[34)]。

また、戦域ミサイル防衛(TMD)構想において1995年以来基礎研究では合意していたものの、本格的な技術研究にまでは至っていなかった。ところが、前述の日米安全保障協議委員会(2プラス2)で、高村外相とオルブライト米国務長官は、北朝鮮の弾道ミサイルを念頭に、TMD構想にかかる共同技術研究を開始することで合意に達した[35)]。そして、同会談の共同発表によると、「新ガイドラインの実効性確保のため、必要なすべての措置をとるという意思を再度表明」し、「日本側は関連法案の早期成立に努めていく意思を確認」した[36)]。したがって、北朝鮮の弾道ミサイルに対する日米間の脅威認識の共有は、弾道ミサイル防衛システムおよび新ガイドラインにおける協力などを含む日米二国間の安保協力を促したといえる[37)]。

---

34) Secretary of State Madeleine K. Albright and The Minister for Foreign Affairs of Japan and The Minister of Foreign Affairs and Trade of the Republic of Korea,"Joint Statement on North Korea Issues,"New York, September 24, 1998, As released by the Office of the Spokesman U.S. Department of State<http://secretary.state.gov/www/statements/1998/980924b.html>2009年8月5日アクセス。

35) 1998年9月22日の日米首脳会談でも、日米両首脳は、「北朝鮮の弾道ミサイル発射は、日本の安全保障に直接かかわるだけでなく、北東アジアの平和と安定にも極めて憂慮すべき行為との認識で一致」した。「日米首脳会談の要旨」『読売新聞』1998年9月24日。

36) "Joint U.S.-Japan Statement Security Consultative Committee," Press Statement by James P. Rubin, Spokesman, September 20, 1998<http://secretary.state.gov/www/briefings/statements/1998/ps980920.html>2009年9月12日アクセス;「日米安保協議委·共同発表全文」『朝雲』1998年9月24日。

37) その当時、「テポドン一1」ミサイル発射実験に関する情報が錯綜し、関連極秘データの取り扱いを巡って、日米防衛当局の間ではギクシャクした他方、1998年10月8日に行われた韓日首脳会談後、金大中大統領と小渕首相は「21世紀に向けた韓日パートナーシップ共同宣言[38]」(以下、韓日共同宣言)を発表した。「韓日共同宣言」を通じ、両首脳は「北朝鮮のミサイル開発が放置されれば、韓国、日本及び北東アジア地域全体の平和と安全に悪影響を及ぼすことにつき意見の一致をみた」と北朝鮮の弾道ミサイルに対する共通の認識を示したうえで、「両国が北朝鮮に関する政策を進めていく上で相互に緊密に連携していくことの重要性を再確認し、種々のレベルにおける政策協議を強化することで意見の一致をみた」と表明した[39]。また、この宣言のための「行動計画」を通じて、両首脳は韓日安全保障対話、留学生及び研究員の活発な交流、部隊間の交流をはじめとする陸·海·空軍間での活発な対話、共同訓練(韓国海軍と海上自衛隊間で行われている共同救助救難訓練)などを含む緊密な安保協力を実施することで合意した[40]。この行動計画は、政府レベルで、韓日両国が相互軍事交流を公式に定めた最初の文書として意義のあるものであっ

空気が充満するなど日米両国の足並みは大いに乱れたこともあったと知られている。春原剛『同盟変貌－日米一体化の光と影』(日本経済新聞社、2007年)、4－5頁。

38) 「日韓共同宣言-21世紀に向けた新たな日韓パートナーシップ」『外交青書第1部(平成11年版)』、311－315頁。以下の「共同宣言」に関わる引用は、この文献による。

39) 金大中大統領は、1998年10月8日に行われた日本国会の演説でも、「北朝鮮のミサイル開発能力は、この地域の平和と安定を深刻に脅かしている」と述べた。大統領秘書室『金大中大統領演説文集(第1巻)』(文化観光部政府刊行物製作所、1999年)、525頁。

40) 「21世紀に向けた新たな日韓パートナーシップのための行動計画」『外交青書第1部(平成11年版)』、315－322頁。以下の「行動計画」に関わる引用は、この文献による。

た。したがって、北朝鮮の弾道ミサイルに対する韓日間の脅威認識の共有は、韓日二国間の安保協力を「より高い次元に発展させていく」ための基盤となったといってよい。

このような三国間の安保協力の積み重ねを通じて、同年10月14日の日本の国会で高村外相が述べたように、「日米韓の結束がきちっと固まった[41]」。ただし、ここで指摘しておくべき点は、韓米両国は、前述の共同声明などを通じて、韓日米三国の安保協力の重要性および必要性を訴えつつ、日本にKEDOへの協力再開を強く求めたことである。すなわち、韓米両国はKEDOへの協力の凍結で「突出」した日本を既存の韓日米三国間の協力体制に戻そうとした[42]。これを受けて、日本政府は10月21日の官房長官の声明を通じ、「北朝鮮への対応に当たっては、引き続き日米韓の連携が極めて重要である」と述べたうえで、「米韓両国との戦略的強調関係を維持·強化していく観点から、KEDOの決議案の署名を考える必要があった」と述べ、KEDOへの協力再開を決定した[43]。

第三に、日本のKEDOへの協力再開を促した米朝協議の役割である。すでにふれた1998年9月24日の韓日米三国外相会議で

41)「第143回国会衆議院 外務委員会議録第7号」(1998年10月14日)、17頁。

42) 倉田、前掲論文「北朝鮮の弾道ミサイル脅威と日米韓関係」、64頁。

43)「わが国のKEDOへの協力再開にかかる官房長官発表」『外交青書第1部(平成11年版)』、375頁。

オルブライト米国務長官が、米朝ミサイル協議を通じて北朝鮮弾道ミサイル問題を解決する旨の決意を明らかにした[44)]。その後、同年10月2日の米朝ミサイル協議で、米国は北朝鮮に「ミサイルに関わる懸念事項を止める用意をすると、それに相応しい米朝間の改善があるだろう」と提案したうえで、「今後も引き続き米朝ミサイル協議を開く」ことで合意した[45)]。前述のオルブライトの決意と10月の米朝ミサイル協議は、北朝鮮弾道ミサイルに最も懸念を募らせていた日本に問題解決に対する安心感を与え、KEDOへの協力再開を促した一因となった。高村外相が前述の10月14日の日本国会の答弁で「一連の米朝協議において、米国が我が国の意向をも踏まえ、しっかりと北朝鮮側の建設的対応を要求していくものと考えておりますが、我が国としても、このような米国の努力を支持しつつ、引き続き北朝鮮に対して前向きの対応を求めていく[46)]」と述べたことが、これを裏づけている。したがって、米朝交渉が日本を既存の重層的な韓日米「安保協力メカニズム」の枠内に戻す一因となったことから逆算すると、北朝鮮をめぐる制度間連携の調整における米朝交渉の有用性は強調されてよい。

---

44) Secretary of State Madeleine K. Albright,“Joint Statement on North Korea Issues,” New York, September 24, 1998, op. cit..

45) “U.S.-DPRK Missile Talks,”Press Statement by James P. Rubin, Spokesman, October 2, 1998<http://secretary.state.gov/www/briefings/statements/1998/ps981002.html>2009年9月3日アクセス。

46) 「第143回国会衆議院 外務委員会議録第7号」、16頁。

第2節 「ペリー・プロセス」と韓日米三国間の安保協力関係

第1項 対北朝鮮政策見直し要求－米朝「枠組み合意」の陥穽の顕在化

振り返ってみれば、「テポドン－1」の発射は金倉里をめぐる新たな核疑惑の最中に行われた。1998年8月17日付の『ニューヨーク・タイムズ』が、「米情報局が、北朝鮮の寧辺の北西部に建設中の巨大な核開発疑惑地下施設(平安北道の金倉里)を察知した(括弧: 引用者)[47]」と報道したのである。「テポドン－1」発射を受け、米国政府は日本のKEDOへの協力再開を促しながらも、米議会からの対北朝鮮政策の見直しを迫られたのも当然であった[48]。

マケイン(John S. McCain)上院議員は上院で、「北朝鮮が二段式ロケットを製造するのは大量破壊兵器を搭載する計画をもっていることを意味するものにほかならない[49]」と述べたうえ

47) “North Korea Site an A-Bomb Plant, U.S. Agencies Say,”The New York Times, August 17, 1998.

48) U.S. House of Representatives, Congressional Record: Proceedings and Debates of the 105th Congress, Second Session, Vol. 144, No. 145, October 13, 1998, E2114.

49) U.S. Senate, Congressional Record: Proceedings and Debates of the 105th Congress, Second Session, Vol. 144, No. 114, September 2, 1998, S9837.

で、弾道ミサイル問題を取り扱っていない米朝「枠組み合意」の見直しを求めた。また、マルコウスキ(Lisa Murkowski)上院議員は上院で、「大統領により、北朝鮮が核開発を実際に凍結し、秘密の核開発を行っていないことが証明されない限り、議会はKEDOへの資金支援を止めるべきである。(中略)米国の政策が弾道ミサイル脅迫する相手に引きずられてはいけない[50]」と主張したように、米朝「枠組み合意」の見直し要求はそれと連動しているKEDOにも及んだ。

このような一連の北朝鮮問題は、米朝「枠組み合意」およびKEDOの制度的危機を来し、ペリーが指摘しているように、「94年と似た新たな危機に向かっているように見えた[51]」のである。この状況を打開するため、1998年11月12日、クリントン米大統領は、対北朝鮮政策の見直しを進める方針を明らかにすると同時に、北朝鮮政策調整官にペリー元国防長官を指名した[52]。ペリーは北朝鮮の地下核施設疑惑および弾道ミサイル問題を焦点に、対北朝鮮政策の見直しに着手した。その際、ペリーは米国の情報専門家および北朝鮮専門家、そして同盟国である韓国と日本との緊密な連携をとった。とりわけ、

50) U.S. Senate, Congressional Record: Proceedings and Debates of the 105th Congress, Second Session, Vol. 144, No. 130, September 25, 1998, S10976.

51) ウィリアム·ペリー演説文「東アジアの安全保障と北朝鮮への対応」『北朝鮮とペリー報告－暴発は止められるか』(読売新聞社、1999年11月)、10頁。

52) "WORLD IN BRIEF,"The Atlanta Journal and Constitution, September 13, 1998.

ペリーが「最も重要だったのは、6回の米日韓三カ国間協議を行ったことである。それは、我々の成功に向けて非常に重要な役割を果たした[53]」と振り返っているように、ペリーの対北朝鮮政策の見直しは韓日両国との共同作業であった。

1999年5月に行われたペリーの訪朝の際、米専門家チームを通じ平安北道金倉里の核開発疑惑地下施設を査察し、その場所が「巨大かつ空白なトンネル複合体建物[54]」であり、「原子炉と再処理施設の設置には不向きであることを確認した[55]」。また、同年9月に米朝ミサイル会談がベルリンで開かれ、「米朝交渉中が続く間は、北朝鮮は長距離ミサイルを発射しない」という「ベルリン合意」が生み出された[56]。この成果を受けて、1999年9月17日、クリントン米大統領は、「北朝鮮に対する敵国通商法による制裁解除などを含む幅広い経済制裁解除の措置」を命じた[57]。これに対し、北朝鮮は外務省代弁人声明を通じ、「朝米間の懸案問題を解決するための高官級会談を

---

53) ペリー前掲演説文「東アジアの安全保障と北朝鮮への対応」、11頁。

54) "U.S. Department of State Daily Press Briefing(DPB #70),"by James P. Rubin, Spokesman, May 28, 1999<http://secretary.state.gov/www/briefings/9905/990528db.html>2009年9月12日アクセス。

55) ペリー前掲演説文「東アジアの安全保障と北朝鮮への対応」、13頁。

56) "U.S.－DPRK press statement,"September 12, 1999<http://www.globalsecurity.org/wmd/library/news/dprk/1999/990913-dprk-usia.htm>2009年9月12日アクセス;"N. Korea Pledge Eases Fears of Missile Test,"The Washington Post, September 13, 1999.

57) "Trade Sanctions on North Korea Are Eased by U.S.,"The New York Times, September 18, 1999.

行う予定であるが、さらに良い雰囲気を造成するためにこの会談が進行する間には、ミサイルを発射しない[58]」と公式に発表した。

第2項 「ペリー・プロセス」とTCOG－重層的な韓日米「安保協力メカニズム」の強化

1999年9月14日、ペリーによる米国の対北朝鮮政策見直しレポート、いわゆる「ペリー・レポート」が初めて公表された[59]。その後、同月17日に行われた記者会見を通じ、ペリーは自ら対北朝鮮政策見直しの経緯および結果について詳細に説明した[60]。そのうえ、同年10月12日に開かれた上院の聴聞会で、ペリーは米議会に対北朝鮮政策見直しの結果を正式に報告した[61]。ペリーの提示した戦略、いわゆる「ペリー・プロセス」は以下のように要約することができる。

---

58) 「조미회담 진행기간에는 미사일 발사를 하지 않을 것이다 / 외무성 대변인 (朝米会談進行期間にはミサイルを発射しない/外務省代弁人)」『朝鮮中央通信』1999年9月24日。

59) Perry, Review of United States Policy Toward North Korea, op. cit..

60) Madeleine K. Albright and William Perry,"Press Briefing on U.S. Relations with North Korea,"Washington, D.C., September 17, 1999, As released by Office of the Spokesman U.S. Department of State. 以後、1999年9月17日の記者会見に関わる引用はこの文献による。

61) Dr. William Perry, Testimony before the Senate Foreign Relations Committee, Subcommittee on East Asian and Pacific Affairs, Washington, DC, October 12, 1999. <http://www.state.gov/www/policy_remarks/1999/991012_perry_nkorea.html>2009年8月15日アクセス。以後、1999年10月12日の証言に関わる引用はこの文献による。

まず、ペリーはこれまでの研究の結論を四つにまとめて説明した。第一に、現在韓米連合軍は極めて強力であり、北朝鮮の核兵器、特に核弾頭を搭載した弾道ミサイルによって撹乱されない限り、1994年より韓米連合軍の抑止力は強力であるということである。第二に、米朝「枠組み合意」以来、北朝鮮の核物質生産は凍結されてきたが、もしこの合意が途絶すれば、数ヶ月のうちに北朝鮮は核開発の再開ができることである。

第三に、過去5年間は米朝「枠組み合意」が機能してきたが、北朝鮮が弾道ミサイル発射を続ければ、その戦略は維持し得なくなる可能性が高いことである。第四に、北朝鮮は、たとえ米国が圧力をかけても北朝鮮が崩壊することは予測し難いがゆえに、米国は「あるべき」(as we wish it would)ではなく「あるがまま」(as it is)の北朝鮮に対処しなければならないことである。

また、ここで指摘しておくべき点は、ペリーが米朝「枠組み合意」の維持の重要性を明らかに示したことである。1998年8月以降、米朝「枠組み合意」およびKEDOは危機に直面していた。「ペリー·レポート」は米朝「枠組み合意」およびKEDOの重要性を改めて喚起させ、その維持を後押しするものとなった。同レポートは、「持続的な核開発の凍結のために、米朝枠組み合意は維持されるべきである。ただし、その限界、すなわち、すべての核兵器関連活動の凍結を完全に検証できないこと、また弾道ミサイル問題を取り扱っていない点を補完することが最良である[62]」と明記している。したがって、「ペリー・プロセス」は米朝「枠組み合意」を基礎にしながら、それを補完するものであった。

次に、ペリーが「あるがまま」の北朝鮮との交渉を強調したことである。言い換えれば、ペリーが、米国の政策決定プロセスに理念を持ち込まないようとするリアリズムの視座から、対北朝鮮政策を再検討したことである。北朝鮮との交渉中、北朝鮮側が「我々は主権国家である。したがって、独自のミサイル計画や衛星計画を持つ権利がある」と訴えたことに対し、ペリーが「我々(再検討チーム)は、ドイツや日本が地域的な安全保障だけではなく、国家の安全保障上の目的のために核兵器の開発を放棄したように、北朝鮮も権利があるとしても放棄するのが北朝鮮の利益になる(括弧: 引用者)」と説得したことは[63]、これを裏づけている。また、北朝鮮が外部からの働きかけを体制転換(regime change)の企図とみなしていることを見極めたペリーは、同レポートに「北朝鮮の体制転換を強要しない」こと、「北朝鮮の行動に対して推測に基づいた政策を取

62) Perry, Review of United States Policy Toward North Korea, op. cit., p.6.

63) ウィリアム·ペリー、康仁徳(カン·インドク)、小此木政夫、ゴードン·フレーク、アレクサンドル·パノフ、岡崎久彦「どうする東アジアの安全保障ー朝鮮半島問題を中心に」『北朝鮮とペリー報告』、30頁。

らない」ことを明示し何度も強調していることも[64]、前述の同様の主旨によるものである。かくして、「ペリー・レポート」は「単なる現状維持、北朝鮮の弱体化と金正日政権の崩壊促進、北朝鮮の改革、目的の買収(安全保障上の目的と物質的補償の取引)(括弧: 引用者)[65]」のような政策を却下している。

その代わりに、「ペリー・レポート」は米国の取るべき対北朝鮮戦略として、「包括的かつ統合的なアプローチ: 2途路線戦略(A Two-Path Strategy)」、いわゆる「ペリー・プロセス」を提唱していた。ここでいう「包括的」とは、既存の核問題だけではなく弾道ミサイル問題まで包括に取り扱うことを意味している。また、ここでいう「統合的(integrated)」とは、韓日米三国間の緊密な協力を意味している。同レポートには、「この戦略(ペリー・プロセス)は韓国と日本から完全な支持を得ており、韓日米三国が協調し相互補完的役割を演じる合同戦略である(括弧および傍点: 引用者)[66]」と記されている。オルブライト米国務長官も記者会見で、「ペリー・プロセスおよびベルリン合意は、韓国および日本との緊密な調整に基づいて行われていた(傍点: 引用者)[67]」と強調し、「ペリー・プロセス」が韓日米三国の安保協

64) Perry, Review of United States Policy Toward North Korea, op. cit., pp.4-5.

65) Ibid., pp.7-8.

66) Ibid., p.8.

67) Albright and Perry, op. cit..

力の産物であることを明らかにしていた。

ここでいう「2途戦略」とは、以下のような二つの道に沿ってこの戦略が段階的に行われることを意味する。第一の道は、北朝鮮に核兵器および弾道ミサイル計画の完全かつ検証可能な中止を求め、北朝鮮がこれに応じれば、韓日米三国は相互主義に立脚して段階的に北朝鮮に対する圧力を軽減すると同時に、北朝鮮との関係正常化および制裁の緩和を実施するという「対話路線」である。この交渉に際して、北朝鮮がこれ以上の長距離ミサイル発射実験の自制を確約することが前提条件となっていた。ところが、もし北朝鮮が第一の道を拒否すれば、その脅威を封じ込める第二の道をとらざるを得ない。第二の道に関わる細部の内容は公開されていないが[68]、同盟からなる韓日米「安保協力メカニズム」に沿った「抑止路線」に違いないと思われる。

ここで指摘しておくべきは、「ペリー・レポート」が、「米国の交渉力の強さに依拠していること」をこの戦略の利点の一つに取り上げられているように、「ペリー・プロセス」は第一の道に重点を置いた戦略といえることである。同レポートで「第二の道においても、米朝枠組み合意の堅持をもとめるとともに、可能である限り、直接的な衝突を回避する」と謳われて

68) 1999年9月17日の記者会談で、ペリーは「第二の道は公開しない」と明言している。

いた。また、すでにふれた1999年2月に行われた演説で、クリントン米大統領は「我々は200年余りの歴史の中から武力より対話を通じて問題を解決するのがより効果的であるという教訓を得た(傍点: 引用者)」と述べられている。このように対話重視の外交路線を標榜していたクリントン政権の外交政策に基づいた典型例が「ペリー・プロセス」であるといってよい。

「ペリー・レポート」は、「ペリー・プロセス」を効果的に実行するために、TCOGの持続的な維持、大使レベルの高官が主宰する政府内の北朝鮮作業グループの設置、米朝「枠組み合意」の堅持などが必要であると勧告している[69)]。ここで注目すべきは、「ペリー・プロセス」が米朝「枠組み合意」およびKEDO維持だけではなく、それらを補強するTCOGの誕生および維持を支えていたことである。ペリーは「この政策見直しの過程で、韓日米三カ国は、かつてないほど緊密に共同作業を行った[70)]」と述べているが、その共同作業の過程でTCOGが生まれた。すなわち、韓日米三国の合同戦略である「ペリー・プロセス」を実行する制度としてTCOGが生み出されたのである。1999年4月ハワイで開かれた第1回のTCOGに参加した林東源(イン・ドンウォン)元統一部長官は回顧録で、「緊密に調整された効率的な対北政策を推進するために、(韓日米)三国は協議およ

69) Perry, Review of United States Policy Toward North Korea, op. cit., pp.11-12.

70) ペリー、前掲演説文「東アジアの安全保障と北朝鮮への対応」、13頁。

び調整過程を制度化することにし、少なくとも三ヶ月に1回は三国調整・監督グループ(TCOG)を運用することで合意した(括弧:引用者)[71]」と振り返っている。

序章で若干ふれたように、TCOGはKEDOと米朝「枠組み合意」と連動しつつ、それらの維持を促しており、北朝鮮を「内部化」する機能を有していた。他方、ショフが「TCOGは同盟構造における失われていた三番目の足(third leg、韓日関係)を補強するものであった[72]」と述べているように、TCOGは韓米・日米同盟と連動しつつ、北朝鮮を「外部化」する機能をも有していた。

したがって、「ペリー・プロセス」とTCOGは、北朝鮮を「外部化」しつつ、「内部化」する重層的な韓日米「安保協力メカニズム」の相互補完的な効果をより一層高めるものであったといってよい。

71) 임동원(林東源)『피스 메이커: 남북관계와 북핵 문제 20년(ピースメーカー: 南北関係と北核問題20年)』(中央ブックス、2008年)、432頁。

72) James L. Schoff, Tools For Trilateralism, op. cit., v.

第3節 韓米·日米同盟、KEDO、そしてTCOG間の相互作用 I

1998年8月の「デポドン－1」ミサイル発射で、日本はKEDO支援凍結の措置を取ることになり、再び北朝鮮の挑発行為によるKEDO内での韓·日·米三国間に軋轢が生じた。韓日米三国はいずれも北朝鮮の弾道ミサイルの脅威に直面していた。ただし、北朝鮮の「テポドン－1」発射について、日本は安全保障上の「最も重大な脅威」と、米国は核兵器の運搬手段の「拡散の脅威」と、韓国は既存の脅威に付け加えた「追加的な脅威」と受け止めていた。したがって、日本はKEDOを通じ、北朝鮮を支援することで地域安定を期待したものの、安定どころかその代わりに安全保障上の最も重大な脅威に直面したため、同盟による抑止力の増強に基づく北朝鮮の「外部化」に傾斜し、北朝鮮に圧力をかけようとしたのである。その反面、韓米両国は日本の強硬な対応に一定の理解を示しつつも、KEDOおよび米朝「枠組み合意」に基づく対北朝鮮政策を続けることが最も現実的かつ効果的と判断し、日本にKEDOへの協力再開を強く求めたのである。

ここで興味深いのは、KEDOにおける韓日米間の軋轢をもたらした脅威認識の相違が引き続き存在していたにもかかわらず、結局日本がKEDOへの協力再開を決定し、再び韓米両国との歩調を合わせたことである。すなわち、日本がKEDOと同盟を組み合わせて北朝鮮問題に取り組む既存の重層的な韓日米「安保協力メカニズム」に回帰した。すでにふれたように、これは日本の安全保障上の利益に合致する最も現実的かつ効果的なものが、既存の重層的な韓日米「安保協力メカニズム」を維持することであるという判断によるものであったのである。

ところが、日本の協力再開で「テポドン－1」発射によるKEDO内での韓日米間の軋轢は収束したものの、軋轢の根本的な原因であった北朝鮮の弾道ミサイル問題が解決されたわけではなかった。すなわち、北朝鮮の弾道ミサイル問題は、同盟およびKEDOからなる既存の重層的な韓日米「安保協力メカニズム」で取り扱い難い新たな問題領域であった。1996年4月以来、北朝鮮の弾道ミサイルに対し、米朝ミサイル協議という枠組みが存在したが、あくまでこれは米朝間の取り決めであり、韓日米三国間の取り決めではなかった。したがって、「テポドン－1」発射による北朝鮮の弾道ミサイル問題の顕在化は、その問題を取り扱うことのできる新たな韓日米三国間の取り決めの必要性を提起したといえる。この必要性が北朝鮮の弾道ミサイル問題まで包括的に取り組むことができる韓日米三国の合同戦略である「ペリー・プロセス」とそれを実行する制度であるTCOGを生み出したのである。

「ペリー・プロセス」およびTCOGは、北朝鮮を「外部化」しつつ、「内部化」をする機能を有している重層的な韓日米「安保協力メカニズム」の相乗効果を一層高めた。このメカニズムは、同盟による抑止力の維持、KEDOによる核問題解決および北朝鮮への関与、そしてこれらを調整するTCOGという重層的構造をもっており、米朝「枠組み合意」の履行およびKEDOの運営を促進すると同時に、韓米・日米同盟の連携構造をより活性化した。スナイダーは「KEDOとTCOGによって、韓米および日米同盟はより地域化されたアプローチへの第一歩を踏み出した[73]」と述べ、これを裏づけている。ゆえに、このメカニズムは、東アジアにおける米国を中心とする同盟の基本構造の変化、すなわち「ハブ・アンド・スポーク型システム」から「ウェブ型システム[74]」への変化の可能性を示唆したといってよい。

さらに、このメカニズムが確立した後、金大中大統領は「韓日米三国の対北共助体制が整い、米国と北朝鮮との対話も進展があったがゆえに、これからは南北対話を本格的に推進していく[75]」と述べた。その後、2000年6月の南北首脳会談を含む種々の南北交流の活性化、同年10月のオルブライト米国務

73) インタビュー(e-mail)、2009年2月25日。

74) 「ウェブ型システム」については、See, Dennis C. Blair and John T. Hanley Jr.,“From Wheels to Webs：Reconstructing Asia-Pacific Security Arrangements,”The Washington Quarterly (Spring 2005), pp.7-17.

75) 임동원(林東源)、前掲書、442頁。

次官補の訪朝などの米朝間の関係改善の進展、1999年12月の日本超党派議員訪問団の訪朝などの日朝関係改善の進展が進んだことを考慮すると、このメカニズムの効果は強調されてよい。

第4章

北朝鮮のHEU計画発覚と韓日米関係

本章では、9·11テロを機に米国の対北朝鮮政策が変化したこと、すなわち、外交交渉に基づいた不拡散重視政策から「先制行動」まで念頭においた対抗拡散(counter-proliferation)重視政策への変化を図り、北朝鮮の「外部化」に傾斜したことを明らかにする。そのうえで、この根本的な変化が、北朝鮮を「外部化」する構造をもちながら、「内部化」する機能を有する既存の「重複型」制度間連携の弱体化をもたらしたことを明らかにすることを試みる。

第1節 9·11テロと米国の対北朝鮮政策の変化

第1項 ブッシュ政権の対北朝鮮政策 ―「アーミテージ·レポート」との関係性

2001年1月17日に米議会の人事聴聞会で、コリン·パウエル(Colin L. Powell)国務長官指名者は、米朝「枠組み合意」については、「北朝鮮が遵守する限り、引き続き米国も維持する」意思を示しながらも、「韓半島における米国の政策を見直す」方針を打ち出した[1)]。また、アーミテージ(Richard L. Armitage)米国務副長官は、「ペリー·レポートの成績はBである。Cを与えなかった理由は、外交と軍事の2段階アプローチに原則的に同意するからである。また、Aを与えなかった理由は、対話中心の第1段階にだけ重点を置いてしまい、抑止中心の第2段階を具体的に準備していなかったし、準備する意思もなかったからである。さらにいえば、1段階における相互性と透明性の重要性を十分に反映していなかったからである[2)]」と述べ、「ペリー·プロセス」に一定の評価を与える一方、対話寄りの戦略を見直す旨を示唆した。つまり、ブッシュ政権の対北朝鮮政策見直しは、米朝「枠組み合意」を基盤とする

1) Colin L. Powell,"Confirmation Hearing by Secretary-Designate Colin L. Powell," Washington, DC, January 17, 2001, Released by the Office of the Spokesman January 21, 2001< http://2001-2009.state.gov/secretary/former/powell/remarks/2001/443.html> 2009年8月15日アクセス。

2) 「미국을 정확히 읽어라(米国を正確に見極めろ)」『中央日報』2001年2月16日。

「ペリー・プロセス」の骨子は維持しながら、その重点を「対話」より「抑止」におく戦略への転換を試みたものにほかならない。

振り返ってみると、「ペリー・プロセス」が公表される前の1999年3月に、アーミテージ米国務副長官を中心とする研究グループの発表したレポートがその発端であった[3)]。このレポートにおいて、アーミテージは、「これまでの米国の対北朝鮮政策には包括的な政策が不在であったため、北朝鮮に主導権を奪われていた」と指摘したうえで、これからは「北朝鮮への包括的かつ統合的なアプローチを通じ、米国は奪われた主導権を取り戻すべきである(傍点: 引用者)」と主張した。ここでいう「包括的」および「統合的」は「ペリー・プロセス」と同様である。

以上の類似性をみると、「アーミテージ・レポート」が「ペリー・プロセス」に大いに影響を及ぼしたことは否定できない。とりわけ、これまでの北朝鮮の諸問題を包括的に扱おうとする試みと、韓日米間の「安保協力メカニズム」に基づいて戦略を遂行していこうとする方針は一体化しているといっても過言ではない。ジョセフ・ナイ(Joseph Samuel Nye)元国防次官補(国際安

---

3) いわゆる「アーミテージ・レポート」と呼ばれるもので、「北朝鮮への包括的アプローチ」と題する政策提言であった。Richard L. Armitage,“A Comprehensive Approach to North Korea,”Institute For National Strategic Studies, Number 159, March 1999<http://www.ndu.edu/inss/ strforum/SF159/forum159.html>2009年8月3日アクセス。以後、「アーミテージ・レポート」からの引用はこの文献による。

全保障問題担当)も、同レポートについて、「アーミテージの提唱する北朝鮮政策は、ビル(ペリー政策調査官)のそれとそっくりだ。口では激しいことを言っても、やはりアーミテージも我々と同じ考えなのだ」と述べている[4)]。ただし、同レポートが強調するのは、あくまで外交を支える軍事力、つまり「対話」より「抑止」であった。同盟国との慎重な検討が必要であることを前提に付しているものの、外交が失敗した場合の戦略として「先制行動」まで明記していることが、これを裏づけている。これは「対話」重視の「ペリー・プロセス」との相違点であり、これがブッシュ政権の対北朝鮮政策の見直しの焦点であったといってよい。それゆえ、このレポートはブッシュ政権の対北朝鮮政策の特徴を予め窺わせたものであったと考えられる[5)]。

2001年3月7日に行われた韓米首脳会談で、ブッシュ米大統領は韓国の対北和解政策に対する支持の立場を表明しつつも、北朝鮮が米国との合意を遵守しているのかを疑っている旨を示した。また、ブッシュ米大統領は「米国の対北朝鮮政策の見直しが行われる間には、北朝鮮との対話を再開しない[6)]」

---

4) 春原、前掲書、341頁; キャンベルは、「実は、アーミテージはペリー·プロセスにも関与していた。かれは当時、(国防長官の諮問機関である)国防政策委員会のメンバーだったこともある」と振り返っている。春原、前掲書、339頁。

5) 村田晃嗣は、「アーミテージ·レポートには、来るべきペリー·レポートが北朝鮮に対して必要以上に妥協的にならないように牽制するという意図もあったであろう」と述べている。村田晃嗣「米国の対北朝鮮政策とペリー報告ー『対話』と『抑止』の狭間で」『国際問題』(2000年2月)、40頁。

6) "Bush Tells Seoul Talks With North Won't Resume Now,"The New York

と述べた。これに対し、金大中大統領は、「我々は北韓に対し幻想をもっているわけではない。北韓は開放の道に出るしかないし、実際に今変化を見せているため、我々はこれを生かすべきである[7]」と反論し、対北和解政策の効果をアピールしながら、米国に早期に北朝鮮との対話に臨むことを求めた。金大中大統領は、米国の対北朝鮮政策の見直しが強硬になりすぎないように牽制しようとしたのである。この試みは、金大統領がブッシュ大統領に「包括的相互主義」という具体的な方針まで提唱したことからも読み取ることができる。すなわち、「北韓が守るべきは、第一に米朝枠組み合意を遵守し、第二にミサイル開発および輸出の放棄し、第三に南(韓国)に対する武力挑発を中止することである。その代わり、我々は、第一に北韓の安全を保障し、第二に適切な経済的支援を行い、第三に国際社会の一員として参加することを支援することである(括弧: 引用者)[8]」と述べていた。

その後、2001年6月6日、ブッシュ米大統領は声明を通じ、「最近、韓国および日本とともに我々の検討(対北朝鮮政策の見直し)の結果を論議し、我々の見直しを完了した(括弧: 引用者)」と述べたうえで、「私は安全保障チームに幅広い議題に関する北朝

Times, March 8, 2001.

7) 「미국방문 귀국보고(2001.3.11):한미 동맹관계의 재확인(米国訪問帰国報告(2001.3.11):韓米同盟関係の確認)」大統領秘書室『金大中大統領演説文集(第4巻)』(国政広報処国立映像刊行物製作所、2002年)、135頁。

8) 同上。

鮮との真剣な協議を実施することを指示した」と北朝鮮との対話再開の方針を明らかにした[9]。また、ブッシュは「幅広いアジェンダ」の具体例として、「北朝鮮の核活動に関する改善された米朝枠組み合意の遵守、北朝鮮のミサイル開発に関する検証可能な制限および輸出禁止、通常兵器の削減」を挙げ、米国の対北朝鮮政策の見直しの核心が以上の三つであると示唆した[10]。

ブッシュ政権が北朝鮮に対する不信感を露呈し、米朝協議の再開に厳しい条件を付けたことなどに対し、北朝鮮はブッシュ政権がクリントン政権との間で生まれた米朝関係の規範を次々と崩しているように考えたに違いない[11]。上述の米国の対話再開方針に対し、北朝鮮は外務省の対弁人声明を通じ、「(対話議題は)核およびミサイル、通常兵器に関わるものであり、結局米国が対話を通じて我々を武装解除しようとする目的を追求しているにほかならない(括弧: 引用者)」と述べたうえで、「対話再開案は性格において一方的で前提条件的であり、意図において敵対的である」と評価していたことが[12]、これを明らかに

9) George W. Bush,"Statement by the President,"June 6, 2001, For Immediate Release Office of the Press Secretary, June 13, 2001< http://georgewbush-whitehouse.archives. gov/news/releases/2001/06/20010611-4.html>2009年8月16日アクセス; "U.S. Will Restart Wide Negotiations With North Korea," The New York Times, June 7, 2001.

10) Ibid..

11) 倉田、前掲論文「北朝鮮の『核問題』と盧武鉉政権」、15頁。

12) 「조선외무성 대변인미행정부의<대화 재개 제안>에대한공화국의립장천명(朝鮮外務省代弁人 米行政府の<対話制裁案>に対する共和国の立場闡明)」『朝鮮

している。しかし、ブッシュ政権が北朝鮮との対話再開に厳しい条件を付けたとはいえ、当初からクリントン政権から引き継がれた外交交渉を基盤とした政策を根本的に切り替えたとは考えにくい。

第2項 9·11テロと米国の対北朝鮮政策－「対抗拡散」への転換

振り返ってみれば、米国はすでに1990年半ばから本土防衛の重要性を認識してきた。1990年代の半ばからペリー元国防長官を初めとする安保専門家たちが「米国の本土も決して安全ではない」と繰り返し警告していた[13)]。また、1997年の「4年毎の国防政策見直し(Quadrennial Defense Review: QDR)」から本土防衛を安全保障政策において最重視していた[14)]。しかしながら、クラーク(Richard A. Clarke)元テロ対策大統領特別補佐官が、「繰り返し警告を受けたにもかかわらず、(ブッシュ政権は)アルカイダの脅威に対して9月11日以前に行動を起こさなかった(括弧: 引用者)[15)]」と証言しているように、9·11テロ以前に米国の

中央通信』2001年6月18日。

13) William J. Perry, "Defense in an Age of Hope," Foreign Affairs, November/December 1996, pp.65-79; 宮坂直史「テロリズム対策－本土防衛を中心に」近藤重克·梅本哲也編『ブッシュ政権の国防政策』(日本国際問題研究所、2002年)、48－56頁。

14) DoD, Report of the Quadrennial Defense Review, May 1997.

15) リチャード·クラーク『9·11からイラク戦争へ爆弾証言: すべての敵に向かって』楡井浩一訳(徳間書店、2004年)、9頁。

本土が脅威にさらされていると脅威感を抱えていた人は一部にすぎなかった[16)]。しかし、9·11テロを機に米国は、大量破壊兵器拡散とテロによる本土攻撃に今まで経験したことのない危機感を募らせるようになった[17)]。このため、9·11テロ以降、ブッシュ政権は国際的かつ非対称的な脅威を取り扱うための「テロとの戦い(Global War on Terrorism：GWOT)[18)]」に着手し、クリントン政権から維持してきた外交交渉を通じた不拡散重視政策から、抑止力の増強に基づいた対抗拡散重視政策に転換した[19)]。その一環として、米国の対北朝鮮政策も大量破壊兵器の除去を目的とする対抗拡散(counterproliferation)重視政策に転換したのである[20)]。

16) Stephen E. Flynn,"America the Vulnerable,"Foreign Affairs, January/February 2002, p.60.

17) 岩田修一郎「単極構造時代の軍備管理ー大量破壊兵器の規制条約と米国の対応ー」『国際安全保障』(2003年9月)、96頁。

18) 9·11テロの直後に行われた米議会の演説で、ブッシュ米大統領は、「我々のテロとの戦いは、地球に存在する全てのテロ集団を滅ぼすまで続く」と述べた。"'Global War On Terror'Is Given New Name,"The Washington Post, March 25, 1999.

19) 1995年と2002年に公表された米国の「国家安全保障戦略」を比較すると、米国の大量破壊兵器脅威に関わる対策が「核不拡散」から「対抗拡散」に転換したことを容易に確認できる。See, The White House, A National Security Strategy of Engagement and Enlargement, op. cit., pp.13-15 and The White House, The National Security Strategy of the United States of America, September 2002, pp.13-16.なお、2002年12月に発表された「WMDに対する国家戦略」に、対WMD国家戦略の3つの柱として「対抗拡散」、「不拡散」、「結果管理(consequence management)」が示されていたが、そのうち対抗拡散の推進を優先させていた。The White House, National Strategy to Combat Weapons of Mass Destruction, December 2002.

20) Park Ihn-hwi,"Toward an Alliance of Moderates：The Nuclear Crisis and Trilateral Policy Coordination,"EAST ASIA REVIEW, Vol.16, No.2, Summer 2004, p.28.

また、ブッシュ政権は「ブッシュ・ドクトリン[21]」ともいわれる「先制行動論(preemptive actions)」を打ち出し、この転換をより具体化した。2001年12月、ブッシュ政権が米議会に提出した「核態勢の見直し(Nuclear Posture Review：NPR)」をみると、核兵器を始めとする大量破壊兵器がテロリストや「ならず者国家」へ拡散することに強い懸念を示しつつ、この拡散問題は通常の抑止が利かないとし、「先制行動」の必要性を提起している[22]。さらに、この報告書は、核兵器の使用が必要とする事態を「即時状況(immediate)」、「潜在的状況(potential)」、「不測状況(unexpected)」という三つのケースに区別したうえ、北朝鮮による韓半島での戦争を「即時状況」とみなしており、北朝鮮に対する核兵器による先制攻撃の可能性を示唆した[23]。また、

---

21) 「果された義務(A Charge Kept)」というワイトハウスの刊行物によると、9·11テロ以降の「ブッシュ·ドクトリン」は三つの要素から成り立っている。第一に、テロ組織とその支援勢力を区分しないことであり、第二に、テロ組織の策源地に攻撃部隊を駐留させ、テロの可能性を抜本的に除去することであり、第三に、自由の価値を広げることで、米国がテロリストのイデオロギーに対抗することである。The White House (Edited by Marc A. Thiessen), A Charge Kept: The Record of the Bush Presidency 2001-2009, p.4<http://georgewbush-whitehouse.archives.gov/infocus/bushrecord/index.html>2009年8月13日アクセス。

22) DoD, Nuclear Posture Review Report(Excerpts), Submitted to Congress on 31 December 2001, January 8, 2002.

23) Ibid, pp.16-17; 2002年3月9日付の『ロサンジェルス·タイムズ』は、このNPRの機密部分に、核兵器使用の対象国中の一つとして北朝鮮が挙げられていると報じた。Paul Richter,"U.S. Works Up Plan for Using Nuclear Arms—Administration, in a Secret Report, Calls for a Strategy Against at Least Seven Nations: China, Russia, Iraq, Iran, North Korea, Libya and Syria,"The Los Angeles Times, March 9, 2002.さらに、2005年5月15日付の『ワシントン·ポスト』は、米国が2003年11月に、北朝鮮およびイラクを想定した「先制核攻撃概念計画(Operation Plan in Concept Format 8022 : ConPlan8022-02)」を作成したと報じている。William Arkin,"Not Just A Last Report?; A Global Strike Plan, With a Nuclear Option,"The Washington Post, May 15, 2005.

2002年1月29日にブッシュ米大統領は一般教書演説を通じ、「北朝鮮は、自国民を飢えさせる一方、ミサイルや大量破壊兵器で武装している体制である」と位置づけたうえで、北朝鮮をイランおよびイラクとともに「悪の枢軸(axis of evil)」と命名した[24)]。そのうえ、「歴史は我々に行動を求めており、我々は自由との戦いを遂行する責任および権利をもっている」と強調し、「悪の枢軸」に対する「先制行動」の正当性を訴えた[25)]。ブッシュ大統領は米国が北朝鮮をGWOTの主敵の一つとして捉えていることを公式に示したのである。

さらに、米国は2002年9月に公表された「国家安全保障戦略(National Security Strategy of the United States: NSS2002)」を通じ、ならず者国家(rogue state)およびテロリストによる攻撃を意味する「差し迫った脅威」に対する「先制行動」は正当であることを公式表明した[26)]。もとより、NSS2002に「長い間にわたって、米国は先制行動のオプションを維持してきた[27)]」と記されているように、「先制行動論」は新しく提起されたものではない。しかし、初めて「先制行動論」を国家安全保障戦略の前面に打ち出したことは、9·11テロ以来本土攻撃に対する脅

24) George W. Bush, "State of the Union Address to The 107th Congress(January 29, 2002)," Selected Speeches of President George W. Bush 2001–2008, pp.105-106.

25) Ibid., p.107.

26) The White House, The National Security Strategy of the United States of America, op. cit., pp.15-16.

27) Ibid., p.15.

威を本格的に実感し始めたことを裏づけていると同時に、「先制行動」が現実的な選択肢により近づいてきたことを表したものにほかならなかった。

ここで注目すべきは、この米国の対北朝鮮政策の変化が米朝関係そのものだけではなく、対北朝鮮政策をめぐる重層的な韓日米「安保協力メカニズム」の力学にも大いに影響を及ぼしたことである。この変化は北朝鮮のHEU計画発覚に端を発した第二次北朝鮮核危機の前後に次々と生じた、米朝「枠組み合意」の崩壊、KEDOおよびTCOGの崩壊、韓米同盟の「逆機能」とは無関係ではなかった。

第2節 韓米·日米同盟とKEDO、そしてTCOG間の相互作用II

第1項 HEU計画と米朝「枠組み合意」の崩壊 － KEDOへの波及

9·11テロ以降の米国の対北朝鮮政策の変化は、外交交渉を重視した大量破壊兵器の不拡散の見方から維持されてきた米朝「枠組み合意」の基盤を動揺させた。また、この変化はKEDOの必要性および重要性も低減させた。第2章で述べたように、本来KEDOは北朝鮮を「内部化」する機能と北朝鮮を「外部化」する構造から成り立っていたが、9·11テロをきっかけに米国はKEDOの北朝鮮の「外部化」に傾斜し、KEDOの基盤を動揺させたのである。

KEDOは軽水炉の建設が当初の目標である2003年以降に先送りされる見通しとなったとはいえ、2002年8月に軽水炉の着工式が行われるなどKEDOの軽水炉事業はほぼ順調に進んでいた[28)]。しかし、ケリー米国務次官補(東アジア·太平洋担当)の訪朝はKEDOの運命を一変させた。2002年10月3日から3日間、ケリーが北朝鮮を訪問し、米朝交渉が行われた。ところが、米政府関係者によると、「今回の米朝協議で北朝鮮の姜錫柱第一外務次官がケリー米国務次官補に北朝鮮がHEU計画を進めていること」が認められた[29)]。これを受けて、大量破壊兵器による脅威を抱えていた米国は、北朝鮮のHEU計画を米朝「枠組み合意」の明白な違反とみなし、2002年12月1日から「北朝鮮がHEU計画を完全に撤廃する具体的かつ明確な行動をとるまで」KEDOによる北朝鮮への重油提供を中断する措置をとった[30)]。

28) KEDO, Annual Report 2002, December31, 2002, p.3.

29) Richard Boucher, Spokesman,"North Korean Nuclear Program ,"日本国際問題研究所編『G·W·ブッシュ政権期の日米外交安全保障政策資料集－米国側資料－』(日本国際問題研究所、平成18年3月)、169－170頁。

30) 2002年11月14日KEDO理事会を開き、翌月から北朝鮮への重油提供を一時中断することを決定。KEDO, Annual Report 2002, op. cit., p.5.

これに対し、北朝鮮は外務省代弁人の談話を通じ、「米国の重油提供中断決定は米朝枠組み合意の違反である[31]」と強く反発した。また、北朝鮮はHEU計画の存在を否認しつつ、同年12月にプルトニウム再処理施設の再稼動および核施設建設の再開とIAEA査察官の追放の措置を次々にとる[32]とともに、翌年1月10日に政府声明を通じ「NPT脱退宣言[33]」を行った。さらに、北朝鮮の白南淳(パク・ナンスン)外相は国連安保理議長に書簡を出し、「2003年1月11日から北朝鮮のNPT脱退の効力が発生すること[34]」を通報した。

こうして、NPTを地域的な核不拡散制度として支えてきたKEDOは有効性を失い、これは、同年12月1日から軽水炉支援も中断し[35]、事実上この時点でKEDOは機能不全に陥った。その後、重油提供および軽水炉支援は再開されず、KEDO理事会は2005年11月にKEDOの任務終了を原則的な合意に達した

31) 「미국의 중유제공중단결정은 조미기본합의문 위반/조선외무성 대변인 담화(米国の重油提供中断決定は朝米基本合意文(米朝枠組み合意)違反/朝鮮外務省代弁人談話(括弧: 引用者))」『朝鮮中央通信』2002年11月22日。

32) 「핵시설들의가동과건설을즉시재개/조선외무성대변인(核施設の稼動と建設の即時再開/朝鮮外務省代弁人)」『朝鮮中央通信』2002年12月12日;「조선정부 국제원자력기구 사찰원들을 내보내기로 결정(朝鮮政府国際原子力査察員を送り出すことを決定)」『朝鮮中央通信』2002年12月27日。

33) 「핵무기전파방지조약에서 탈퇴/조선정부성명(核兵器拡散防止条約から脱退/朝鮮政府声明)」『朝鮮中央通信』2003年1月10日。

34) 백남순외무상 유엔안보리 의장에게 편지<1월 11일부터 조약탈퇴효력 발생>(白南淳外相国連安保理議長に書簡<1月11日から条約脱退の効力発生>)『朝鮮中央通信』2003年1月10日。

35) 2003年11月3日KEDO理事会を開き、翌月から北朝鮮への軽水炉支援を一年間一時中断することを決定。KEDO, Annual Report 2003, December 31, 2003, p.5.

後[36]、翌年5月1日のKEDO理事会で「北朝鮮が『軽水炉供給協定』を持続的に遵守しないこと」を理由に挙げたうえで、KEDOの任務終了を公式に決定することになった[37]。

KEDOの崩壊の第一の原因は北朝鮮が秘密裏にHEU計画を進めていたからにほかならない。しかし、見方を変えれば、米国が北朝鮮のHEU計画発覚を米朝「枠組み合意」の違反とみなし、韓国と日本の反対にもかかわらず、KEDOの北朝鮮への重油提供の中断を強行したことがKEDO崩壊の端緒であったともいえる。クリントン元米大統領が回顧録で、「北朝鮮が1998年の時点でHEU計画に着手したことが判明したものの、私たちが食い止めたプルトニウムの抽出計画は、研究施設での高濃縮ウランの製造よりもはるかに危険なものだった[38]」と振り返っているように、ブッシュ政権が北朝鮮のHEU計画を発見した段階でKEDOの重油提供を中断したことは原則論に傾いた過剰反応であった。ヘイズ(Peter Hayes)は「米国主導のKEDOに対する対応は(重油提供中断)、戦術的には賢明であったが、戦略的には愚かなものである(括弧: 引用者)[39]」と批判していた。

36) KEDO, Annual Report 2005, December 31, 2005, p.6.

37) "KEDO's History"<http://www.kedo.org/au_history.asp>2009年2月6日アクセス。

38) ビル·クリントン『マイライフ―クリントンの回想(下巻)』(朝日新聞社、2004年)、247頁。

39) Peter Hayes,"Tactically Smart, Strategically Stupid: The KEDO Decision to Suspend Heavy Fuel Oil Shipments to the DPRK,"The Nautilus Institute Policy Forum Online, November 15, 2002<http://www.nautilus.org/fora/security/0221A_Hayes.html>2009年8月20日アクセス。

クリントン政権の対北朝鮮政策に基づいて判断すれば、北朝鮮のHEU計画が発覚したとしてもそれよりはるかに危険な、すなわち「毎年、核爆弾数発分のプルトニウムが生産可能な」プルトニウム再処理施設の凍結を維持してきた米朝「枠組み合意」の堅持が優先されるべきであったことは自明である。クリントン政権の基本的な考え方をもっていた韓国と日本が、「北朝鮮への重油提供を中断することが米朝枠組み合意の崩壊に繋がることの危険性を見極め、それを強く反対した[40]」ことは、前述の同様の主旨によるものであった。

9·11テロを機にブッシュ政権の対北朝鮮政策はクリントン政権とは根本的に変化しており、韓日両国にそれを強要したのである。すなわち、米国はKEDOの重油提供を中断し、先制行動まで念頭においた強硬政策に基づく北朝鮮の「外部化」に傾斜し、それがKEDO内での韓日米三国間の協力関係に軋轢を来したのである。

第2項 先制行動論と韓米同盟の「逆機能」— TCOGへの波及

ここで指摘すべきは、この「先制行動」まで念頭においたこの米国の選択が、韓米同盟にも波及したことである。この

40) 尹永寛のインタビュー(ソウル大学校の研究室にて筆者が実施)、2009年7月30日。

米国の選択は、韓半島での戦争を絶対に避けたいと願う韓国に、米国主導の戦争に巻き込まれるのではないかという懸念を募らせた。このため、米国の選択は韓米同盟の「逆機能」をもたらし、「米韓の同盟管理と北朝鮮の核問題解決の方法論の双方に困難な問題を生んだ」のである[41]。

ここで韓米同盟の「逆機能」の意味について若干ふれてみる。本来、韓米同盟は北朝鮮の武力行使を抑止すると同時に、それが破れたときの韓米連合体制による応戦をその支柱としている。ところが、ブッシュ政権の「先制行動論」は、先制行動の主体が北朝鮮ではなく、米国に入れ替わる可能性を高めた。それゆえ、「先制行動」まで念頭においた韓米同盟は、同盟の結束を強化すればするほど、北朝鮮に対する抑止力を向上させる一方、「戦時」作戦統制権を掌握している在韓米軍主導の戦争の可能性をも高める新たな力学を生み出した。すなわち、韓国にとっては、韓米同盟の強化は米国主導の戦争に対する「巻き込まれ」の懸念を募らせるため、韓米同盟の強化が決して望ましいとはいえないというジレンマが生じたのである。

2002年12月、北朝鮮が寧辺の核施設の凍結を解除するなど危機をエスカレートする中、ラムズフェルド(Donald H. Rumsfeld)

41) 倉田、前掲論文「北朝鮮の『核問題』と盧武鉉政権」、17－19頁。

米国防長官が「北朝鮮は米国がイラク戦争の準備で忙しいと(米国の先制行動に対し)油断してはならない(括弧: 引用者)」と指摘したうえで、「米国は二つの戦場で戦う能力を有している」と述べ、北朝鮮に対する「先制行動」の可能性を示唆した[42]。この警告を受け、盧武鉉大統領当選者はテレビ討論番組に出演し、米国の北朝鮮に対する先制行動にふれ、「米国との葛藤があってもこれ(先制行動による戦争)を防がなければならない(括弧: 引用者)[43]」と公言した。この発言は前述の韓米同盟における韓国のジレンマによる軋轢を示唆していたといってよい。

また、イラク戦争の開戦後にも続いていた米国による北朝鮮への「先制行動」の可能性について、盧武鉉大統領は「全く根拠のないことではない」と指摘したうえで、「我が国と政府の意思が米国の政策決定に決定的な役割を果すだろう」と述べ、米国の北朝鮮に対する「先制行動」を牽制する意志を示した[44]。さらに、米国からイラク増派の要請を受けた際、韓国政府はこれを米国の対北朝鮮政策を緩和させることに関連づけようとし

---

42) Peter Slevin,"N. Korea Warned on Arms Bid; Rumsfeld: Pyongyang Should Not Feel Emboldened by Iraq Focus,"The Washington Post, December 24, 2002.

43) 「KBS 토론－노무현 대통령 당선자와 함께(KBS討論－盧武鉉大統領当選者とともに)」(2003年1月18日) 第16代大統領職引継委員会『第16代大統領職引継委員会白書－対話』(ソウル、2003年)、390頁。

44) 「육군 3사관학교 제38기 졸업 및 임관식치사,2003년3월26일(陸軍３士官学校第３８期卒業および任官式致辞,2003年３月26日)」大統領秘書室『盧武鉉大統領演説文集 第１巻』(2004年)、88頁。

たため、米国の不興を買ったことも、前述の韓国のジレンマに起因したものであった[45]。当時、この問題について、パウエル米国務長官との交渉を行った尹永寛(ユン・ヨングァン)元外交通商部長官は、「その当時、同盟と対北朝鮮問題を連動させることについて、パウエル国務長官は否定的に受け止めた[46]」と証言し、この問題が韓米間に軋轢をもたらしたことを示唆した。

このように、先制行動まで念頭においた米国の強硬政策への選択は、決して韓米同盟の強化に繋がらず、むしろ韓米同盟に軋轢をもたらしたといってよい。言い換えれば、この米国の選択は、米国の「先制行動論」と韓国の「巻き込まれ」る懸念が負の連鎖を繰り返し、韓米同盟の「逆機能」という韓米間の新たな同盟管理上の軋轢が生じたといえる。

これは、TCOGにも波及した。当初ブッシュ政権はクリントン政権から引き継がれたTCOGの重要性を認めていた。2001年7月にソウルで行われた韓米外相会談で、パウエル米国務長官が「TCOGを通じ、韓日米三角協調体制を強化するのは極めて重要である[47]」と述べていた。しかし、北朝鮮のHEU計画を認めたとき、米国は軍事的行動を含む強硬な姿勢をみせたもの

45) 船橋洋一『ザ・ペニンシュラ・クエスチョン：朝鮮半島第二次核危機』(朝日新聞社、2006年)、371－377頁。

46) インタビュー(ソウル大学校の研究室にて筆者が実施)、2009年7月30日。

47) 「김 대통령·파월 무슨 얘기했나(金大統領·パウエルどんな話をしたのか)」『朝鮮日報』2001年7月28日。

の、韓国と日本は引き続き北朝鮮との対話を軸にする穏健な姿勢を示していた[48]。韓国は政府声明を通じ、「北朝鮮の核開発は重大な問題であり、北朝鮮が核兵器を保有することに反対する立場」を明らかにしながらも[49]、「(HEU計画の是認は)北朝鮮が真摯に自分の過ちを認めたとも解釈できるがゆえに、引き続き太陽政策は推進していく(括弧: 引用者)」方針を打ち出した[50]。この一環として、韓国政府は10月20日に平壌で予定されていた南北高官級会談などの南北対話に引き続き臨んだ[51]。また、日本も官房長官による声明を通じ、「北朝鮮に核開発疑惑に対する誠実な対応を求めると同時に、米朝枠組み合意を遵守しない限り、国交正常化交渉を進めない」旨を示し、北朝鮮に責任のある対応を求めたものの、10月29日から2日間予定されていた第12回日朝国交正常交渉は予定通りに実施された[52]。

また、2002年11月に行われたTCOGに参加した韓国の関係者によると、「韓日両国はKEDO自体が北朝鮮の核開発を阻止

48) "2 U.S. Allies Urge Engagement; S. Korea, Japan to Continue Pursuing Diplomacy With North,"The Washington Post, October 18, 2002; "A Nuclear North Korea: Japan and South Korea; North Korea's Revelations Could Derail Normalization, Its Neighbors Say,"The New York Times, October 18, 2002.

49) Ibid..

50) Ibid..

51) 「제8차 북남상급회담이 열렸다(第8次北南上級会談が開かれた)」『朝鮮中央通信』2002年11月8日。

52) 「선결조건은과거 청산이다(先決条件は過去清算である)」『朝鮮中央通信』2002年10月17日。

できる唯一な手段であることを強調しつつ、KEDOの維持を主張したものの、米国は北朝鮮の核開発を放棄しないと、米朝枠組み合意とKEDOの維持は困難であるとして相反する立場をとった[53]」と述べ、韓日米三国の対北朝鮮政策における齟齬を明らかにした。当時、駐米韓国大使であった韓昇洲も、「TCOGにおいて、韓日米三国の歩調を合わせるのが難航したため、担当者たちはかなりのストレスを受けていた[54]」と証言している。このような韓日米三国間の政策調整における難航自体が、TCOGの重要性および必要性を低下させた一因となった。2002年11月末に韓国政府が米国に同年12月にTCOGを開き、対北朝鮮政策に対する解決策を論議するよう申し入れたが、米国は現状のままでは意味ないとし、韓国の提案を拒否したことは、TCOGの重要性の低下を象徴的に示していた[55]。さらに、その後2003年1月と6月にTCOGは開かれたものの、米国が北朝鮮の「外部化」する政策に固執していたため、韓日米三国間の対北朝鮮政策の齟齬はより深刻になった[56]。かくして、2003年6月にハワイで開かれた第20回のTCOGを最後に、公式なTCOGが幕を閉じることになった[57]。

---

53) 「이견 못좁힌 도쿄 3국 TCOG회의(異見を縮められ、東京3国TCOG）」『朝鮮日報』2002年11月11日。

54) インタビュー(国際政策研究院の事務室にて筆者が実施)、2009年7月29日。

55) 「한미일 대북정책회의 미, 내달초 개최 거부(韓日米対北政策会議、米来月初開催拒否)」『朝鮮日報』2002年11月30日。

56) James L. Schoff, Tools For Trilateralism, op. cit., p.27.

57) Ibid..

終章

本章では、これまでの議論を踏まえつつ、冷戦後の重層的な韓日米「安保協力メカニズム」の力学を明らかにする。また、本研究の限界から今後の課題を導き出すことによって、次の研究の方向性を示しておきたい。

第1節 韓日米「安保協力メカニズム」の重層性

ここまで本研究は、「制度間連携」・「外部化」・「内部化」の視座から、冷戦後の重層的な韓日米「安保協力メカニズム」を構造的に分析してきた。すなわち、本研究では、韓米・日米同盟、米朝「枠組み合意」、KEDO、TCOG、「ペリー・プロセス」など、韓日米三国間の行動を規制しているものを制度とみなしたうえで、これらの制度間の相互作用を分析した。

冷戦期までの韓日米三国間の安保協力は、韓米・日米同盟からなる単層的なメカニズムであった。すなわち、北朝鮮の脅威は伝統的な脅威に限られており、同盟による抑止力だけでそれを「外部化」しつつ対応してきた。しかし、冷戦終結以降多様化した北朝鮮の脅威は、韓日米三国間の安保協力の力学に変化をもたらした。韓日米三国はともに、北朝鮮の脅威の多様化を、それを取り扱う制度における問題領域の拡大と受け止めており、それが新たな制度の必要性を促したのである。その結果、以下の「図－1」に表されているように重層的な韓日米「安保協力メカニズム」が生まれたことが判明した。

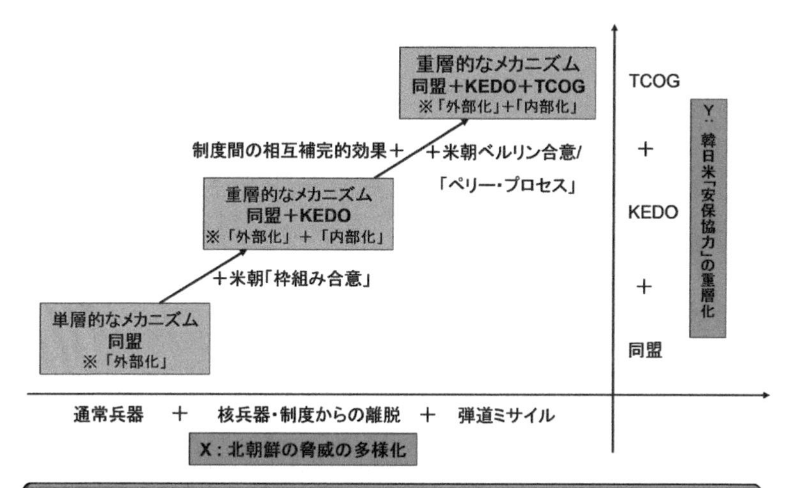

図－1：重層的韓日米「安保協力メカニズム」の力学 I

北朝鮮のNPT脱退宣言に端を発した第一次北朝鮮核危機は、初めてNPTから加盟国が脱退するという国際核不拡散制度上の危機であるとともに、北朝鮮の核兵器保有およびその拡散からの軍事的脅威をも意味した。このため、NPTおよびIAEAを代表すると同時に、同盟国である韓国と日本の利益を代弁する米国が、北朝鮮との交渉に着手し、米朝「枠組み合意」に署名することによって、危機は収束した。したがって、米朝「枠組み合意」から生まれたKEDOは、NPTおよびIAEAを補完する地域的核不拡散制度でありながら、韓日米三国間の安保協力の機能ももっていた。後者に着目すると、KEDOは韓米·日米同盟とともに、重層的な韓日米「安保協力メカニズム」をもたらしたといってよい。また、このメカニズムは、同盟を通じて北朝鮮を「外部化」しつつ、KEDOを通じて北朝鮮を「内部化」するものであった。

北朝鮮が「テポドン−1」を発射し、北朝鮮の弾道ミサイルの脅威が顕在化すると、韓日米三国はこのミサイル問題をも包括的に取り扱うことのできる「ペリー·プロセス」およびTCOGを生み出した。「ペリー·プロセス」という韓日米三国の対北朝鮮合同戦略に基づき、TCOGは韓日米三国間の政策を緊密に調整しながら、既存のメカニズムの重層化を一層高めた。ゆえに、尹永寛元外交通商部長官が「TCOGはKEDOおよび同盟とは相互補完的な関係であり、韓日米三国間の協力を促した[58]」と述べているように、TCOGは北朝鮮を「外部化」しつつ、

58) インタビュー(ソウル大学校の研究室にて筆者が実施)、2009年7月30日。

「内部化」をしている既存のメカニズムをより活性化した。

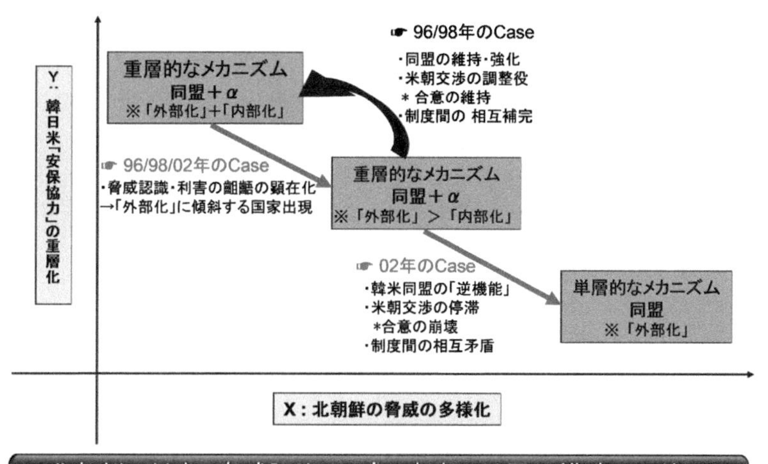

図－２：重層的韓日米「安保協力メカニズム」の力学Ⅱ

他方、上述の「図－２」に表されているように、北朝鮮の脅威の多様化に対し、韓日米三国間の脅威認識および利害の齟齬が顕在化すると、自国の利害のみにかなう行動をとる国家が出現し、重層的なメカニズム内での三国間の軋轢をもたらしたことが判明した。1996年に北朝鮮潜水艦侵入事件が発生した際には韓国が、1998年に北朝鮮の「テポドン―1」発射実験が行われた際には日本が、それぞれKEDOへの協力を中止し、同盟による抑止力の増強に基づく北朝鮮の「外部化」に傾斜した。韓国と日本がそれぞれ前述の北朝鮮の挑発行為に脅威感を募らせ、KEDOの「内部化」機能における利害が損なわれたと判断したため、北朝鮮の「外部化」に傾斜したのである。これは、KEDOの「内部化」機能を望んでいた他国との協力関係に軋轢をもたらした。しかし、ここで注目すべきは、韓国と日本は一時的に同盟に基づく北朝鮮の「外部化」を選択したものの、その後KEDOへの協力再開を決定し「外部化」と「内部化」をともに追求している既存の重層的なメカニズムに回帰したことである。これは、北朝鮮の「外部化」を選択した国家を中心に他の二つの国家がともに同盟などによる北朝鮮の「外部化」を強めながら、三国間の安保協力の重要性および必要性を誇示することで、枠外にある国家が枠内に戻ることを促したことに起因していた。また、米国が米朝交渉に臨み、北朝鮮との対話を通じ懸案問題を解決したことも大いに影響を及ぼした。

ところが、米国は9·11テロを機にWMDおよびテロによる本土攻撃に対して脅威感を抱くようになった。これは、対北朝鮮政策の転換、すなわち先制行動まで念頭において対抗拡散への転換をもたらした。この転換は、北朝鮮の「外部化」への傾斜を示唆しており、北朝鮮の「外部化」と「内部化」を同時並行的に推進していた重層的な韓日米「安保協力メカニズム」を動揺させるものであった。2002年10月に北朝鮮のHEU計画が発覚した際の米国の対応がその現われであった。その際、米国はKEDOの重油提供を中断し、先制行動まで念頭においた強硬政策に基づく北朝鮮の「外部化」に傾斜したのである。これは、KEDOを通じた北朝鮮の「内部化」を強く求めていた韓日両国との間に軋轢をもたらした。また、米国と北朝鮮が米朝「枠組み合意」違反の応酬が続く中、米朝「枠組み合意」は形骸化し、第二次北朝鮮核危機に至った。その後、KEDOによる軽水炉支援をも中止され、KEDOは機能しなくなった。他方、米国の対北朝鮮政策の転換は、韓国に米国主導の戦争に「巻き込まれ」るのではないかという新たなジレンマを生じせしめ、韓米同盟の「逆機能」をもたらした。ゆえに、韓米間に同盟管理上の軋轢が生じた[59]。このようにKEDOと同盟が動揺すると、これらと連動していたTCOGも本来の役割を果たすことが困難となった。さらに、米朝交渉も停滞していたため、本来の調整役としての機能に支障が生じた[60]。かくして、重層的な韓日米「安保協力メカニズム」は弱体化し、

---

59) 韓昇洲は1990年代の外交部長官(1993年2月－1994年12月)と2000年代の駐米大使(2003年4月－2005年2月)を努めた際の韓米関係の差異について、「1990年代には、二つの国(韓米)の立場の差異がそれほど大きくなかった。しかも、お互いに開放的な姿勢をもっていた。その反面、2000年代には、ブッシュ政権は非常に強硬であったのに対し、盧武鉉政府は正反対であった。差異も多く思考方式も異なった。私はいつもその差異を縮めるために努力したが、1990年代には容易であったが、2000年代には極めて難しかった」と述べている。「인터뷰 한승주 전 외무장관의 북핵 대응 전략(インタビュー、韓昇洲元外務長官の北核対応戦略)」『新東亜』(2009年7月)、304－313頁; インタビュー(国際政策研究院の事務室にて筆者が実施)、2009年7月29日。

60) 2001年から2003年までブッシュ政権で韓半島和平協議担当特使を務めたプリチャード(Charles L. Prichard)が、「ブッシュ政権はすべての両者接触(米朝交渉)を拒否した。ただし、6者会談に参加する他国の促しで6者会談という枠内での制限された両者接触(米朝交渉)のみに参加した(括弧: 引用者)」と振り返っているように、ブッシュ政権は米朝交渉に真剣に取り組んでいなかった。찰스 프리처드(チャールズ·プリチャード)『실패한 외교(失敗した外交)』김연철·서보혁 옮김(キン·ヨンチョル/ス·ボヒョク訳) (四季節出版社、2008年)、46頁。

北朝鮮の「外部化」と「内部化」をバランスよく調整してきたメカニズムは機能不全に陥った。

以上のように、冷戦後の重層的な韓日米「安保協力メカニズム」は、北朝鮮の脅威に対する三国間の脅威認識および利害の共有と齟齬によって変化してきた。すなわち、北朝鮮の脅威が多様化するにつれ、韓半島ひいては東アジアの安定を望む三国間の脅威認識および利害の共有は、それを「外部化」してきた同盟の強化を図る一方、「内部化」しようとするKEDO、そしてそれらを包括的に調整するTCOGを作り出し、重層的な韓日米「安保協力メカニズム」を築いてきた。しかし、北朝鮮に対する三国間の脅威認識および利害の齟齬が顕在化すると、各国が自国の利益のみに適う北朝鮮「外部化」に傾斜し、このメカニズム内での協力関係に軋轢が生じた。ただし、その際、北朝鮮を「外部化」する取り決めが良好に機能するか否か、米朝交渉が調整役としての機能を果たすか否かによって、このメカニズムが再稼動するか否かが左右されたことも判明した。

第2節 今後の課題

本論文は、冷戦後に生まれた重層的な韓日米「安保協力メカニズム」の形成および展開過程を分析しつつ、冷戦後の韓日米三国間の安保協力関係における力学を解き明かしてみた。その際、北朝鮮の諸問題をめぐる制度間連携を、多様化した北朝鮮の脅威に対する韓日米三国の対応を中心に分析してきた。つまり、本論文は、北朝鮮問題と韓日米「安保協力メカニズム」の当事者である北朝鮮と韓国、日本、米国というアクターの行動に焦点を当て分析したものである。

ところが、第二次北朝鮮核危機が発生すると、北朝鮮問題に対する中国の役割に期待が寄せられた[61)]。実際に、中国が議長国として6者会談の主役を演じることとなり、この時点を機に北朝鮮核問題において韓国および日本の役割の重要性は相対的に低下し始めたことは否定できない。したがって、今後の韓日米三国間の安保協力における力学を探る研究においては、北朝鮮に対する軍事·政治的イニシアティブを保持している中国という外部要因をともに分析する必要があると考えられる[62)]。

61) Mike Allen and Karen DeYoung,"Bush Seeks China's Aid To Oppose N. Korea; Jiang's Statement Not as Forceful as U.S. Hoped,"The Washington Post, October 26, 2002.

62) An IFPA Seminar Report,"Trilateral Tools for Managing Complex Contingencies: U.S. -Japan-Korea Cooperation in Disaster Relief & Stabilization / Reconstruction Missions,"November 2005, p.3.

主要参考文献

【１次資料】

1. インタビュー

・韓昇洲のインタビュー(国際政策研究院の事務室にて筆者が実施)、2009年7月29日。

・尹永寛のインタビュー(ソウル大学校の研究室にて筆者が実施)、2009年7月30日。

・スコット・スナイダー(Scott Snyder)のインタビュー(e-mail)、2009年2月25日。

・ジェームズ・アワー(James E. Auer)のインタビュー(e-mail)、2009年3月7日。

・梅津至のインタビュー(日本原子力機構の事務室にて筆者が実施)、2009年8月14日。

・遠藤哲也のインタビュー(新橋の事務室にて筆者が実施)、2009年9月17日。

2. 英文

<政府および国際機構の刊行物>

・The Korean Peninsula Energy Development Organization, Annual Report 2001, December 31, 2001.

・Annual Report 2002, December31, 2002.

・Annual Report 2003, December 31, 2003.

・Annual Report 2005, December 31, 2005.

・The White House, A National Security Strategy of Engagement and Enlargement, February 1995.

・A National Security Strategy for a New Century, October 1998.

・The National Security Strategy of the United States of America, September 2002.

・National Strategy to Combat Weapons of Mass Destruction, December 2002.

・A Charge Kept: The Record of the Bush Presidency 2001-2009 <http://georgewbush -whitehouse.archives.gov/infocus/bushrecord/index.html> 2009年8月13日アクセス。

・U.S. Department of Defense, Office of International Security Affairs, A Strategic Framework for the Asian Pacific Rim: A Report to the Congress, July 1992.

・The United States Security Strategy for the East-Asia Pacific Region(Washington D.C., 1995).

・Report of the Quadrennial Defense Review, May 1997.

· The United States Security Strategy for the East-Asia Pacific Region(Washington D.C., 1998).

· Nuclear Posture Review Report(Excerpts), Submitted to Congress on 31 December 2001, January 8, 2002.

· Office of Homeland Security, National Strategy for Homeland Security, July 16, 2002.

<公式声明および記者会見>

· "2 Plus 2 Press Conference Security Consultative Committee With Secretary Of State Warren Christopher, Japanese Foreign Minister Yukihiko Ikeda Secretary Of Defense William Perry, And Japanese Defense Minister Hideo Usui,"Benjamin Franklin Room, Washington, DC, September 19, 1996.
<http://dosfan.lib.uic.edu/ERC/briefing/dossec/1996/9609/960919dossec.html>2009年8月3日。

· "Agreed Statement Between the U.S.A. and the D.P.R.K. Geneva, July 19, 1993," Leon V. Signal, Disarming Strangers: Nuclear Diplomacy with North Korea(Princeton University Press, Princeton, New Jersey).

· "Agreed Framework between the United States of America and the Democratic People's Republic of Korea,October 21, 1994, Geneva," Joel S. Wit, Daniel B. Poneman, Robert L. Gallucci, Going Critical-The First North Korean Nuclear Crisis (Washington, D.C. Washington, D.C.: Brookings Institution Press, 2004).

· "Agreement on the Establishment of the Korean Peninsula Energy Development Organization,"경수로사업지원기획단(軽水炉事業支援企画団)『대북 경수로사업 관련 각종합의서(対北朝鮮軽水炉事業関連各 種合意書)』(スラブル印刷社、1998年)。

· "Agreement on Supply of a Light-Water Reactor Project to the Democratic People's Republic of Korea between the Korean Peninsula Energy Development Organization and the Government of the Democratic People's Republic of Korea,"軽水炉事業支援企画団、前掲書。

· "Joint U.S.-DPRK Press Statement,"Kuala Lumpur, June 13, 1995, 軽水炉事業支援企画団、前掲書。

· "Joint U.S.-Japan Statement Security Consultative Committee," Press Statement by James P. Rubin, Spokesman, September 20, 1998.
<http://secretary.state.gov/www/briefings/statements/1998/ps980920.html>2009年9月12日アクセス。

· "Joint Press Availability following the U.S.-Japan Security Consultative Committee Meeting,"Secretary of State Madeleine K. Albright, Secretary of Defense William Cohen, Japanese Foreign Minister Masahiko Komura, and Japanese Defense Minister Fukushiro Nukaga, New York, New York,

September 20, 1998, As released by the Office of the Spokesman U.S. Department of State
<http://secretary.state.gov/www/statements/1998/980920. html> 2009年8月14日アクセス。

· "Joint Statement on North Korea Issues,"Secretary of State Madeleine K. Albright and The Minister for Foreign Affairs of Japan and The Minister of Foreign Affairs and Trade of the Republic of Korea, New York, September 24, 1998, As released by the Office of the Spokesman U.S. Department of State
<http://secretary.state.gov/www/ statements/1998/980924b.html> 2009年8月5日アクセス。

· "North Korea--Additional Food Assistance,"Press Statement by James P. Rubin, Spokesman, September 21, 1998.
<http://secretary.state.gov/www/briefings/statements/ 1998/ps980921.html> 2009年9月12日アクセス。

· "North Korean Nuclear Program ,"by Press Statement Richard Boucher, Spokesman,日本国際問題研究所編『G·W·ブッシュ政権期の日米外交安全保障政策資料集－米国側資料－』(日本国際問題研究所、平成18年3月).

· "Press Briefing on U.S. Relations with North Korea,"Secretary of State Madeleine K. Albright and William Perry, Washington, D.C., September 17, 1999, As released by Office of the Spokesman U.S. Department of State.

· "Secretary of State Madeleine K. Albright, Interview on CNN's "Late Edition" with Wolf Blitzer, Moscow, Russia, September 1, 1998 As released by the Office of the Spokesman U.S. Department of State
<http://secretary.state.gov/www/statements/1998/980901a.html> 2009年8月13日アクセス。

· "U.S. Department of State Daily Press Briefing(DPB #70)", Press Statement by James P. Rubin, Spokesman, May 28, 1999.
<http://secretary.state.gov/www/briefings/9905/ 990528db.html> 2009年9月12日アクセス。

· "U.S.-DPRK Missile Talks,"Press Statement by James P. Rubin, Spokesman, October 2, 1998.
<http://secretary.state.gov/www/briefings/statements/1998/ps981002.html> 2009年9月3日アクセス。

· "U.S.－DPRK press statement,"September 12, 1999.
<http://www.globalsecurity.org/wmd/library/news/dprk/1999/990913-dprk-usia.htm> 2009年9月12日アクセス。

· "U.S. Representative To KEDO,"Press Statement by James B. Foley, Acting Spokesman, August 27, 1998.
<http://secretary.state.gov/www/briefings/statements/1998/ps980827 a. html> 2009年8月27日アクセス。

<演説および証言>

· Albright, Madeleine K. Madam Secretary(New York: The Easton Press, 2003).

· "Secretary of State Madeleine K. Albright, Interview on ABC-TV "Good Morning America" with Kevin Newman, Moscow, Russia, September 1, 1998, As released by the Office of the Spokesman U.S. Department of State"
<http://secretary.state.gov/www/ statements/1998/980901.html> 2009年8月13日アクセス。

· Bosworth, Stephen W."Holds Hearing On U.S. Policy Toward North Korea," On East Asian And Pacific Affairs Subcommittee Of The Senate Foreign, 104th Congress, September 12, 1996.

· Bush, George W."Statement by the President,"June 6, 2001, For Immediate Release Office of the Press Secretary, June 13, 2001.
<http://georgewbush-whitehouse.archives.gov/news/releases/2001/06/20010611-4.html> 2009年8月16日アクセス。

· "State of the Union Address to The 107th Congress(January 29, 2002)," Selected Speeches of President George W. Bush 2001–2008.

· Clinton, Bill J."Fundamentals of Security for a New Pacific Community : Address before the National Assembly of the Republic of Korea, Seoul, South Korea, July 10, 1993,"U.S. Department of State Dispatch, vol. 4, no. 29, July 19, 1993.

· "Adress by the President to the 48th Session of the United Nations General Assembly,"The United Nations, New York, September 27, 1993.
<http://clinton6.nara.gov/1993/09/1993-09-27-presidents-address-to-the-un.html> 2009年10月5日アクセス。

· "US President Bill Clinton's letter of Assurances in Connection with the Agreed Framework between the United States of America and the Democratic People's Republic of Korea," Washington, October 20, 1994.

· "Remarks by the President on Foreign Policy,"Grand Hyatt Hotel San Francisco, California, February 26, 1999.
<http://www.mtholyoke.edu/acad/intrel/clintfps.htm> 2009年8月14日アクセス。

· Gallucci, Robert L."The U.S.-DPRK Agreed Framework,"House International Relations Committee Subcommittee on Asia and the Pacific, February 23, 1995.
<http://www.gl-obalsecurity.org/wmd/library/congress/1995_h/950223gallucci.htm> 2009年5月7日アクセス。

· Kartman, Charles."United States Policy Toward North Korea,"Before House Committee on International Relations Committee, September 24, 1998.
<http://www.state.gov/www/policy_remarks/1998/980924_kartman_nkorea.html> 2009年8月5日アクセス。

· "Statement of Charles Kartman,"Recent Developments in North Korea:

Hearing Before the Subcommittee on East Asia and the Pacific of Committee on Foreign Relations, U.S. Senate, 155th Congress, Second Session, September 10, 1998, S. HRG. 105-842(U.S Government Printing Office, Washington: 1998).

· Musharraf, Pervez. In The Line of Fire: A Memoir(London·New York·Sydney·Toronto: A CBS Company, 2006).

· Perry, William J.“Testimony before the Senate Foreign Relations Committee, Subcommittee on East Asian and Pacific Affairs,”Washington, DC, October 12, 1999.
<http://www.state.gov/www/policy_remarks/1999/991012_perry_nkorea.html> 2009年8月15日アクセス。

· Powell, Colin L.“Confirmation Hearing by Secretary-Designate Colin L. Powell,” Washington, DC, January 17, 2001, Released by the Office of the Spokesman January 21, 2001.
<http://2001-2009.state.gov/secretary/former/powell/remarks/2001/443.html> 2009年8月15日アクセス。

<その他>

· Perry, William J. Review of United States Policy Toward North Korea: Findings and Recommendations, October 12, 1999.

· Richard, L. Armitage.“A Comprehensive Approach to North Korea,” Institute For National Strategic Studies, Number 159, March 1999.
<http://www.ndu.edu/inss/ strforum/SF159/forum159.html> 2009年8月3日アクセス。

· U.S. House of Representatives, Congressional Record: Proceedings and Debates of the 105th Congress, Second Session, Vol. 144, No. 145, October 13, 1998.

· U.S. Senate, Congressional Record: Proceedings and Debates of the 105th Congress, Second Session, Vol. 144, No. 114, September 2, 1998.

· Congressional Record: Proceedings and Debates of the 105th Congress, Second Session, Vol. 144, No. 130, September 25, 1998.

· GOV/2645, 1 April, 1993.

· INFCIRC/403, May 1992.

· S/25562, 8 April 1993.

· S/825, 11 May 1993.

3. 和文
・外務省『外交青書第1部(平成11年版)』、(大蔵省印刷局、1999年6月)。
・防衛省『日本の防衛-防衛白書-(平成21年版)』(ぎょうせい、2009年 7月)。
・防衛問題懇談会『日本の安全保障と防衛力のあり方21世紀へ向けての展望』(1994年8月)。
・「第143回国会衆議院会議録第6号」『官報号外』(1998年9月3日)。
・「第143回国会衆議院会議録第7号」『官報号外』(1998年9月3日)。
・「第143回国会衆議院 外務委員会議録第7号」(1998年10月14日)。
・大沼保昭『国際条約集(2006年版)』(有斐閣、2006年)。
・五百旗頭真・伊藤元重・薬師寺克行『外交激変－元外務省事務次官柳井俊二』(朝日新聞社、2007年)。
・ビル・クリントン『マイライフークリントンの回想(下巻)』(朝日新聞社、2004年)。
・リチャード・クラーク『9・11からイラク戦争へ爆弾証言: すべての敵に向かって』楡井浩一訳(徳間書店、2004年)。
・『北朝鮮政策動向(1996年 第11号)』(ラヂオプレス、1996年10月)。
・『北朝鮮政策動向(1996年 第14号)』(ラヂオプレス、1996年12月)。

4. 韓国文
・국방부(国防部)『국방백서1998(国防白書 1998)』(1998年10月)。
・大統領秘書室『金泳三大統領演説文集(第2巻)』(1995年)。
・『金泳三大統領演説文集(第4巻)』(1997年)。
・『金大中大統領演説文集(第1巻)』(1999年)。
・『金大中大統領演説文集(第4巻)』(2002年)。
・『盧武鉉大統領演説文集(第１巻)』(2004年)。
・第16代大統領職引継委員会『第16代大統領職引継委員会白書－対話』(ソウル、2003年)。
・김영삼(金泳三)『김영삼 대통령 회고록(상) (金泳三大統領回顧録(上))』(朝鮮日報社、2001年)。
・『김영삼 대통령 회고록(하)(金泳三大統領回顧録(下))』(朝鮮日報社、2001年)。
・노태우(盧泰愚)「노태우 전 대통령 육성 회고록 (盧泰愚前大統領肉声回顧録)」『月刊朝鮮』(1999年8月号)。
・임동원(林東源)『피스 메이커: 남북관계와 북핵문제 20년(ピースメーカー: 南北関係と北核問題20年)』(中央ブックス、2008年)。
・찰스 프리처드(チャールズ・プリチャード)『실패한 외교(失敗した外交)』김연철・서보혁옮김(キン・ヨンチョル/ス・ボヒョク訳)(四季節出版社、2008年)

· 「對北韓警告決議案(対北朝鮮警告決議案)」『第181回国会、国会本会議 会議録(第4号)』(国会事務処、1996年10月12日)。
· 「北韓의對南武力挑發行爲에대한決議案(北朝鮮の対南武力挑発行為に対する決議案)」『第181回国会、国会本会議 会議録(第3号)』(国会事務処、1996年9月23日)。

【2次資料】

1. 英文

· Akutsu, Hiroyasu. "Japan's Strategic Interest in the Korean Peninsula Energy Development Organization(KEDO) : a "Camouflaged Alliance" and its Double-Sided Effects on Regional Security," LNCV – Korean Peninsula: Enhancing Stability and International Dialogue, Roma, 1-2 June 2000.
· Aspin, Les. Report on the BOTTOM-UP REVIEW, October 1993 <http://www.fas.org/man/docs/bur/part01.htm>2009年7月18日アクセス。
· Blair, Dennis C., Hanley Jr, John T. "From Wheels to Webs : Reconstructing Asia-Pacific Security Arrangements," The Washington Quarterly (Spring 2005).
· Carter, Ashton B. and Perry, William J. Preventive Defense: A New Security Strategy For America(Brookings Institution Press, 1999).
· Cha, Victor D. Alignment Despite Antagonism: the United States-Korea-Japan Security Triangle(California: Stanford University Press, 1999).
· Cohen, Raymond. Threat Perception in International Crisis (Madison: The University of Wisconsin Press, 1979).
· Cossa, Ralph A. Monitoring the Agreed Framework : A Third Anniversary Report Card, The Nautilus Institution, October 31, 1997. <http://www.nautilus.org/fora/security/11a_Cossa.html>2009年6月11日アクセス。
· "The Agreed Framework / KEDO and Four Party Talks : Prospects and Relationship to the ROK' Sunshine Policy," Korea and World Affairs 23(Spring 1999).
· "US-ROK-Japan: Why a 'Virtual Alliance' Makes Sense," The Korean Journal of Defense Analysis, Vol.XII, No.1, Summer 2000.
· ed. U.S-Korea-Japan Relations - Building Toward a Virtual Alliance (Washington D.C.: The CSIS Press, 1999).
· Creekmore, Marion. A Moment of Crisis: Jimmy Carter, the Power of a Peacemaker, and North Korea's Nuclear Ambitions(New York: Public Affairs).
· Duffield, John S. "What Are International Institutions?," International Studies Review Vol.9, No.1(Spring 2007).
· Flynn, Stephen E. "America the Vulnerable," Foreign Affairs, January/February 2002.

- Green, Michael J. Japan-ROK Security Relations: An American Perspective (FSI Stanford Publications, March 1999).
- Griffin, Christopher and Auslin, Michael."Time for Trilateralism?," American Enterprise Institute for Public Policy Research, No. 2, March 2008. <http://www.aei.org/docLib/20080306_22803AO02Griffin_146696.pdf>2009年9月10日アクセス。
- Hayes, Peter."Tactically Smart, Strategically Stupid: The KEDO Decision to Suspend Heavy Fuel Oil Shipments to the DPRK," The Nautilus Institute Policy Forum Online, November 15, 2002. <http://www.nautilus.org/fora/security/0221A_Hayes.html>2009年8月20日アクセス。
- Ikenberry, G. John and Deudney, Daniel H."Structural Liberalism: The Nature and Sources of Postwar Western Political Order," Browne Center for International Politics, University of Pennsylvania, May 1996.
- Jervis, Robert."Realism, Neoliberalism, and Cooperation : Understanding the Debate," International Security 24, No.1(Summer 1999).
- Kamiya, Matake."Will Japan go nuclear? Myth and reality," Asia-Pacific Review, Volume 2, Issue 2, 1995.
- Keohane, Robert O. International Institutions and State Power: Essays in international Relations Theory(Boulder: Westview Press, 1989).
- Kim, Tae-hyo, and Glosserman, Brad, ed. The Future of U.S.-Korea-Japan relations: Balancing values and interests(Washington, D.C.: Center for Strategic and International Studies), 2006.
- Kim, Youngho."The Great Powers in Peaceful Korean Reunification," International Journal on World Peace, September 2003.
- Krasner, Stephen D."Structural Causes and Regime Consequences: Regimes as Intervening Variables,"in Stephen D. Krasner, ed., International Regimes(Ithaca: Cornell University Press, 1983).
- Kristin, Rosendal G."Impacts of Overlapping International Regimes: The Case of Biodiversity,"Global Governance 7(January-March 2001).
- Lee, Su-Hoon and Ouellette, Dean."Tackling DPRK's Nuclear Issue through Multi-lateral Cooperation in the Energy Sector,"Policy Forum Online(PFO 03-33: May 27, 2003) <http://www.nautilus.org/fora/security/ 0333LeeandOuellette.html#sect2>2009年2月17日アクセス。
- Martin, Lisa L., ed. International Institutions in the New Global Economy (Cheltenham, U.K.: Edward Elgar, 2005).
- Oberdorfer, Don. The Two Korea: A Contemporary History (Massachusetts: Basic Books, 2001).

· Park, Ihn-hwi.“Toward an Alliance of Moderates : The Nuclear Crisis and Trilateral Policy Coordination,” EAST ASIA REVIEW, Vol.16, No.2, Summer 2004.
· Perry, William J.“Defense in an Age of Hope,” Foreign Affairs, November/ December 1996.
· Pilat, Joseph F.“Reassessing Security Assurances in a Unipolar World,” The Washington Quarterly (Spring 2005).
· Raustiala, Kal and Victor, David G. “The Regime Complex for Plant Genetic Resources,”International Organization 58, Spring 2004.
· Reiss, Mitchell B.“KEDO: Which Way From Here?,” Asian Perspective, Vol.26, No1, 2002.
· Robert O. Keohane and Nye, Joseph S. Power and Interdependence (Boston: Little, Brown, 1977).
· Ruggie, John G.“International Responses to Technology: Concepts and Trends,” International Organization, Vol.29, No.3, Summer 1975.
· Schoff, James L. First Interim Report: The Evolution of the TCOG as a Diplomatic Tool (The Institutional for Foreign Policy Analysis, November 2004).
· Second Interim Report: Security Policy Reforms in East Asia and a Trilateral Crisis Response Planning Opportunity (The Institutional for Foreign Policy Analysis, March 2005).
· Tools for Trilateralism: Improving U.S.-Japan-Korea Cooperation to Manage Complex Contingencies(Massachusetts: Potomac Books, 2005).
· Shin, Dong-Ik.“Multilateral CBMs on the Korean Peninsula : Making a Virtue out of Necessity,” The Pacific Review 10, No.4, 1997.
· Smith, W. Thomas. The Korean Conflict (A Member of Penguin Group (USA) Inc, 2004).
· Snyder, Glenn H. Alliance Politics(Ithaca: Cornell University Press, 1977).
· “The Security Dilemma in Alliance Politics,” World Politics, Vol. 36, No. 4, July 1984.
· Snyder, Scott.“The Korean Peninsula Energy Development Organization : Implications for Northeast Asian Regional Security Cooperation?,” North Pacific Policy Paper 3, Program on Canada-Asia Policy Studies, Institute of Asia Research, Vancouver : University of British Columbia, 2000.
· “Towards a Northeast Asia Security Community : Implications for Korea's Growth and Economy Development-Prospects for a Northeast Asia Security Framework,” Paper prepared for conference“Towards a Northeast Asia Security Community : Implications for Korea's Growth and Economy Development”Held 15 October 2008 in Washington D.C, and sponsored by the

Korea Economic Institute(KEI),the University Duisburg-Essen, and the Hanns Seidal Stiftung.

· Stokke, Olav Schram."The Interplay of International Regimes: Putting Effectiveness Theory to Work," The Fridtjof Nansen Institute Report 14(2001).

· "The 23rd Security Consultative Meeting Joint Communiqué," Korea and World Affairs, Vol.15, No.4(Winter, 1991).

· Wit,Joel S., Poneman, Daniel B., and Gallucci, Robert L. Going Critical-The First North Korean Nuclear Crisis (Washington, D.C.: Brookings Institution Press, 2004).

· Wit, Joel S."Viewpoint: The Korean Peninsula Energy Development Organization: Achievement and Challenges," The Nonproliferation Review, Winter 1999.

· Young, Oran R. International Governance: Protecting the Environment in Stateless Society (Ithaca: Cornell University Press, 1994).

· "Institutional Linkage in International Society: Polar Perspectives,"Global Governance 2, January-April 1996.

· Governance in World Affairs (Ithaca: Cornell University Press, 1999).

· The Institutional Dimensions of Global Environmental Change: Fit Interplay and Scale (Cambridge, Massachusetts: MIT Press, 2002).

· Zelli, Fariborz."Regime Conflicts in Global Environmental Governance," Paper presented at 2005 Berlin Conference on the Human Dimensions of Global Environmental Change, 2-3 December 2005.

2. 和文

· 浅田正彦「『非核兵器国の安全保障』論の再検討」『岡山大学法学会雑誌』(1993年10月)。

· イ·ヨンジュン『北朝鮮が核を発射する日－KEDO政策部長による真相レポート』辺真一訳(PHP研究所、2004年)。

· 岩田修一郎「核不拡散·核軍縮と日米関係」『東京家政学院筑波女子大学紀要第３集』(1999年)。

· 「単極構造時代の軍備管理－大量破壊兵器の規制条約と米国の対応－」『国際安全保障』(2003年9月)。

· 宇野重昭·別枝行夫·福原裕二編『日本·中国からみた朝鮮半島問題』(国際書院、2007年)。

· 梅津至「朝鮮半島エネルギー開発機構(KEDO)の活動と今後の課題」『国際問題』(1996年4月)。

· 「活動開始から二年半 重要段階に入ったKEDO」『外交フォーラム』(1998年2月)。

・ウィリアム·ペリー演説文「東アジアの安全保障と北朝鮮への対応」『北朝鮮とペリー報告ー暴発は止められるか』(読売新聞社、1999年11月)。
・太田昌克『盟約の闇ー「核の傘」と日米同盟』(日本評論社、2004年)。
・小野正昭「安全保障機関としてのKEDOの重要性ー北朝鮮原子炉発電所建設の現状と課題」『世界』(岩波書店、1995年5月)。
・小針進「金泳三政権下·韓国の対北朝鮮姿勢」『海外事情』(1995年10月)。
・神谷万丈、「海外における日本核武装論」『国際問題』(1995年9月)。
・「アジア太平洋における重層的安全保障構造に向かってー多国間協調体制の限界と日米安保体制の役割」『国際政治』115号(1997年5月)。
・菊池努「北朝鮮の核危機と制度設計: 地域制度と制度の連携」『青山国際政経論集』(75号、2008年5月)。
・金栄鎬「韓国の対北朝鮮政策の変化: 1998年ー1994年」『アジア研究(Vol.48, No.4)』(October 2002)。
・倉田秀也、「北朝鮮の『核問題』と南北朝鮮関係ー『局地化』と『国際レジーム』の間」『国際問題』(1993年10月)。
・「朝鮮問題多国間協議の『重層的』構造と動揺ー『局地化』『国際レジーム』『地域秩序』」岡部達味編『ポスト冷戦のアジア太平洋』(日本国際問題研究所、1995年)。
・「北朝鮮の弾道ミサイル脅威と日米韓関係ー新たな地域安保の文脈」『国際問題』(第468号、1999年3月)。
・「北朝鮮の『核問題』と盧武鉉政権ー先制行動論·体制保障·多国間協議」『国際問題』(2003年5月)。
・「北朝鮮の米朝『枠組み合意』離脱と『非核化』概念」黒澤満編『大量破壊兵器の軍縮論』(信山社、2004年)。
・「日米韓安保提携の起源ー『韓国条項』前史の解釈的再検討」『日韓歴史共同研究報告書第3分科編下巻』(2005年11月)。
・「核不拡散義務不遵守と多国間協議の力学ー国際不拡散レジームと地域安全保障との相関関係」アジア政経学会監修『アジア研究３: 政策』(慶応義塾大学出版社、2008年)、71ー99頁。
・ケネス·キノネス『北朝鮮ー米国務省担当者の外交秘録』山岡邦彦·山口瑞彦訳·伊豆見元監修(中央公論新社、2000年)。
・春原剛『米朝対立ー核危機の十年』(日本経済新聞社、2004年)。
・『同盟変貌ー日米一体化の光と影』(日本経済新聞社、2007年)。
・武貞秀士「米朝合意と今後の北朝鮮の核疑惑問題」『新防衛論集(第23巻第3号)』(1996年1月)。
・田中均『外交の力』(日本経済新聞社、2009年)。

・チャック・タウンズ『北朝鮮の交渉戦略』福井雄二訳・植田剛彦監修(日新報道、2002年)。
・土山實男『安全保障の国際政治学ー焦りと傲り』(有斐閣、2005年)。
・東京財団政策研究部「新しい日本の安全保障戦略ー多層協調的安全保障戦略ー」(2008年10月)。
・ドン・オーバードーファー『二つのコリアー国際政治の中の朝鮮半島ー』(共同通信社、1998年)。
・東清彦「日韓安全保障関係の変遷ー国交正常化から冷戦後まで」『国際安全保障』(2006年3月)。
・ビクター・D・チャ『米日韓反目を超えた提携』船橋洋一監訳・倉田秀也訳(有斐閣、2003年)。
・福田毅「日米防衛協力における3つの転機ー1978年ガイドラインから『日米同盟の変革』までの道程ー」『レファレンス』(平成18年7月号)。
・福原裕二「北朝鮮の核兵器開発の背景と論理」吉村慎太郎・飯塚央子『核拡散問題とアジアー核抑制論を越えてー』(国際書院、2009年)。
・船橋洋一『ザ・ペニンシュラ・クエスチョン: 朝鮮半島第二次核危機』(朝日新聞社、2006年)、371-377頁。
・マイケル・グリーン(Michael J.Green)「米、日、韓三か国の安全保障協力」『Human Security No.2』(1997年)。
・孫崎享『日米同盟の正体ー迷走する安全保障』(講談社、2009年)。
・御厨貴・渡辺昭夫『首相官邸: 内閣官房副長官石原信雄の2600日』(中央公論新社、2002年)。
・道下徳成「北朝鮮の核外交: その背景と交渉戦術」『海外情報』(1995年10月)。
・「北朝鮮のミサイル外交と各国の対応ー外交との比較の視点から」小此木政夫編『危機の朝鮮半島』(慶應義塾大学校出版社、2006年)。
・宮坂直史「テロリズム対策ー本土防衛を中心に」近藤重克・梅本哲也編『ブッシュ政権の国防政策』(日本国際問題研究所、2002年)。
・村田晃嗣「米国の対北朝鮮政策とペリー報告ー『対話』と『抑止』の狭間で」『国際問題』(2000年2月)。
・山田高敬「北東アジアにおける核不拡散レジームの『粘着性』とその限界ー米朝枠組み合意およびKEDOに関する構成主義的な分析」大畠秀樹・文正仁共編『日韓国際政治学の新地平ー安全保障と国際協力』(慶応義塾大学出版会、2005年)。
・山本吉宣『国際レジームとガバナンス』(有斐閣、2008年)。
・「強調的安全保障の可能性ー基礎的な考察」『国際問題』(1995年8月)、3ー4頁。
・読売新聞安保研究会『日本は安全かー「極東有事」を検証する』(廣済党、1997年)。

・ロバート·S·リトワク『アメリカ「ならず者国家」戦略』佐々木洋訳(窓社、2002年)。

3. 韓国文

・김태효(金泰孝)「韓美日 安保協力의 可能成과 限界(韓·日·米安保協力の可能性と限界)」『政策研究シリーズ2002－3』(外交安保研究院、2002年3月)。

・백종천편(白鐘天編)『분석과 정책:한미동맹 50년(分析と政策: 韓米同盟の50年)』(セゾン研究所、2003年)。

・신우용(シン·ウヨン)『韓日米三角同盟－韓日安保協力を中心として(한미일삼각동맹-한일안보협력을 중심으로)』(良書閣、2007年)。

・오코노기(小此木政夫編)『김정일과 현대북한(金正日と現代の北朝鮮)』(乙酉文化社、2000年)。

・이대우(李大雨)『한미일 안보협력 증진에 관한 연구(韓日米安保協力増進に関する研究)』(世宗研究所、2001年)。

・전진호(ジォン·ジンホ)「동북아 다자주의의 모색: KEDO와TCOG를 넘어서(北東アジアの多国間主義の模索: KEDOとTCOGを超えて)」,『日本研究論叢』(第17号2003年)、41－74頁。

・전현준(ジョン·ヒョンジュン)編「10· 9한반도와 핵(10·9韓半島と核)」(イルム、2006年)。

・정옥임(鄭玉任)「국제기구로서의 KEDO-각국의 이해관계와 한국의 정책(国際機構としてのKEDO－各国利害関係と韓国の政策)」『韓国国際政治』(第28号、1998年)、237－272頁。

・홍소일(洪素逸)「이례적 현상으로서의 KEDO: 핵 확산 금지에 대한 제도적인 접근 방법(異例的な現象としてのKEDO: 核拡散禁止に対する制度的接近方法)」『전략연구(戦略研究)』(第29号、2003年)。

4.新聞

・『국민일보(国民日報)』

・『동아일보(東亜日報)』

・『서울신문(ソウル新聞)』

・『세계일보(世界日報)』

・『조선일보(朝鮮日報)』

・『중앙일보(中央日報)』

・『한국일보(韓国日報)』

・『読売新聞』

・『日本経済新聞』

・『朝鮮中央通信』

・『労働新聞』

・『民主朝鮮』

· International Herald Tribune

· The Atlanta Journal and Constitution

· The Los Angeles Times

· The New York Times

· The Washington Post

5. Web - Site

· IAEA <http://www.iaea.org/About/statute_text.html>

· KEDO <http://www.kedo.org/>

· NPT <http://www.un.org/Depts/dda/WMD/treaty/>

· 韓国外交通商部 <http://www.mofat.go.kr/main/index.jsp>

· 日本外務省 <http://www.mofa.go.jp/mofaj/>

· 米国務省 <http://www.state.gov/>

· 韓国国防部 <http://www.mnd.go.kr/>

· 日本防衛省 <http://www.mod.go.jp/>

· 米国防総省 <http://www.defenselink.mil/>

· 韓国国会 <http://www.assembly.go.kr/renew07/main.jsp?referer=first>

· 日本衆議院 <http://www.shugiin.go.jp/index.nsf/html/index.htm>

· 日本参議院 <http://www.sangiin.go.jp/>

· 米下院 <http://www.house.gov/>

· 米上院 <http://www.senate.gov/>

· 青瓦臺 <http://www.president.go.kr/kr/index.php>

· ホワイトハウス <http://www.whitehouse.gov/>

한미일 안보 협력

메커니즘 중층적 구조의 기원

2024년 10월 22일 1판 1쇄 인 쇄
2024년 10월 30일 1판 1쇄 발 행

지 은 이 : 신 치 범

펴 낸 이 : 박 정 태

펴 낸 곳 : **주식회사 광문각출판미디어**

10881
파주시 파주출판문화도시 광인사길 161
광문각 B/D 3층
등 록 : 2022. 9. 2 제2022-000102호
전 화(代): 031-955-8787
팩 스 : 031-955-3730
E - mail : kwangmk7@hanmail.net
홈페이지 : www.kwangmoonkag.co.kr

ISBN : 979-11-93205-40-2 93390

값 : 22,000원